DETLEV HENSCHEL

Essbare Wildbeeren und Wildpflanzen

KOSMOS

Mit 151 Farbfotos von Hecker (45, 159, 189, 223, 229, 231), König (81 o.), Pott (79, 151), Reinhard-Tierfoto (133, 185, 191), Dr. Sauer/Hecker (27, 225, 245), Schmidt (49), Vogt (37), Willner (81 u., 127, 131, 155, 173, 207, 249, 251) und vom Verfasser (alle übrigen).

Mit 89 Schwarzweißzeichnungen von Gabriele Gossner (86, 118, 168, 179, 193, 196, 197, 201, 206, 239), Wolfgang Lang (10, 11, 12, 13) und vom Verfasser (alle übrigen) sowie einer Farbzeichnung von Marianne Golte-Bechtle (9).

Umschlaggestaltung von eStudio Calamar unter Verwendung von drei Farbfotos von Pott (Löwenzahn *Taraxacum officinale*), Reinhard-Tierfoto (Wald-Erdbeere, *Fragaria vesca*) und Pott (Adlerfarn, *Pteridium aquilinum*)

Das Bild auf Seite 4/5 zeigt Schnittlauch (*Allium schoenoprasum*).

Die Deutsche Bibliothek – CIP-Einheitsaufnahme
Ein Titelsatz für diese Publikation ist bei
Der Deutschen Bibliothek erhältlich.

Postfach 106011
D-70049 Stuttgart
TELEFON +49 (0)711-2191-0
FAX +49 (0)711-2191-422
WEB www.kosmos.de
E-MAIL info@kosmos.de

Alle Angaben in diesem Buch erfolgen nach bestem Wissen und Gewissen. Sorgfalt bei der Umsetzung ist indes dennoch geboten. Der Verlag und der Autor übernehmen keinerlei Haftung für Personen-, Sach- oder Vermögensschäden, die aus der Anwendung der vorgestellten Materialien und Methoden entstehen könnten. Dabei müssen geltende rechtliche Bestimmungen und Vorschriften berücksichtigt und eingehalten werden.

Gedruckt auf chlorfrei gebleichtem Papier

1. Auflage

ISBN 3-440-09154-6
Redaktion: Dr. Sigrun Künkele
Produktion: Siegfried Fischer, Stuttgart
Gestaltungskonzept: Friedhelm Steinen-Broo, eStudio Calamar, Pau (Spanien)
Satz und Reproduktion: Typomedia Satztechnik GmbH, Ostfildern
Printed in Czech Republic/Imprimé en République tchèque
Druck und Bindung: Těšínská Tiskárna, a. s., Český Těšín

Inhalt

Vorwort oder wie alles begann

Nachdem ich mich etwa ein halbes Jahr in der Namib (Namibia, ehemals Deutsch-Südwestafrika) mit der Hitze, dem Sand, den alten Kolonialherren und dem nie vorhandenen Wasser auf der Suche nach Algen und anderen unglaublichen Dingen, die es tatsächlich gibt, rumgeärgert hatte, musste ich die erste Zeit in Deutschland tatsächlich mit Ohrenstöpseln in die Stadt gehen. Der unglaubliche Krach, die Hektik und der Gestank sprangen mich wie ein Tier an, und ich empfand das fast wie eine Körperverletzung. Beim Auspacken meiner Sachen fiel mir dann wieder dieses Buch über die Ethnobotanik der Topnaar in die Hände, das mir mein Professor Kuiri zum Abschied geschenkt hatte. Die Topnaar, die auf zwei Standorte verteilt in der Namib leben, sind ein Stamm der Khoisan und werden auch Nama oder Namaqua genannt, was übersetzt „Menschen der Menschen" bedeutet.
Der Professor kannte meine Vorliebe für ungewöhnliche kulinarische Genüsse, und ich träumte wieder von der Stille der Namib, Sonne ohne Ende und endloser Zeit zum Nachdenken..... Nun, wie gesagt, da war dieses Buch, der Krach, die Hektik und meine lieben Mitbewohner, die mich zu neuen Taten überredeten. Der Gedankengang von den Topnaar zu den unternehmungslustigen Wikingern war für mich „plattdeutsches Küstenkind" nicht weit, zumal meine Lust auf wasserlose Wüsten gerade äußerst gering war. Die Wikinger hatten u.a. eine hervorragende Kenntnis über die essbaren Feinheiten der Natur, waren viel unterwegs, und darüber hinaus mochten sie Gelage. Also Zeit für etwas Neues!
Nach dem einschlägigen Studium einiger Internetseiten und Bücher beschloss ich kurzerhand, im nächsten Frühling (1. Mai) mit einem Kajak um die Ostsee zu fahren. Auf dieser Reise wollte ich als Wikingeranwärter dann nur von der Natur leben. Nach 2800 km überfuhr mich ein Motorboot und setzte mich außer Gefecht. Die Reise war damit für mich beendet, und während mein Genick und mein Ego wieder zusammenwuchsen, hatte ich genügend Zeit, über die motorbootlosen Wüsten Namibias, essbare Delikatessen in Nordeuropa und über meine wiederentdeckte Motorik nachzudenken. So in etwa entstand dieses Buch.

Zu diesem Buch

Die Pflanzenauswahl in diesem Buch beruht vor allem darauf, welche Arten und ihre kulinarischen Genüsse ich während der letzten 20 Jahre ausprobiert habe. Um das Werk als „Handbuch für den Wanderer" zu erhalten, habe ich mich auf die mittel- und nordosteuropäischen Verbreitungsgebiete konzentriert. Denn südlich der Alpen verändern sich die Verbreitungsmerkmale der Pflanzen. D.h., es gibt südlich dieser gedachten Linie zusätzlich andere Arten (z.B. Feigenkaktus), einige Pflanzen fallen hingegen weg. Wären auch diese Arten noch aufgenommen worden, wäre das Buch einfach zu umfangreich geworden. Einige Pflanzen des beschriebenen Verbreitungsgebiets wie z.B. Eiche, Robinie, Rentiermoos, Erdrauch usw. sind allerdings noch in petto und werden später vielleicht ergänzt. Es fehlte einfach die Zeit, um alles anhand alter Literatur verifiziert auszuprobieren. Und manche Dinge hatten auch sprichwörtlich einen kontraproduktiven Charakter und gingen „in die Hose"!
Bei diesem Buch wurde weniger der Aspekt des Naturschutzes beachtet als die tatsächliche Eigenschaft der Pflanze, aufgrund von ethnobotanischen „Forschungen" essbar zu sein. Ungeachtet dessen ist der Leser selbst dafür verantwortlich, sich mit den einzelnen Naturschutzgesetzen der unterschiedlichen Länder und Bundesländer ausein-

ander zu setzen, denn diese sind territorial sehr verschieden. Die Strafen für Missbrauch sind hart! Andere Länder, andere Sitten, und man tut gut daran, sie auch zu verstehen, wie das vielen bekannte und lieb gewonnene „Allmansrätt“ in Skandinavien.
Das Allmansrätt ist das so genannte Jedermannsrecht, welches besagt, dass jeder eine Nacht überall übernachten und von der Natur Gebrauch machen darf. Leider wurde dies von einigen auch so verstanden. Selbstverständlich darf man nur dort zelten, wo kein Privatgrund ist. Außerdem gilt es als höflich, die unmittelbaren Nachbarn um Erlaubnis zu fragen, auch wenn ihnen der Grund nicht gehört. In der Regel ist in Skandinavien der Privatgrund nicht eingezäunt wie in Deutschland. Außerdem darf man natürlich nur von der Natur Gebrauch machen, wie es die skandinavischen Gesetze verlangen, also keine geschützten Pflanzen ausreißen, keine Enten- oder Schwaneneier sammeln, keine Kühe erlegen usw.
In den weiter im Süden gelegenen Staaten Europas wird man allerdings immer noch leicht verständnislos angesehen, wenn man diesbezüglich (Naturschutz) Fragen stellt. Übrigens sollte man nie den gesamten Bestand wegsammeln und nicht zusätzlich noch „wild marodierend durch die Botanik wüten“, sondern erst einmal überlegen, was, wie viel und wovon man etwas braucht, bevor die Pflanze entfernt wird. Es sollten immer einige Pflanzen für die anderen Sammler und den Arterhalt stehen gelassen werden! Außerdem muss nicht immer die ganze Pflanze entwurzelt werden. Nimmt man bei einer großen Ansammlung von jeder Pflanze nur einige Blätter, so überlebt das entsprechende Exemplar, und im nächsten Jahr kann man sich noch einmal freuen – und das Beste, man wird trotzdem satt!

Die Pflanzen im Bestimmungsteil sind in drei Hauptgruppen eingeteilt, gekennzeichnet durch einen Farbcode.
Innerhalb der Gruppe der Blütenpflanzen erfolgt die Ordnung nach Blütenfarbe, erkennbar an dem farbigen Blütensymbol, um so ein Auffinden ohne einen umfangreichen Bestimmungsschlüssel zu erleichtern.
Verholzte Pflanzen wie Bäume, Sträucher und Büsche sind in der Gehölz-Gruppe untergebracht, alle anderen, wie z. B. Algen oder Farne, in der dritten Gruppe.

Auf dem Schema rechts sind die wichtigsten Elemente einer Blütenpflanze erklärt, die für die Beschreibung der Pflanzen wichtig sind.

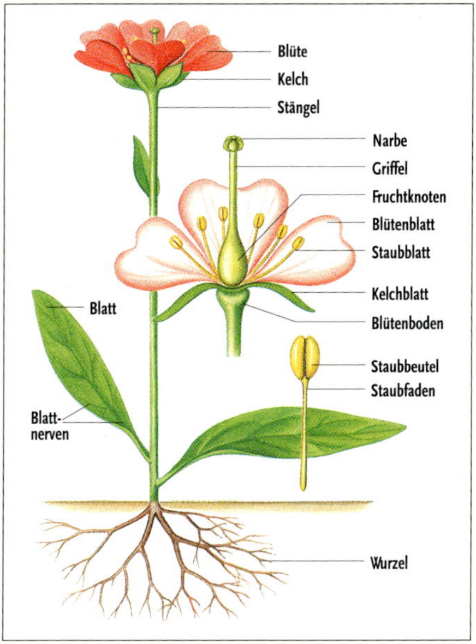

Fachausdrücke im Bild

Aufbau der Porträts

Die Porträts sind immer nach dem gleichen Muster aufgebaut und weisen die nachfolgend beschriebenen Punkte auf.

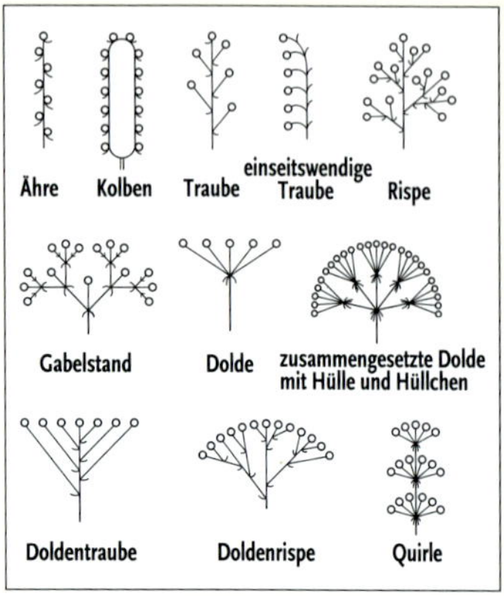

Blütenstände

NAME Es gibt territorial unterschiedliche Namen für die gleiche Pflanze wie beispielsweise für das Gänseblümchen: Angerbleamerl, Augenblümchen, Himmelsblume, Maiblume, Marienblümchen, Maßliebchen, Mondscheinblume, Mümmerli, Regenblume, Tausendschön. Da es dieses Phänomen in jedem Land der Welt gibt, hatte der Schwede Carl von Linné 1753 die Idee, die binäre Nomenklatur einzuführen. Jede Pflanze hat seitdem einen weltweit gültigen botanischen Namen in Latein. So heißt das Gänseblümchen *Bellis perennis. Bellis* beschreibt den Gattungsnamen, *perennis* den Artnamen.

Der nächste Name im farbig unterlegten Kasten bezeichnet die Pflanzenfamilie, zu der die Pflanze gehört. Im Falle des Gänseblümchens sind es die Korbblütler oder *Asteraceae*. Pflanzen einer Familie weisen oft mehrere ähnliche Merkmale auf.

Im kleinen Kasten links neben dem Namen finden sich dann die Bezeichnungen der Pflanze in Englisch, Französisch, Niederländisch, Schwedisch und Finnisch.

Blüten in Köpfchen und Körbchen

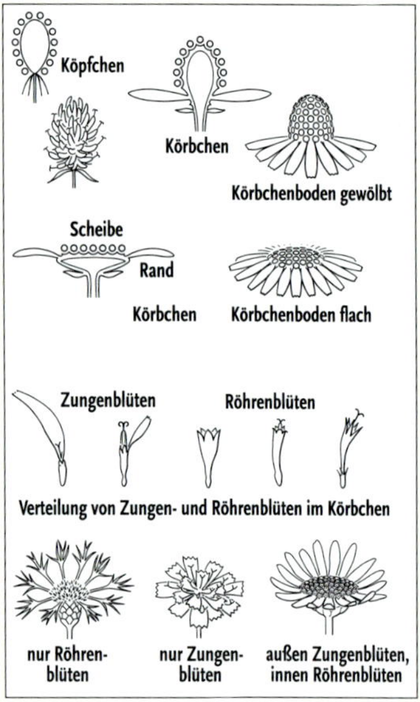

VORKOMMEN Hier wird der normal zu erwartende Lebensraum der jeweiligen Pflanze beschrieben. Bitte keine Dogmen erwarten. Ich fand einmal einen Sibirischen Blaustern (*Scilla siberica*) in der Nähe von Bremen.

HABITAT Unter diesem Stichwort findet sich das normal zu erwartende Biotop der Pflanze, wie beispielsweise Wasser oder Ufer für Schilf. Es gibt aber auch „Landschilf", das durch Grundwasser versorgt wird. Also auch hier bitte keine Dogmen.

OFT ASSOZIIERT MIT FOLGENDEN ESSBAREN PFLANZEN Hier werden Pflanzen genannt, die sich häufig in der Nähe der beschriebenen Art finden. Die Auswahl beruht

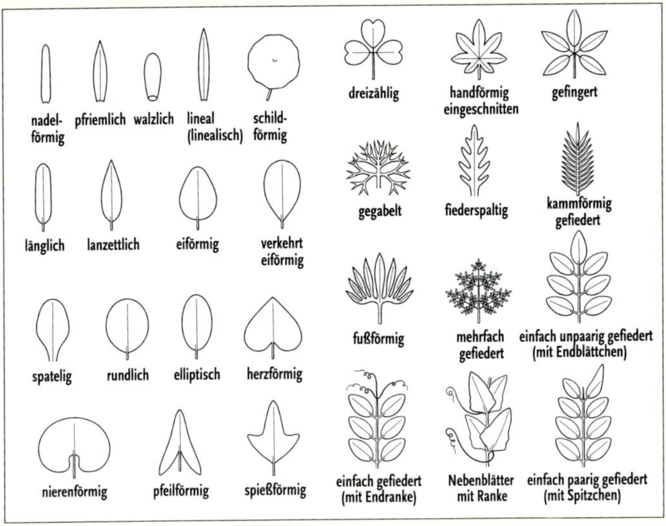

Blattspreite

in erster Linie auf eigenen Erfahrungen und ist mit Hilfe von klassischen Standardwerken wie „R. Pott: Die Pflanzengesellschaften Deutschlands" und „K. Dierßen: Vegetation Nordeuropas" ergänzt worden. Dabei ist zu beachten, dass diese Wissenschaftler der klassischen Literatur „Theoriennäherungen" beschreiben, sich die Natur aber in der Regel nicht an diese Literatur hält. Also Augen auf!

BESCHREIBUNG Die Angaben beruhen hauptsächlich auf ergänzten und sinnvoll veränderten Beschreibungen der klassischen Literatur (s.o.). Die erste Angabe bezieht sich auf die Wuchseigenschaften der Pflanze, gibt also darüber Auskunft, ob sie einjährig, zweijährig oder ausdauernd als Staude oder Baum wächst. Danach folgen Hinweise zur Blütezeit und Wuchshöhe. Die Blütezeit ist abhängig von der jeweiligen jahreszeitlichen Entwicklung, außerdem von der Höhenstufe und der geografischen Verbreitung. Die Zeiten beziehen sich auf Mitteleuropa und sind wieder einmal nicht als Dogma zu betrachten. Wenn beispielsweise die Vogelbeere in München im April blüht, so liegt dieser Zeitpunkt in Nordschweden bei Anfang Juli! Die Angaben zur Wuchshöhe sind als durchschnittliche Werte zu betrachten. Pflanzen gleicher Art an gleichen bzw. ähnlichen Standorten können unterschiedlich groß sein. So weist Schilf z.B. Höhen zwischen 5 cm (im harten Boden mit hoher Salinität) und 12 m (*Phragmites australis* var. *pseudodonax*) auf. Aussagen über den Stängel, z.B. niederliegend oder aufrecht, bezeichnen den „Normalhabitus" der Pflanze. Dies gilt auch für Angaben zur Blattform, die als Gesamtheit bei der Identifikation der Pflanze helfen. Die Blütenfarbe kann je nach Standort und Besonnung variieren, auch Albinos mit weißen Blüten kommen vor. Daneben werden die Farben oft recht unterschiedlich gesehen und benannt. Im Zweifelsfall sollte man daher z.B. sowohl unter Rot als auch unter Blau nachschlagen. Die in dieser Rubrik vorkommenden Begriffe werden anhand der Illustrationen auf S. 9 – 14 erklärt.

Blattnervatur

Vorsicht: Eine 100 %ige Identifikation ist nach diesen Beschreibungen ohne Vorkenntnisse in der Regel bei einigen Pflanzen nicht möglich. Ein genauer Bestimmungsschlüssel würde bei weitem den Rahmen dieses Werkes sprengen. Daher sollte, sofern keine Vorkenntnisse vorhanden sind, weiterführende Bestimmungsliteratur zu Rate gezogen werden, z.B. „W. Stichmann und U. Stichmann-Marny: Der neue Kosmos-Pflanzenführer", „D. Aichele und M. Golte-Bechtle: Das neue Was blüht denn da?", „D. Aichele: Was blüht denn da? Der Fotoband", „E. Oberdorfer: Pflanzensoziologische Exkursionsflora" (für bereits geübte) oder „R. Fitter, A. Fitter und M. Blamey: Pareys Blumenbuch".

In einigen Pflanzenporträts werden in dieser Rubrik auch verwandte Arten beschrieben, die genauso wie die „Hauptart" verwendet werden können und sich nur wenig von dieser unterscheiden, z.B. Arznei-Engelwurz und Wald-Engelwurz oder Stranddistel und Mannstreu. Bei den Mischporträts wie „Schnittlauch und andere *Allium*-Arten", „Nadelbäume" und „Algen" handelt es sich um komprimiertes Wissen auf engstem Raum, um so möglichst viele Arten in diesem Buch zu nennen, die jeweils gleich verwendet werden können.

VERWECHSLUNGSMÖGLICHKEITEN Bei den hier genannten Pflanzen handelt es sich um solche, die möglicherweise zu Verwechslungen mit der beschriebenen Art führen könnten. Sollten Sie sich nicht sicher sein, so ist immer von einer Benutzung der Pflanze Abstand zu nehmen! Hunger tut zwar weh, Vergiftung aber mit Sicherheit noch mehr!

Blattrand

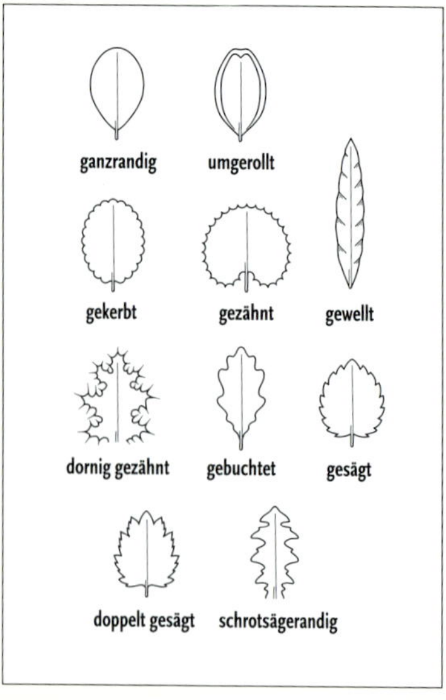

ESSBARE TEILE Hier wird beschrieben, welche Teile der Pflanze essbar sind. In welchen Monaten man die Pflanze am besten sammeln kann, zeigt die Sammeltabelle auf S. 2/3 und 255.

SAMMELN In dieser Rubrik finden sich Angaben dazu, wie man die Pflanze am besten sammelt. Pflanzen haben die Fähigkeit, physiologische Rassen hervorzubringen, d.h., eine Art, die beispielsweise überall verbreitet ist, kann in einer Region mit schwermetallhaltigem Boden eine Widerstandsfähigkeit (Resistenz) gegenüber diesen Schwermetallen entwickelt haben und übermäßig Schadstoffe ansammeln. Beim Sammeln sollte daher immer auch die weitere Umgebung (Straßen, Fabriken u. a.) in die Beobachtungen mit einbezogen werden.

INHALTSSTOFFE Für den einen ist die Chemie interessant, die sich in dem „Nahrungsmittel" verbirgt. Der andere will dies besser erst gar nicht wissen, da auch hier der Ausspruch von Paracelsus (1536) gilt: „Alle Dinge sind giftig und nichts ist ohne Gift, allein die Dosis macht, dass ein Ding kein Gift ist."
Ein Exkurs ins Detail der ökothrophologischen Biochemie (Ernährungslehre) würde den Rahmen dieses Buches sprengen, d.h., dem Laien die Wichtigkeit und Bedeutung von Zucker relativ verständlich zu erklären, ist auch tatsächlich relativ einfach: Mangelerscheinungen wie Unterzuckerung sind Ermüdung bis hin zum Hungerast (bei lang anhaltenden körperlichen Betätigungen wie z.B. Marathon) und sogar Ohnmacht (Schock). Überzuckerung wird in der Regel als Fett im Körper in Form der von uns so verhassten Speckröllchen deponiert.

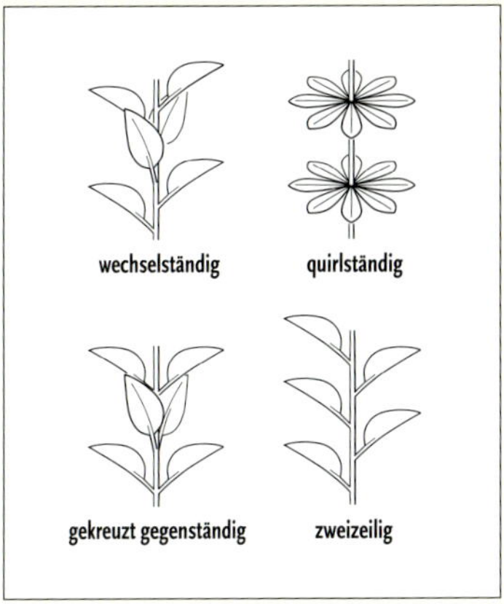

Blattstellung

Wenn jedoch Stoffe, wie Furanocumarine, welche tricyclischen Ringsystemen entsprechen, bei denen ein Furanring 5,6-, 6,7- oder 7,8- mit Cumarin verknüpft ist (wie bei *Pastinaca sativa* oder *Angelica archangelica*), sieht die Sache weitaus komplizierter aus. Und komplizierter ist dann leider auch die Wirkung. Man kann diese dann nicht mehr auf den einfachen Nenner bringen: Viel macht schwindlig, zu viel führt über den Atemstillstand zum Tod! Für den Interessierten sei hier einschlägige Literatur empfohlen, um weiter in die Tiefe einzudringen. Tatsache ist, dass von mir mit Ausnahme des Isländischen Mooses (wegen der immer noch vorhandenen Radioaktivität) alle Pflanzen als Lebensmittel auf teilweise dreimonatigen Touren innerhalb der letzten 20 Jahre als Hauptnahrungsmittel ohne Probleme ausprobiert worden sind. Sämtliche hier genannten Pflanzen wurden darüber hinaus in den letzten Jahrtausenden von unseren Vorfahren als Nahrungsmittel benutzt. Einige allgemeine Gruppen wie Vitamine, Bitterstoffe usw. werden auf den Seiten 18–22 genauer betrachtet.
In der Zeile unterhalb der Inhaltsstoffe wird ihre medizinische Wirkung beschrieben. Auch wenn dies ein „Delikatessbuch" für das Überleben in der Natur ist und kein homöopathisches Werk, verbirgt sich in dieser Rubrik für den einsamen Waldläufer manchmal regelrecht existenzielle Medizin – und wenn es nur mal ein Durchfall ist.

VERWENDUNG Hier werden nur Rezepte genannt, die auch ohne Sahne und Butter (Fett ist ein Geschmacksträger) oder Ketchup u.Ä. auskommen. Der Ansatz ist, dass mit Hilfe dieses Buchs einfachste Gerichte in der Natur und mit der Natur hergestellt werden können. So treibt es einem doch schier die Freudentränen in die Augen, wenn der Frühlingssalat beispielsweise aus je 100 g Gänseblümchen, Brunnenkresse und jungen Primelblättern zusammen mit je einem Esslöffel Walnussöl und Birkenessig mit grob gemahlenem Samen des Wasserpfeffer-Knöterichs und einigen Krümeln Meersalz fertig vor einem steht. Selbstverständlich kann auch jedes gekaufte Salatdressing benutzt werden, und es schmeckt mit Sicherheit auch gut, nur nicht nach Salat, sondern nach Dressing!

Die in der ersten Zeile angegebene Zahl charakterisiert die subjektive Meinung des Autors über den Geschmack und/oder die Verwertung der Pflanze als Nahrungsmittel. Dabei bedeutet:

5 Sehr gut als Nahrung zu gebrauchen, nie Probleme bekommen; Geschmack göttlich bis hervorragend.
4 Gut als Nahrung zu gebrauchen, nie Probleme bekommen; Geschmack gut bis erträglich.
3 Als Nahrungsmittel zu gebrauchen, nie Probleme bekommen; Geschmack schlecht bis sehr schlecht, sättigt aber.
2 Als Nahrungsmittel noch zu gebrauchen, außer Durchfall oder Würgereiz keine weiteren Probleme bekommen; Geschmack göttlich (das ist dann das Problem) bis extrem schlecht.
1 Als Nahrungsmittel wohl besser nicht zu gebrauchen. Nebenwirkungen sind (manchmal) Durchfall, (manchmal) Kopfschmerzen bis (manchmal) zu Halluzinationen und (manchmal) Schwindel.

VORSICHT In dieser Rubrik sind Risiken und/oder Besonderheiten wie mögliche Allergien und/oder Vorsichtsmaßnahmen beim Gebrauch der Pflanze, z.B. nur gekocht essen, beschreiben.

Fotos und Illustrationen

Die Pflanzen sind in der Mehrzahl vom Autor am natürlichen Standort aufgenommen worden. Dabei war wichtig, dass die Bilder einem Nichtbotaniker die Identifikation der jeweiligen Pflanze ermöglichen. Daher zeigen sie die primären Merkmale des typischen Erscheinungsbilds. Allerdings kann es eine vollkommene Übereinstimmung der Bilder mit den Pflanzen am natürlichen Standort nicht geben, genauso können die Pflanzen, durch ihren Standort bedingt, sehr stark untereinander variieren (s.o.).
Ist eine 100 %ige Identifikation mithilfe dieses Buchs nicht möglich, sollte das unten folgende Schema verwendet werden. Dabei ist zu beachten, dass Hunger schmerzt, sich vergiften aber noch mehr! Die botanischen Zeichnungen dokumentieren wichtige Merkmale als Ergänzung der Farbfotos.

Schema zum Testen von unbekannten oder nicht ganz sicher identifizierten Pflanzen

- Die Pflanze verwunden, sie darf nicht nach Mandeln oder Pfirsich riechen.
- Bei Hautkontakt darf sie keine Irritationen hervorrufen.
- Bei Lippenkontakt, Kontakt in der Mundecke, mit der Zungenspitze, unter der Zunge (je 5 s) und zuletzt beim Kauen darf sie ebenfalls keine Irritation hervorrufen.
- Erst dann eine kleine Menge essen, 5 h warten. Nur wenn dann keine Magenschmerzen auftreten, eine größere Menge zu sich nehmen. Ist auch dann kein schlechtes Gefühl bemerkbar, kann die Pflanze gegessen werden.
- Der Grad der Giftigkeit ist immer in Abhängigkeit vom Körpergewicht zu bewerten! Eine Kugelstoßerin verträgt mehr von einem Gift als ein Jockei! Essen beide gleich viel, überlebt die Kugelstoßerin knapp, der Jockei ist dann Geschichte.

Finden, Sammeln, Essen

Nützliche Utensilien für die Freiluftküche

Das Finden setzt natürlich das Kennen und Erkennen der Pflanzen voraus. Am einfachsten lernt man etwas über Pflanzen, indem man sich auf einen kundigen Führer verlässt, der alle offenen Fragen sofort vor Ort erläutert. Kurse werden z.B. unter www.ronin-doc.de angeboten. Anfragen, Anregungen, Kritik jeder Art u.Ä. sind als E-Mail an threeX@t-online.de willkommen.

So hat Laotse mit seinem „Einmal sehen ist mehr als 1000 Worte" recht. D.h., einmal selbst die Pflanze sehen und beschrieben zu bekommen, ersetzt die Bestimmungsliteratur.

Man erkennt sie dann immer wieder. In jedem Fall aber, wenn die Pflanze nicht eindeutig identifiziert worden ist und diese verzehrt werden soll, muss unbedingt nach dem links unten beschriebenen Schema verfahren werden!

Auf meinen Reisen hat mich fasziniert, dass ich eigentlich immer in meinem Gemüsegarten spazieren ging. Für den Salat am Abend fand ich jederzeit genügend Pflanzen in der Nähe des Lagerplatzes. Andererseits entwickelt sich auch mit der Zeit eine gewisse Sensibilität gegenüber Biotopen, und man weiß, wo kleine Delikatessen zu finden sind. Diese können dann sofort verzehrt oder aufbewahrt werden. Als „Sammelutensilien" haben sich ein Taschenmesser mit starker Klinge, eine Handreinigungsbürste zum Reinigen von Wurzeln usw., eine kleine Schippe und die alte Kaffeemühle von Oma bewährt.

Eines muss man sich jedoch zu Gemüte führen: Alles dauert seine Zeit, das Sammeln, Waschen, Zerkleinern, Teig vorbereiten und das Abwaschen. Geduldig sein heißt, Ausdauer zu besitzen.

Im Gegensatz zu gekauften Frikadellen können die etwas anderen Bratklopse aus eigentlich allen Pflanzen hergestellt und ausprobiert werden. Die Kräutermischungen werden fein gehackt und kurz angedünstet. Die gleiche Menge gekochte Kartoffeln, Mehl oder gequollene Hafenflocken dazugeben und sehr gut durchkneten. Sofern Eier vorhanden sind, diese als Bindemittel mit unterrühren, anderenfalls werden die Bratlinge eben etwas lockerer, was auch kein Problem ist.

Natürlich sind so manchem Kohlrouladen bekannt, nichts steht dem entgegen, aus Huflattich, Beinwell oder was auch immer Rouladen herzustellen. Wenn die Blätter groß genug sind, um etwas anderes Essbares darin einzuwickeln, geht das gut.

Ich war immer ein Fan von Rüdiger Nehberg, dem deutschen Überlebenspionier, aber warum soll man Regenwürmer roh essen, wenn man sie auch trocknen, zerreiben und als eiweißhaltige Füllung von Huflattichblättern benutzen kann.

Also seien Sie kreativ, wie ich an einem Beispiel unserer Vorfahren zeigen möchte (aus G. Ruppelt: „Von Adlerknödeln und Maikäfersuppe"):

„Zu einem Teller Suppe rechnet man je 30 Maikäfer, dieselben werden des Morgens frisch gesammelt, kommen dann in ein dichtes Sieb, wo sie mehrere Male schnell mit

kochendem Wasser übergossen und auf diese Weise getötet und vom Staub gesäubert werden. Nun lässt man sie abtrocknen, entfernt die Flügeldecken, brät die Käfer in heißer Butter härtlich ab, zerstößt sie in einem Mörser zu Brei, salzt diesen Brei, setzt ihn mit kräftiger Fleischbrühe aufs Feuer und würzt nach Belieben und Geschmack."
Das schmeckt tatsächlich wie Helgoländer Hummersuppe, aber die Hummer von Helgoland sind heutzutage genauso rar wie Maikäfer.
Sämtliche in diesem Buch beschriebenen Gerichte wurden auf einem 1985 gekauften Zwei-Personen-Spirituskocher oder auf offenem Feuer verwirklicht. Olivenöl (erste Pressung aus Kreta), roter Balsamico-Essig, ungereinigtes Meersalz aus Namibia und frisch gemahlener bunter Pfeffer oder roter milder Szechuan-Pfeffer reichten als Gewürze aus. Selbstverständlich durfte ein gutes Küchenmesser nie fehlen.

Wenn die gesammelten Pflanzen nicht sofort verzehrt werden sollen

Will man seine Funde nicht gleich verzehren, bieten sich mehrer Möglichkeiten für die weitere Verwendung an.

GEMÜSE/SALAT/EINTOPF Um nicht für jede Pflanze zu erklären, wie es gemacht wird, seien Sie einfach kreativ und probieren aus. Arbeiten Sie sich durch die Botanik (das meine ich wirklich), sonst ist der Anfang viel zu frustrierend. Nehmen Sie Löwenzahn oder irgendeine Pflanze, die Sie kennen und rennen Sie nicht herum und suchen verzweifelt Pflanzen für das Mahl. Also nehmen Sie die Pflanzen, die Sie finden, und machen Sie sich ein Mahl!
Müßig zu sagen, wenn man ein Pfund Fleisch in den Topf gibt, dann schmeckt alles, mit nur wenigen Ausnahmen wie z.B. Engelwurz, nach Fleisch. Wenn jedoch das Fleisch einmal fehlt, und die Wilderei wird in Deutschland sehr hart bestraft, dann ver suchen Sie es doch einfach mit vegetarischen Kreationen.

MEHL Wurzeln (oder was auch immer) ausgraben oder ziehen, abwaschen, aufspleißen, in kleine Stücke schneiden und trocken lassen. Samen aus der Frucht lösen (pulen oder dreschen – seien Sie kreativ!) und trocknen. Entweder man hat eine alte Kaffeemühle mit einem richtigen handgeschmiedeten Mahlwerk dabei und mahlt das zu vermahlende Pflanzenmaterial. Oder man sucht sich einen großen Stein mit einer Mulde und einen kleineren Stein und mahlt das Ganze dann schön fein. Oder man nimmt zwei Steine ohne Mulde und legt ein T-Shirt darunter, da das Mahlgut an den Rändern runterfällt usw. usw. Blasen, Quetschungen und Schürfwunden sind bei dieser Arbeit für den Ungeübten inklusive, aber dennoch geht es tatsächlich.
Man kann natürlich auch einen Hauklotz aushöhlen und mit einem Stampfer das Mahlgut zu Mehl stampfen. Das geht relativ einfach, wenn man erst einmal den Hauklotz ausgehöhlt hat. Dies funktioniert, wie ich bei den Topnaar sehen konnte, mit einem entsprechend großen Stein, den man im Feuer „glühend" macht und damit das Loch brennt (dauert etwa eine Woche und hält Jahrtausende).

BANNOCK Eine Tasse Mehl, wenn vorhanden einen Teelöffel Backpulver oder Trockenhefe, 1/4 Teelöffel Salz, etwas Butter, Öl oder sonstiges Fett (Haut eines Aals abschaben) und Wasser schön verrühren und auf einem heißen Stein am Feuer backen oder in einem Topf, einer Pfanne o.Ä. Als Füllung kann alles Essbare „verbannockt" werden!

- ● beste Sammelzeit
- ◐ sammeln möglich
- ○ sammeln zur Not möglich

Seite	Pflanzenname	Monate											
140	Klette	1	2	3	4	5 ◐	6 ●	7 ●	8 ●	9 ●	10 ◐	11	12
58	Kletten-Labkraut	1	2	3	4	5 ◐	6 ●	7 ●	8 ●	9 ●	10 ◐	11 ◐	12 ○
46	Knoblauchsrauke	1	2	3 ◐	4 ●	5 ●	6 ●	7 ●	8 ●	9 ●	10	11	12
50	Löffelkraut	1	2	3 ●	4 ●	5 ●	6 ●	7 ●	8 ●	9 ●	10 ◐	11	12
110	Löwenzahn, Kuhblume	1 ◐	2 ◐	3 ●	4 ●	5 ●	6 ●	7 ●	8 ●	9 ◐	10 ◐	11 ◐	12 ◐
158	Lungenkraut	1	2 ○	3 ●	4 ●	5 ○	6	7	8	9 ○	10	11	12
150	März-Veilchen	1	2	3 ●	4 ●	5 ●	6	7	8	9	10	11	12
52	Meerkohl	1	2	3	4 ◐	5 ●	6 ●	7 ●	8 ●	9 ●	10 ◐	11	12
136	Minze	1	2	3	4	5 ◐	6 ●	7 ●	8 ●	9 ◐	10 ◐	11	12
28	Moltebeere	1	2	3	4	5 ◐	6 ●	7 ●	8 ●	9 ◐	10	11	12
226	Moosbeere	1	2	3	4	5	6 ◐	7 ●	8 ●	9 ○	10 ○	11	12
92	Nachtkerze	1	2	3	4	5 ◐	6 ●	7 ●	8 ●	9 ●	10 ●	11 ◐	12
196	Nadelbäume	1	2 ◐	3 ●	4 ●	5 ○	6	7	8	9	10	11	12
156	Natternkopf	1	2	3	4 ◐	5 ●	6 ●	7 ●	8 ●	9 ○	10	11	12
86	Nelkenwurz	1	2	3	4 ◐	5 ●	6 ●	7 ●	8 ●	9 ●	10 ●	11	12
152	Ochsenzunge	1	2	3	4 ◐	5 ●	6 ●	7 ●	8 ●	9 ○	10	11	12
94	Pastinak	1	2	3	4	5 ◐	6 ●	7 ●	8 ●	9 ●	10 ●	11 ◐	12
142	Pestwurz	1	2 ◐	3 ●	4 ●	5 ◐	6	7	8	9	10	11	12
72	Pfeilkraut	1	2	3	4	5 ●	6 ●	7 ●	8 ●	9 ●	10 ◐	11	12
230	Preiselbeere	1	2	3	4	5	6 ◐	7 ●	8 ●	9 ●	10 ○	11	12
102	Primel	1	2 ●	3 ●	4 ●	5 ●	6 ◐	7 ○	8	9	10	11	12
186	Queller	1	2	3	4	5	6	7 ●	8 ●	9 ●	10 ●	11 ●	12 ◐
108	Rainfarn (nicht essbar!)	1	2	3	4	5	6 ●	7 ●	8 ●	9 ●	10 ●	11	12
246	Rohrkolben	1 ●	2 ●	3 ●	4 ●	5 ●	6 ●	7 ●	8 ●	9 ●	10 ●	11 ●	12 ●
116	Rosenwurz, Rosenrot	1	2	3	4	5 ◐	6 ●	7 ●	8 ●	9 ●	10 ○	11	12
200	Rot-Buche	1	2	3 ◐	4 ●	5 ●	6 ◐	7 ○	8 ○	9 ○	10 ○	11 ●	12 ●
76	Salomonssiegel	1 ○	2 ○	3 ●	4 ●	5 ●	6 ●	7 ●	8 ●	9 ●	10 ●	11 ○	12 ○
222	Sanddorn	1	2	3	4	5	6	7	8	9 ●	10 ●	11 ○	12
138	Sand-Thymian	1	2	3	4 ◐	5 ●	6 ●	7 ●	8 ●	9 ●	10 ●	11 ◐	12
134	Sauer-Ampfer	1	2	3	4 ◐	5 ●	6 ●	7 ●	8 ●	9 ◐	10	11	12
64	Schafgarbe	1	2	3 ●	4 ●	5 ●	6 ●	7 ●	8 ●	9 ●	10 ○	11 ○	12
84	Scharbockskraut	1	2	3 ●	4 ●	5 ○	6	7	8	9	10	11	12
238	Schilf	1 ●	2 ●	3 ●	4 ●	5 ●	6 ●	7 ●	8 ●	9 ●	10 ●	11 ●	12 ●
130	Schlangen-Knöterich	1	2	3	4	5 ◐	6 ●	7 ●	8 ●	9 ◐	10	11	12
212	Schlehe, Schwarzdorn	1	2	3 ●	4 ●	5 ◐	6	7 ◐	8 ●	9 ●	10 ●	11 ●	12
102	Schlüsselblume	1	2 ●	3 ●	4 ●	5 ●	6 ◐	7 ◐	8 ◐	9 ●	10	11	12
146	Schnittlauch und Verwandte	1 ●	2 ●	3 ●	4 ●	5 ●	6 ●	7 ●	8 ●	9 ●	10 ●	11 ●	12 ●
144	Schwanenblume	1	2	3	4	5 ●	6 ●	7 ●	8 ●	9 ●	10 ◐	11	12
232	Schwarzer Holunder	1	2	3	4	5 ●	6 ●	7 ●	8 ●	9 ●	10 ●	11 ●	12
244	Seegras	1	2	3	4 ○	5 ○	6 ○	7 ●	8 ●	9 ●	10 ●	11	12

Aus frischen Kräutern lassen sich die verschiedensten leckeren Gerichte zubereiten.

Tipp: Die Füllung kurz vorher in Öl oder Wasser andünsten, das verkürzt das Backen und macht die Sachen im Bannock geschmeidiger.
Tipp: Als Backpulver bzw. Hefeersatz eignet sich die weiße Asche von Hartholz. Sie hilft auch gegen Durchfall.
Wer Bannock (Brot) am Stock machen will, sollte wegen des Harzes keine Nadelhölzer als Stock benutzen.

TROCKNEN Die am besten morgens gesammelten und zu trocknenden Pflanzenteile für vier bis zehn Tage aufhängen, Wurzeln in Scheiben schneiden. Wichtig dabei ist, dies ohne Sonnenlicht durchzuführen, damit das UV-Licht die Vitamine nicht zerstört. Blüten werden in einer warmen, staubfreien und trockenen Umgebung einen bis drei Tage auf einem neutralen Untergrund wie z.B. Holz (nie auf Zeitung wegen der Druckerschwärze) oder einem Netz getrocknet. Samen benötigen etwa zwei Wochen, Wurzeln je nach Dicke der Scheiben unterschiedlich lang.

(SÜSS-)SAUER EINLEGEN 1 l guten Essig, für die süße Variante zusätzlich 300 g Zucker, einen Teelöffel Salz, zehn Lorbeerblätter, zwei Esslöffel Senfkörner, dann das Ganze 10 min aufkochen und abkühlen lassen. Einzulegendes dazugeben und einen bis zwei Tage ziehen lassen.
Als Alternative 1 l Birkenessig (300 g Birkensirup), einen Teelöffel Meersalz, einen Teelöffel zerstoßene Wasserpfeffer-Knöterichsamen, einen Teelöffel Knoblauchsraukensamen, einige Minz- und Knoblauchsraukenblätter, Bärlauchzwiebeln, Schnittlauchzwiebeln usw. Dann das Ganze 10 min aufkochen und abkühlen lassen. Einzulegendes dazugeben und einen bis zwei Tage ziehen lassen.

MARINADE 1 l Essig, 25 g Salz, 25 g Zucker, Pfeffer und ein Lorbeerblatt, dann das Ganze 10 min aufkochen und abkühlen lassen. Einzulegendes dazugeben und einen bis zwei Tage ziehen lassen.

ABSUD Zerdrückte Pflanzenstücke oder den Tee der Pflanze im geschlossenen Topf auf 25 % eindampfen lassen, die Pflanzenteile abseihen.

TEE Wenn nicht anders angegeben fünf oder sechs frische Blätter der Pflanze mit kochendem Wasser übergießen und 5 min ziehen lassen.

TINKTUR 10 g trockene oder 25 g frische Kräuter in ein Glas füllen, 50 ml Alkohol (möglichst hochprozentig) dazugeben, nach zwei Wochen abseihen.

SALBE 100 g Vaseline schmelzen und 30 g getrocknete oder 90 g frische Pflanzenteile zufügen und bis zu 2 h leicht köcheln lassen, Pflanzenteile abseihen.

Was tun bei Vergiftungen?

Leider ist selbst im 21. Jahrhundert noch keine Einigung darüber erzielt worden, wie bei den ersten Vergiftungserscheinungen wie Übelkeit, Brechreiz, Magenkrämpfe, Durchfall vorzugehen ist. Die Anhänger der einen Seite plädieren für die sofortige Entleerung des Magens, die andere sind dagegen.
Tritt eine Vergiftung auf, dann sollten sobald wie möglich 10–20 Kohletabletten eingenommen werden. Alternativ löst man die weiße Asche eines Feuers in Wasser auf und isst dann die Paste. Zur Not kann man auch Holzkohle essen, worauf man extrem würgen muss. Und das kann eben der anderen Seite zur Folge Verletzungen des Rachens und der Speiseröhre nach sich ziehen. Ich bin in jedem Fall Anhänger der „Alles raus, egal wie"-Fraktion.
In einer Zeit des mobilen Telefonierens kann im Notfall professionelle Hilfe in relativ kurzer Zeit vor Ort sein. Bei der Bestimmung des Orts hilft ein GPS, das ich auch meistens dabei habe. Oder aber man lässt sich die erste Hilfe einfach direkt über das Telefon erteilen.
Immer wieder kommt der Fuchsbandwurm (1998 etwa 50 Todesfälle in Deutschland) ins Gespräch. Die „Eier" des Bandwurms werden durch Wind verbreitet und lassen sich auf allem nieder, was sich draußen befindet. Außerdem können sie vom Sonntagsspaziergänger ganz einfach eingeatmet werden, ohne dass er etwas aus der Natur ungewaschen isst. Aus dem Wege gehen kann man dem Fuchsbandwurm beim Verzehr von Pflanzen, indem sie gut gewaschen oder kurz aufgekocht werden. Wer sich viel draußen bewegt, sollte vielleicht nach der Sommersaison zur Ultraschalluntersuchung gehen. Fuchsbandwurm kann erkannt und neuerdings operiert werden!

Inhaltsstoffe

Pflanzen enthalten eine Vielzahl von Stoffen, die unterschiedlichste Wirkungen auf den menschlichen Organismus haben. Oft tritt der Einfluss eines Inhaltsstoffs besonders deutlich hervor, häufig beruht die Gesamtwirkung der Pflanze bzw. der verwendeten Teile aber auf dem Zusammenspiel mehrerer Substanzen. Diese können sich gegenseitig unterstützen oder hemmen. So kann man zwar im Allgemeinen einzelnen Stoffen eine bestimmte Wirkung zuschreiben, wie es nachfolgend auch für einige Substanzen bzw. Substanzgruppen nachzulesen ist. Eine Pflanze wirkt aber immer als Summe ihrer einzelnen Inhaltsstoffe, und diese kann sich von der Wirkung der Einzelstoffe deutlich unterscheiden.

ACETYLCHOLIN Überträgersubstanz, die Nervenimpulse weiterleitet. Acetylcholin wirkt blutgefäßerweiternd, blutdrucksenkend und kontrahierend auf die glatte Muskulatur der Bronchien und des Magen-Darm-Trakts.

ALGINSÄURE Stärkeähnliches, wenig wasserlösliches Kohlenhydrat aus Braunalgen. Die Salze **(Alginate)** bilden mit Wasser hochviskose Lösungen oder Gele und finden u.a. in der Lebensmittelindustrie, Medizin und Pharmazie Verwendung.

ALKALOIDE Dies sind organische Basen (also keine Säuren). Sie sind in bestimmten Pflanzen, z.B. Nachtschatten-, Hahnenfußgewächsen, Kaffeebaum, enthalten. Einige der Alkaloide gehören zu den stärksten Giften und dienen gleichzeitig bei sachgemäßer Anwendung als Heilmittel. Sie wirken teils betäubend wie die Opiumalkaloide und das Kokain, teils krampferregend wie Thebain und Strychnin. Wichtige Alkaloide sind Akonitin, Atropin, Brucin, Chinin, Kokain, Codein, Koffein, Colchicin, Ergotamin, Heroin, Lysergsäure, Morphin, Nicotin, Scopolamin, Strychnin.

ÄTHERISCHE ÖLE Flüchtige, stark riechende Öle, die sich besonders in Blüten (Blütenöle), Samen und Blättern von Pflanzen finden. Gewinnung meist durch Destillation mit Wasser oder Wasserdampf und Abtrennung vom Kondenswasser. Ätherische Öle sind für die Riechstoffindustrie, Pharmazie, Kosmetik und viele Zweige der Lebensmittelindustrie von Bedeutung, z.B. aus Rosen gewonnenes Rosenöl. Auch Carvon und Limonen gehören zu den ätherischen Ölen.

BENZOESÄURE Einfachste aromatische Carbonsäure (organische Säure); Benzoesäure und ihre Salze (z.B. **Natriumbenzoat**) werden wegen ihrer antimikrobiellen Eigenschaften zur Lebensmittelkonservierung verwendet.

BIOGENE AMINE Gruppe von Verbindungen; die Funktionen der biogenen Amine sind vielfältig. Wichtige Vertreter sind u. a. Spermin, Äthanolamin und Vertreter der Gewebshormone wie Adrenalin, Histamin (Anitallergen), Serotonin (Botenstoff der Nervenzellen).

BITTERSTOFFE Pflanzeninhaltsstoffe, die besonders in Korbblütlern, Enziangewächsen und Lippenblütlern vorkommen. Sie regen reflektorisch die Magensaftsekretion an, teilweise auch die Ausschüttung von Gallenflüssigkeit und bewirken dadurch eine Verbesserung des Appetits, der Bauchspeicheldrüsensekretion und der Verdauung. Bitterstoffe sind in Magenbitterlikören, Aperitifs und appetitanregenden Mitteln enthalten. Beispiele sind Lupulon und Humulon.

CHOLIN Spaltprodukt des Lecithins, u.a. in Gehirnsubstanz und Eigelb vorhanden. Cholin vermindert die Fettablagerung im Körper und wirkt u.a. blutdrucksenkend.

CUMARIN Im Pflanzenbereich eine weit verbreitete Verbindung mit waldmeisterartigem Geruch. Bestimmte Cumarinderivate werden als blutgerinnungshemmende Arzneimittel verwendet. Vorhanden beispielsweise in Waldmeister und Steinklee. Als Rauschmittel bekannt (Maibowle).

CYANIDINE Salze der **Blausäure,** einer farblosen, sehr giftigen Flüssigkeit, die nach bitteren Mandeln riecht. Blausäure ist spurenweise in bitteren Mandeln (Vergiftungen sind bekannt) und in den Kernen der Steinfrüchte enthalten.

FETTE Stoffwechselprodukte von Pflanzen und Tieren, die in der belebten Natur weit verbreitet sind. In der menschlichen Ernährung und der Ernährung vieler Tiere spielen Fette als Reservestoffe eine wichtige Rolle. Mangelerscheinung ist Unterernährung.

FLAVONOIDE (FLAVONE) Hierunter versteht man komplexe aromatische Verbindungen, die Grundsubstanzen vieler gelber Blütenfarbstoffe sind. Wasserlösliche blaue, violette (März-Veilchen), schwarze und rote Blütenfarbstoffe kennzeichnen das Vorhandensein von **Anthocyanen** (griechisch „Blütenblau"). Flavonoide haben je nach Beschaffenheit sehr unterschiedliche chemische und physikalische Eigenschaften, deshalb kann keine einheitliche Wirkung beschrieben werden. Sie helfen z.B. bei abnormer Kapillarbrüchigkeit sowie bei bestimmten Herz- und Kreislaufstörungen.

GALLUSSÄURE Aromatische Säure, Vorkommen u.a. in Eichenrinde, wird zur Herstellung von Eisengallustinten, Sonnenschutzmitteln und Farbstoffen verwendet.

GERBSTOFFE Dies sind Pflanzeninhaltsstoffe, die in der Lage sind, Eiweißstoffe der Haut und Schleimhaut zu binden und in widerstandsfähige, unlösliche Stoffe zu überführen. In Schwarztee sind beispielsweise 7–12 % Gerbstoffe enthalten. Beim Aufbrühen werden das Koffein (Teein) und die Aromastoffe rasch, die Gerbstoffe, die auch die Bräunung bestimmen, erst nach und nach ausgezogen.

GLYKOSIDE Sind eine große Gruppe von Naturstoffen und synthetischen Verbindungen, die aus einem Zuckeranteil und einem als Aglykon (Genin) bezeichneten Nichtzuckerbestandteil bestehen. Als Zuckerbestandteil treten vor allem niedere Zucker (Einfachzucker, Mehrfachzucker), als Nichtzuckerbestandteil Alkohole, Phenole bzw. Amine auf. Je nach Zuckerkomponente heißen die Glykoside Glucoside, Galaktoside usw. Die schleimlösende Wirkung der Primelwurzel, die Wirkstoffe der Bärentraubenblätter und die schweißtreibende Wirkung von Lindenblütenblättern sind auf das Aglykon der Glykoside zurückzuführen. Flavonoide oder Bitterstoffe können Gykoside sein.

GUMMI(HARZE) Eingetrocknete Milchsäfte bestimmter Pflanzen; sie sind Mischungen von meist alkohollöslichen natürlichen Harzen mit in Wasser aufquellbaren oder löslichen gummiartigen Stoffen.

INULIN Ein besonders in Dahlienknollen und Artischockenwurzeln vorkommender stärkeähnlicher Vielfachzucker, dient zur Gewinnung von Fruchtzucker.

KIESELSÄURE Sammelbezeichnung für die Sauerstoffsäuren des Siliziums, die in der Natur nur in Form ihrer Salze, der Silikate, vorkommen und aus diesen durch Ansäuern hergestellt werden. Kieselsäure ist ein unentbehrlicher Bestandteil des menschlichen Organismus (Bindegewebe, Haut, Haare, Nägel).

MENTHOLVERBINDUNGEN Hauptbestandteil des Pfefferminzöls, wird aus Minzearten oder synthetisch hergestellt; wirkt entzündungswidrig, antiseptisch und auf der Hautoberfläche leicht betäubend und kühlend; Zusatz zu Zahnpasten, Kaugummi u.a.

ORGANISCHE SÄUREN Dies sind die Säuren, wie z.B. Essig(-säure), einer chemischen Verbindung, die, in Wasser oder anderen polaren Lösungsmitteln gelöst, in positive Wasserstoffionen (Protonen) und negativ geladene Säurerestionen zerfallen (Säure-Base-Theorie). Wichtige organische Säuren sind Essigsäure, Ameisensäure, Buttersäure.

OXALSÄURE Die einfachste Dicarbonsäure (organische Säure), im Pflanzenreich in Form ihrer Salze **(Oxalate)** sehr verbreitet, z.B. als saures Kaliumsalz im Säuerling **(Kleesalz)**, als Kalziumsalz in vielen Pflanzen und im Harn. Bei ständigem Überschuss und zuviel Konsum von Milchprodukten kann es zur Bildung von Nierensteinen aus Kalziumoxalat kommen.

PEKTINE In den Zellwänden höherer Pflanzen vorkommende, überwiegend aus Galakturonsäure (organische Säure) aufgebaute Vielfachzucker. Sie spielen eine wichtige Rolle für die Beschaffenheit von Früchten und Gemüsen. Pektine dienen als Geliersungsmittel und Emulgatoren.

PFLANZENSCHLEIME Kohlenhydrathaltige Stoffe, die im Wasser stark aufquellen und eine viskose Flüssigkeit liefern. Für Menschen hat Schleim eine entzündungshemmende Wirkung und verursacht eine Abschwächung des Geschmacksempfindens.

PHENOLISCHE SUBSTANZEN Aromatische Verbindung; farblose, sich an der Luft rötlich färbende, kristalline Substanz von charakteristischem Geruch.

SAPONINE Pflanzenglykoside, die zusammen mit Wasser einen haltbaren Schaum ergeben und Öl in Wasser lösen. Saponine haben hämolytische (sie lassen den Blutfarbstoff aus den roten Blutkörperchen austreten) und antibiotische Wirkungen und sind toxisch für Fische.

SPURENELEMENTE Mikronährstoffe, Bezeichnung für eine Reihe von chemischen Elementen, die für die menschliche, tierische und pflanzliche Ernährung und den Stoffwechsel unentbehrlich sind, jedoch nur in sehr geringen Mengen benötigt werden. Spurenelemente für Mensch und Tier sind **Eisen, Mangan, Kupfer, Kobalt, Zink, Fluor, Selen und Jod.** Bei Pflanzen sind es **Mangan, Kupfer, Zink, Molybdän, Bor und Chlor.** Die Spurenelemente sind meist Bestandteile von Enzymen, Vitaminen und Hormonen. Ihr Fehlen (durch einseitige Ernährung bzw. Bodenausbeutung) ruft Mangelkrankheiten hervor.

TRITERPENE Eine Gruppe von Naturstoffen, die durch Wasserdampfdestillation (ätherische Öle) oder Extraktion aus Blüten, Blättern oder anderen Pflanzenteilen isoliert werden. Viele Terpene werden wegen ihres angenehmen Geruchs als Riechstoffe verwendet. Terpene sind z.B. Kampfer, Menthol.

VITAMINE Mit Vitaminen wird eine Gruppe von unterschiedlichen Substanzen bezeichnet, die lebensnotwendig für die meisten Organismen und besonders den Menschen sind. Sie werden ständig über die Nahrung zugeführt. Der Tagesbedarf der einzelnen Vitamine richtet sich nach Geschlecht, Alter und körperlicher Betätigung. Sie werden üblicherweise mit einem Buchstaben und einem Trivialnamen bezeichnet und nach ihrer Löslichkeit in die Gruppen der **fettlöslichen** (A, D, E, K) und der **wasserlöslichen Vitamine** (B-Gruppe, C) eingeteilt. Daneben gehören ebenfalls noch essenzielle Nahrungsbestandteile wie das wasserlösliche **Vitamin P** (Rutin) sowie die oft als **Vitamin F** zusammengefassten ungesättigten Fettsäuren dazu.

Vitamin A kommt in Lebertran, Leber, Milch, Butter, Eigelb vor. Ein Mangel führt zu Nachtblindheit und Verhornung innerhalb des Auges.

Vitamin D_2 und **D_3** bilden sich aus verschiedenen Vorstufen durch UV-Bestrahlung. Sie kommen in Hefe, Lebertran, Eigelb und Fisch vor. Die D-Vitamine sind notwendig für die Skelettentwicklung, besonders für den Phosphat- und Kalziumstoffwechsel, Mangel führt zu Skelettveränderungen.

Vitamin E findet sich in Weizenkeimöl, Baumwollsamenöl, Erbsen, Brunnenkresse und Nüssen und schützt die Zellmembranen. Beim Menschen sind Mangelerscheinungen nicht sicher nachgewiesen.

Vitamin K ist in Spinat, Kohl, Brennnesseln, Tomaten, Hagebutten und Leber sowie in Darmbakterien und grünen Pflanzen vorhanden. Es ist wichtig zur Bildung von Blutgerinnungsfaktoren, Mangel führt zu Blutungsneigungen durch Gerinnungsstörungen.

Vitamin B_1 kommt besonders in Hefe, Getreidekeimen, Ei und Leber vor. Es ist unentbehrlich für die Funktion des Nervensystems und greift vor allem in den Abbau von Zucker ein. Ein Mangel führt zu Beriberi, einer Krankheit infolge ausschließlicher Ernährung mit geschältem und poliertem Reis, bei der das Nervensystem geschädigt wird.

Vitamin B_2 findet man in Molke, Hefe, Leber, Niere, Eigelb und grünen Pflanzen. Mangelerscheinungen sind Schädigungen der Gewebsatmung, Wachstumsstillstand, Entzündungen der Haut, Schleimhäute und Lippen sowie Magen-Darm-Erkrankungen.

Pantothensäure ist in Hefe, Getreidekeimen, Leber, Eigelb, Knollen, Wurzeln und Milch enthalten und wichtig für den normalen Zellenaufbau.

Folsäure kommt in Blattgemüse sowie in Leber und Hefen vor. Mangelerscheinungen sind Blutbildungsstörungen sowie Haut- und Schleimhautveränderungen.

Nicotinsäureamid kommt in Hefe, Weizen, Gemüse, Leber, Niere, Muskeln und Milch vor. Bei Unterversorgung kann Pellagra, eine Vitaminmangelkrankheit hervorgerufen z.B. bei ausschließlicher Maisernährung, auftreten. Sie führt zu Hautentzündungen, Durchfall und Störungen des zentralen Nervensystems.

Vitamin B_6 greift in den Aminosäurestoffwechsel ein, Mangelerscheinung sind Hautveränderungen.

Vitamin H kommt in Hefe, Leber, Hirn, Molke, Eigelb und Maische vor. Mangelerscheinungen sind Ekzeme, Haut- und Schleimhautentzündungen, Blutveränderungen.

Vitamin B_{12} findet sich in Leber, Muskeln, Eigelb und Käse und wird von Darmbakterien gebildet. Es ist unentbehrlich bei der Entwicklung und Reifung der roten Blutkörperchen. Ein Mangel führt zur Blutarmut.

Vitamin C kommt in Früchten (besonders Hagebutten), Kartoffeln, grünen Pflanzen, Milch und Leber vor. Ein Mangel verursacht Skorbut, Blutungsneigung (z.B. in Haut, Zahnfleisch) und Infektanfälligkeit.

ZUCKER/KOHLENHYDRATE Kristallines, wasserlösliches, meist süß schmeckendes Kohlenhydrat aus der Reihe der Einfach- und Mehrfachzucker. Mangelerscheinungen sind Ermüdung bis hin zum Hungerast (bei lang anhaltenden körperlichen Betätigungen wie z. B. Marathon) und Ohnmacht (Schock). Im Körper ist die „Verbrennung“ von Zucker zur „Energiegewinnung“ des Körpers nötig, um ihn am Leben zu erhalten (Temperatur, Herztätigkeit usw.).

Glossar

BIOTOP von einer Lebensgemeinschaft oder einer bestimmten Organismenart besiedelter Lebensraum (z.B. Moor, Wald, Wiese)

CIRCUMPOLAR Bedeutet bei Pflanzen, dass diese rund um einen Polarbereich verbreitet sind.

DIURETIKUM harntreibendes Mittel

DROGE Hierunter versteht man im pharmazeutischen Sprachgebrauch getrocknete pflanzliche und tierische Ausgangsmaterialien für die Arzneizubereitung.

EPIPHYT Eine Pflanze, die auf einer anderen wächst, ohne diese zu schädigen.

EUTROPH Nährstoff- und humusreich sowie hochproduktiv. Kennzeichnet z. B. die Lebensbedingungen in stehenden Binnengewässern. Eutrophe Seen sind infolge hohen Nährstoffreichtums dicht besiedelt und neigen zu Sauerstoffmangel. Daraus kann ein Fischesterben resultieren.

FUNGIZID Ein Mittel, das Pilze abtötet.

GUTTATION Bei Pflanzen die aktive Ausscheidung von flüssigem Wasser aus speziellen Wasserspalten, beispielsweise die „Tau"perlen an den Blattenden des Frauenmantels.

HÄMOLYTISCH Hämolytische Stoffe bewirken, dass der Blutfarbstoff aus den roten Blutkörperchen austritt.

HUMID Bezeichnet ein feuchtes, nasses Klima.

JUVENIL jung, junges Stadium einer Pflanze

KAPILLARE feinste, dünnwandige Blutgefäße

LITORAL Uferbereich

OLIGOTROPH Nährstoff- und humusarm; wird im Zusammenhang mit solchen Gewässern und Böden verwendet, die nur eine relativ geringe Produktivität aufweisen.

REBELN raspeln

RHIZOM (fein) verzweigte Wurzeln, Wurzelstock

SALINITÄT Salzgehalt

SOLITÄRBAUM Einzelbaum

SUBOZEANISCH Verbreitungsgebiet von Pflanzen innerhalb Europas nach Osten bis etwa zur gedachten Linie Stockholm – Prag

SUKKULENTEN Fettpflanzen, vor allem in Trockengebieten verbreitete Pflanzen, die Wasser über lange Dürreperioden hinweg in besonders großzelligem Grundgewebe speichern können, z.B. Fetthenne.

VISKOS zäh, zähflüssig, leimartig

GB **White Stonecrop**
F **Orpin blanc**
NL **Wit vetkruit**
S **Vit Fetknop**
SF **Valkomaksaruoho**

Weiße Fetthenne

Sedum album

Dickblattgewächse

Vorkommen
Europa, Nordafrika.

Habitat
In sonnigen Pioniergesellschaften, Felsköpfe, Mauerkronen, an Dämmen, auf Kiesflächen, in Feinschutthalden, Felsrasen, an felsigen Küsten, an Autobahnen, Ebene bis 2000 m.

Verwendung 2

Die Blätter der Pflanzen enthalten sehr viel Wasser und sind daher recht gut geeignet, wenn es mal wieder etwas trockner wird.

Doch **Vorsicht**! Beim Scharfen Mauerpfeffer brennt das im Hals wie ein Schluck Tabasco und später im Magen noch endlos nach! Der Durst ist allerdings gelöscht. Einige Quellen sprechen sogar vom trinkbaren Presssaft der Pflanzen, dieser ist jedoch teuflisch scharf und sehr stark Brechreiz erzeugend.

Sedum reflexum und *Sedum album* wurden in Hungersnöten oft roh (ohne Wurzeln) gegessen. Ein Getränk ergeben ca. 50 g zerschnittene Blätter zusammen mit ca. 50 g Honig auf 1 l Wasser. Schmeckt wie gesüßter Gurkensaft!

Bei *Sedum acre* und *Sedum sexangulare* schmecken die getrockneten Blätter nach Pfeffer oder Ingwer. Als Gewürz sollten sie jedoch aufgrund der leichten Giftigkeit nur sparsam verwendet werden.

Sedum acre wurde früher in Skandinavien gegen Skorbut roh gegessen.

Sedum telephium schmeckt saftig nach Gurke und kann auch zur längeren Haltbarkeit in Öl eingelegt werden. Der frische Saft ist ganz gut als „Gurkensaft" trinkbar und lässt sich auch gut verdünnen. Nicht zu viel davon essen, denn auch diese Pflanze ist schwach giftig. Saft s. auch oben.

Oft assoziiert mit folgenden essbaren Pflanzen
Allium-Arten, Beifuß, Borretsch, Fichte, Glockenblume, Kiefer, Margerite, Ochsenzunge, Pastinak, andere *Sedum*-Arten, Thymian, Wegwarte, Wilde Möhre.

Beschreibung
Weiße Fetthenne: Immergrüne Staude. Juni bis September, 8–20 cm. Dichte, flache Rasen bildend. Blätter fleischig, viel Flüssigkeit enthaltend, länglich, linealkeulenförmig, dunkelgrün, zum Teil rötlich überlaufen, bis 13 mm lang. Sehr viele Triebe nicht blühend, sehr ausdauernd. Blüten weiß, in abgeflachter Rispe.

Scharfer (*Sedum acre*) und Milder Mauer pfeffer (*Sedum sexangulare*): Immergrüne Stauden. Juni bis August, 3–15 cm. Ebene bis 1000 m. Niederliegend. Blätter eher eiförmig, bis 8 mm lang. Scharfer Mauerpfeffer mit sehr scharfem Geschmack. Blüten hellgelb.

Felsen-Fetthenne (*Sedum reflexum*): Staude. Juli bis August, 10–50 cm. Blätter stachelspitzig, blaugrün, aber oft auch rötlich überlaufen, am Grund mit einen Sporn. Blüten gelb.

Purpur-Fetthenne (*Sedum telephium*): Staude. Juni bis September, 20–50 cm. Ebene bis 1800 m. Blätter umgekehrt eiförmig, leicht gesägt, an aufrechtem Stängel. Blüten rötlich, gelblich, grünlich bis purpurn.

Verwechslungsmöglichkeiten
Die Purpur-Fetthenne wird oft mit Rosenrot (*Rhodiola rosea*, Seite 16) verwechselt. Da auch diese Pflanze essbar ist, droht bei mäßigem Genuss kaum Gefahr.

Essbare Teile
Überirdische Teile, ohne Wurzeln.

Vorsicht
Die Pflanzen sind schwach giftig und können Erbrechen auslösen.

Weiße Fetthenne (*Sedum album*)

Scharfer Mauerpfeffer (*Sedum acre*)

Sammeln
Frühling bis Herbst, Trocknung sehr schwierig.

Inhaltsstoffe
Glykoside, Gerbstoffe, Schleim, Zucker, Flavonoide, Mineralsalze, mehrere Alkaloide, Gummi, Rutin.
magenwirksam, wasserausscheidend, hustenlösend, entkrampfend
S. acre roh verzehrt senkt den Blutdruck, löst je nach Magen und Menge Erbrechen aus, lässt äußerlich angewandt Wunden heilen sowie Warzen und Hühneraugen verschwinden. Dazu zieht man die Haut von den Blättern ab und legt sie auf die verhornten Stellen (Hühneraugen). *Sedum telephium* hilft roh verzehrt gegen Durchfall.

GB **Wild Strawberry**
F **Fraisier des bois**
NL **Bois-Aardbei**
S **Smultron**
SF **Ahomansikka, Mansikka**

Wald-Erdbeere

Fargaria vesca

Rosengewächse

Vorkommen
Nordhalbkugel, circumpolar.

Habitat
Oft gesellig in Wäldern, in Gebüschen, an Wegrändern, auf Waldlichtungen, Küste bis 2200 m.

Oft assoziiert mit folgenden essbaren Pflanzen
Åkerbeere, Birke, Brombeere, Buche, Himbeere, Labkraut, Löwenzahn, Lungenkraut, Moltebeere, Moosbeere, Nadelbäume, Nelkenwurz, Preiselbeere, Primeln, Säuerling, Thymian, Wacholder, Zwerg-Birke.

Beschreibung
Staude. April bis Juni, 10–40 cm. Aufrecht. Zweige kantig. Blätter eiförmig-elliptisch, gezähnt, hellgrün. Blüten weiß, grün oder rot überlaufen, meist einzeln. Frucht ist eine Sammelnussfrucht, rot.

Verwechslungsmöglichkeiten
Vor der Blüte mit dem Erdbeer-Fingerkraut (*Potentilla sterilis*). Als Identifikationsmerkmal sollte dann durch das Zerreiben der Blätter der Geruch nach Rosen und Ambra für die Erdbeere gelten.

Essbare Teile
Die Sammelnussfrüchte von Juli bis September. Die Blätter von Mai bis August für einen Tee.

Sammeln
Die Früchte werden einfach von den Sträuchern gepflückt, wenn sie reif sind. Die Blätter für den Tee zur Not während der gesamten „Grünzeit", die Wurzeln vor der Blüte. Die Früchtchen sind die winzigen, gelben „Kerne", die auf der roten Scheinfrucht, der „Erdbeere", verteilt sind, die aus dem Blütenboden hervorgeht.

Inhaltsstoffe
Vitamin C, Gerbstoffe, Eiweiße, Mineralsalze, Kohlenhydrate.

harntreibend, blutreinigend, leberwirksam
Vier Teelöffel zerhackte, getrocknete

Verwendung 5

Die Sammelnussfrüchte sind überaus lecker. Süß und lieblich, sie können auch getrocknet und als Notnahrung benutzt werden.
Erdbeeren als Bannockfüllung: Der Bannockteig wird alleine geknetet. Anschließend werden die Steinfrüchte wie bei einer Apfeltasche in den Teig eingeschlossen. Noch besser ist es, man zerstößt bzw. zerdrückt die Früchte vorher. Außerdem können die Früchte zusammen mit dem Teig eingeknetet werden. Die eine oder andere Variante wird dann in einem Topf gebacken. Diesen vorher leicht mit Öl ausreiben, damit der Teig nicht festklebt.
Kompott: Zucker oder Sirup in heißem Wasser auflösen, die Erdbeeren dazugeben und etwa 1h ziehen lassen. Fertig. Geradezu die Erleuchtung, funktioniert auch ohne Süße!
Marmelade: 800 g Zucker oder Sirup auf 1 kg frisch gepflückte, zerstoßen Früchte und ein Glas Wasser. Einen Tag stehen lassen und dann 20 min aufkochen, erkalten lassen. Fertig.
Der Tee für zwischendurch: Fünf Blätter 10 min in kochendem Wasser ziehen lassen. Fertig.
Saft: Die zerstoßenen Erdbeeren zusammen mit Wasser aufkochen und durch ein Sieb schlagen. Fertig.
Das Getränk für zwischendurch, auch mit heißem Wasser: Etwa 100 g der Früchte zerstampfen, mit 1 l Wasser auffüllen und gleich trinken. Gilt auch als Leberkur, wenn man mal wieder zu viel Alkohol getrunken und einen Kater hat.

Vorsicht
Die Sammelnussfrüchte sind als Allergen bekannt!

Wald-Erdbeere (*Fragaria vesca*)

(bei frischen zwei) Blätter werden mit 1/4 l kochendem Wasser übergossen und 15 min ziehen gelassen. Drei Tassen täglich. Ein Tee aus den Wurzeln wird nur mit etwa der halben Menge der Droge gebrüht.

Moltebeere

Rubus chamaemorus

Rosengewächse

GB **Cloudberry**
F **Mûre des Marais**
NL **Kruipbraam**
S **Hjortron**
SF **Muurain**

Vorkommen
Nordhalbkugel hauptsächlich über und knapp unter dem Polarkreis.

Habitat
Auf Hoch- und Zwischenmooren, Torf, Ebene bis 900 m.

Oft assoziiert mit folgenden essbaren Pflanzen
Åkerbeere, Bärentraube, Blaubeere, Birke, Labkraut, Löwenzahn, Nadelbäume, Preiselbeere, Thymian, Wacholder, Zwerg-Birke, Zwerg-Weide.

Beschreibung
Staude. Mai bis August, 5–30 cm. Weit kriechende, behaarte Ausläufer. Blätter herz-nierenförmig, fünflappig. Blüten eingeschlechtlich, einzeln, weiß. Frucht Farbe wechselnd, unreif grün, dann hellrot über orange hin zur vollständigen Reife dunkelgelb.
Die verwandete Åkerbeere (*Rubus arcticus)*: Staude. Juni bis Juli, bis 20 cm. Blätter dreifingrig. Blüten eingeschlechtlich, doch sind männliche und weibliche Blüten auf der gleichen Pflanze beobachtet worden, starke Hybridisierung, meist einzeln sitzend (bis selten zu dritt), rosa bis rot. Frucht dunkelrot bis rostbraun und sehr aromatisch bis weit in den August hinein.

Verwechslungsmöglichkeiten
Åkerbeere und Moltebeere untereinander, was unproblematisch ist, da sie beide essbar sind.

Essbare Teile
Früchte von Juni bis September, bei *Rubus arcticus* Juli, August. Blätter für Fruchttee.

Verwendung **5**

Für ein Kompott Zucker oder Sirup in heißem Wasser auflösen, die Beeren dazugeben und etwa 1 h ziehen lassen. Fertig. Geradezu die Erleuchtung, funktioniert auch ohne Süße!
Marmelade: 800 g Zucker oder Sirup und ein Glas Wasser auf 1 kg frisch gepflückte Früchte. Einen Tag stehen lassen und dann 20 min aufkochen, erkalten lassen. Fertig.
Saft: Die Beeren zusammen mit Wasser aufkochen und durch ein Sieb schlagen. Mehr, weniger oder gar nicht süßen! Schmeckt bei Moltebeeren allerdings charakteristisch muffig, Åkerbeeren sind dagegen fruchtig süß.
Beeren als Bannockfüllung: Der Bannockteig wird alleine geknetet (oder zusammen mit den Früchten), dann werden die Früchte in dem Teig eingeschlossen und zusammen in einem Topf gebacken (diesen vorher leicht mit Öl ausreiben, dann klebt der Teig nicht fest). Unglaublich lecker! Erinnert an nichts anderes, da die Beeren charakteristisch schmecken.
Tee: Frische Blätter von Molte- oder Åkerbeere sammeln und mit einem Stück Holz zerdrücken, mit Wasser etwas anfeuchten und in ein Tuch wickeln. Durch den Fermentierungsprozess entsteht in zwei bis drei Tagen ein herrlicher Duft. Das Ganze wird dann schnell getrocknet und trocken aufbewahrt oder gleich als Tee aufgebrüht.
Likör und Schnaps: Natürlich kann aus beiden Beeren auch Schnaps gebrannt werden, wie es in den skandinavischen Ländern praktiziert wird. Oder man legt die Beeren im Verhältnis 1:1 in hochprozentigen Schnaps ein, was einen sehr aromatischen Likör ergibt. Dieser kann auch noch zusätzlich mit Zucker verschnitten werden, was allerdings zu Kopfschmerzen führen kann.

Moltebeere (*Rubus chamaemorus*)

Åkerbeere (*Rubus arcticus*)

Sammeln
Die Beeren werden dann von den Stauden gepflückt, wenn sie reif sind. Die Blätter für den Tee während des gesamten Jahres.

Inhaltsstoffe
Vitamin C, sehr reich an Säuren.
Erkältungen, Halsschmerzen, adstringierend, antibakteriell

GB **White Clover**
F **Trèfle rampant**
NL **Witte klaver**
S **Vitklöver**
SF **Valkoapila**

Weiß-Klee

Trifolium repens

Schmetterlingsblütler

Vorkommen
Nordeuropa, Nordasien.

Habitat
Auf Fettwiesen, -weiden, Nass- und Moorwiesen, in Staudenfluren, auf Magerrasen, Ebene bis 2300 m.

Oft assoziiert mit folgenden essbaren Pflanzen
Algen, Braunelle, Brennnessel, Brombeere, Erz-Engelwurz, Himbeere, Kali-Salzkraut, Labkraut, Löffelkraut, Löwenzahn, Margerite, Meerkohl, Melde, Pastinak, Queller, Sauer-Ampfer, Sauerklee, Schafgarbe, Strand-Dreizack, Strand-Wegerich, Vogelkirsche, Vogelmiere, Wegerich.

Beschreibung
Staude. Mai bis September, 15–45 cm. Blätter dreizählig gefingert bzw. gefiedert. Stängel niederliegend, wurzelt oft an den Knoten. Blüten relativ klein, meist in dichten, runden, kopfförmigen, weißen oder hellrosa Blütenständen.
Rot-Klee (*Trifolium pratense*): Staude. Juni bis September, 15–40 cm. Blüte hellkarmin- bis fleischrot. Kann genauso genutzt werden.

Verwechslungsmöglichkeiten
Mit anderen Kleearten, daher sollte auf die Blütenfarbe geachtet werden! Der Sauerklee (*Oxalis acetosella)* hat zwar verwechselbare Blätter (Seite 32), aber nur eine endständige Blüte und keine Köpfchen! Das ist unproblematisch, da auch diese Pflanze essbar ist.

Sammeln
Während des gesamten Jahres.

Essbare Teile
Die nektarreichen Blüten während der Blüte und die eiweißhaltigen Blätter.

Inhaltsstoffe
Gerbstoffe, verschieden Glykoside, Isoflavone, phenolische Substanzen.

magenwirksam, hustenlösend, leberwirksam, entkrampfend
Vier bis sechs getrocknete Blütenköpfchen werden mit 1/4 l kochendem Wasser übergossen und 15 min ziehen gelassen. Zwei bis drei Tassen dieses aromatischen Tees täglich reichen.

Verwendung **3**

Die Blüten können getrocknet und zerrieben als Mehl verarbeitet werden, was im 18. Jahrhundert in Irland in Jahren mit schlechter Ernte praktiziert wurde. Aus dem Mehl kann ein Bannock gebacken werden, in den noch zusätzlich frische Blüten eingearbeitet werden sollten – der perfekte „Kuchen". Die Blüten können, für die süße Note im Brot, auch in Bannocks mit „normalen" Mehl eingebacken werden. Vorher gut einkneten.
In Öl gebratene oder wie Spinat gekochte Blüten und Blätter schmecken alleine eigentlich nach nichts, sättigen aber mit Reis, Kartoffeln oder als „Pesto" zusammen ganz gut.
Eine andere Möglichkeit ist es, die Blätter als Eiweißquelle zusammen mit anderen hier im Buch erwähnten Pflanzen (Löwenzahn, Bärlauch) zu braten.
Sind die Blüten und Blätter dieser Pflanze in „Griffnähe", so sollten diese aufgrund ihres relativ hohen Eiweißgehaltes als Eiweißquelle immer dem frischen Salat beigemengt werden. Die Blätter schmecken zwar nach nichts, die Gesamtkomposition ist aber gut.
Als erfrischendes Getränk werden 250 g frische Blütenköpfchen in 1 l Wasser 15 min aufgekocht. Abkühlen lassen und nach Bedarf mit Honig, Sirup oder Zucker süßen.

Weiß- und Rot-Klee

Weiß-Klee (*Trifolium repens*)

GB **Wood Sorrel**
F **Pain de coucou**
NL **Witte klaverzuring**
S **Harsyra**
SF **Käenkaali**

Wald-Sauerklee

Oxalis acetosella

Sauerkleegewächse

Vorkommen
Nordeurasien, circumpolar.

Habitat
Nadelmischwälder, Buchen-, Eichenwälder, Ebene bis 1910 m.

Verwendung 4

Die Blätter sind von der Pflanze in den Mund der ultimative Durstlöscher.

Die kleine Pflanze kann als Ersatz für Zitronensaft herhalten, sowohl in Salaten, Fleisch- und Fischgerichten als auch in der Blaubeermarmelade.

Eine Handvoll in Suppen oder frisch von der Pflanze gepflückt und dann zerhackt auf dem Butterbrot – immer macht sich der saure Geschmack gut und gibt die besonders saure Note.

Frisch und zerhackt eingebacken in einen Bannock lassen sie einen Hauch von Zitronenbrot aufkommen, welches geradezu göttlich zu Blaubeer- oder Himbeermarmelade schmeckt.

Die zerquetschten Blätter ergeben eine erfrischende Limonade, wenn sie für 2 h in Wasser eingelegt werden. Je mehr Blätter man verwendet, desto saurer wird es. Die Blattreste können getrost mitgetrunken werden. Wer das nicht mag, der seiht sie vorher ab.

Die Blätter als Püree eingesalzen oder gezuckert halten sich bis zur nächsten Saison. Oder das Püree wird zu Reis, Kartoffeln oder zusammen mit Bärlauch und Pinienkernen als „Pesto“ zu Teigwaren verzehrt.

Der Saft der Pflanze (Oxalsäure und Kaliumhydrogenoxalat) kann Flecken aus Stoffen entfernen.

Die nordamerikanischen Indianer gaben die Wurzeln ihren Ponies zu essen, damit sie schneller liefen. Das hilft auch beim Trekking!

Oft assoziiert mit folgenden essbaren Pflanzen
Adlerfarn, Bärlauch, Birke, Blaubeere, Brennnessel, Buche, Eiche, Erz-Engelwurz, Giersch, Gundermann, Haselnuss, Himbeere, Holunder, Lungenkraut, Nadelbäume, Nelkenwurz, Primel, Salomonssiegel, Scharbockskraut, Schlehe, Teufelskralle, Vogelbeere, Wald-Erdbeere, Waldmeister, Weidenröschen.

Beschreibung
Staude. April bis Mai, 5–12 cm. Oft in Herden wachsend. Blätter wie die des Klees geformt. Blüte einzeln auf einem zarten Stängel sitzend, weiß, rot-violett geädert, hangt bei zu wenig Licht im Dunkel des Waldes oft herunter.

Verwechslungsmöglichkeiten
Busch-Windröschen (*Anemone nemorosa*), giftiger Vertreter der Hahnenfußgewächse. Auf die Blätter achten! Sauerklee wächst in dunkelsten Wäldern und hat eine besondere Schlafstellung, bei der sich die Blätter zusammenfalten. Man kann ihn auch erschrecken, indem man ihn mehrmals berührt, dann falten sich die „kleeartigen“ Blätter sofort in die Schlafstellung.

Essbare Teile
Die scharfen, sauren Blätter.

Sammeln
Nur die frischen Blätter verwenden. Bei Trocknung verlieren sie ihre geschmackliche Eigenschaft.
Zur Not kann man Sauerklee auch im Winter unter dem Schnee finden!

Inhaltsstoffe
Oxalsäure, Kaliumhydrogenoxalat, Vitamin C, Schleimstoffe, Karotin.

Vorsicht
In hoher Dosis aufgrund der Oxalsäure gefährlich, nicht bei Gastritis, Rheuma und Gicht verwenden!

Wald-Sauerklee (*Oxalis acetosella*)

blutreinigend, erfrischend, fiebersenkend, harntreibend
25 g der frischen Wurzeln und 10 g getrocknete bzw. 40 g frische Blätter auf 1 l siedendes Wasser geben, 10 min ziehen lassen und als Tee dreimal täglich trinken.

Giersch

Aegopodium podagraria

Doldenblütler

GB **Ground Elder**
F **Herbe-aux-goutteux**
NL **Zevenblad**
S **Kirskål**
SF **Vuohenputki**

Vorkommen
Eurasien.

Habitat
Gesellig in Auen- und Schluchtwäldern, an Waldrändern und Ufern, in Parkanlagen und Siedlungen, Ebene bis 1400 m.

Beschreibung
Staude. Juni bis Juli, 50–90 cm. Mit verzweigten unterirdischen Ausläufern. Blätter doppelt dreizählig gefiedert. Stängel kantig gefurcht. Blüten weiß, selten rosa. Früchte kümmelartig.

Oft assoziiert mit folgenden essbaren Pflanzen
Bärlauch, Birke, Buche, Gundermann, Holunder, Klee, Knoblauchsrauke, Labkraut, Märzveilchen, Nelkenwurz, Rauke, Salomonssiegel, Taubnessel, Vogelbeere.

Verwechslungsmöglichkeiten
Pflanzen dieser Art können u.a. mit dem giftigen Wasserschierling (*Cicuta virosa*, Seite 39) verwechselt werden. Daher nur bei genauer Kenntnis verwenden.

Essbare Teile
Die jüngeren und älteren Blätter sowie der Stängel.

Sammeln
Im Frühling bis Herbst knapp über dem Boden abschneiden.

Inhaltsstoffe
Provitamin A, Vitamin C, Eiweiß, ätherische Öle, Mineralsalze.

magenwirksam, wasserausscheidend, hustenlösend, entkrampfend, Insektenstiche
Die Pflanze roh gegessen oder als Presssaft genossen hilft gegen schmerzende Gichtknoten. Der frische Stängelsaft hilft gegen juckende Insektenstiche.

Verwendung **5**

Die jungen bzw. alten Blätter können wie Spinat zubereitet werden, wobei Geschmack und Konsistenz keinen Unterschied zu echtem Spinat erkennen lassen. Gedünstet oder in ein wenig Öl angebraten auf Kartoffeln oder Möhren schmeckt Giersch besonders auch im Frühling gut. Die jüngeren Blätter liefern außerdem noch einen schmackhaften Salat, am besten mit Löwenzahn und Sauer-Ampfer gemischt. Je älter sie werden, desto mehr schmecken sie petersilienartig und desto härter ist die Konsistenz.
Die Stängel können genauso zu Salat (Leicht aufkochen, wenn sie schon zu alt und hart sind.) oder durch Zerstoßen und anschließendem Kochen zu Mus verarbeitet werden („Spinat-Petersilienmus"). Schmeckt wie der Rest herrlich, besonders mit Frühkartoffeln.
Zusammen mit Gundermann (oder auch ohne) werden Sträußchen der Pflanzen 2–3 h (oder länger) in eine Bowle aus Wasser gehängt und ergeben so einen göttlichen Frühlingssaft. Mit Wein funktioniert das natürlich auch!
In einem Steinguttopf kann aus den Blättern und einer 10 %igen (100 g Salz/l) Salzlake „Sauer-Giersch" hergestellt werden. Nach drei Wochen bei Zimmertemperatur (gelegentlich den Schaum abschöpfen) wird der Topf kühl gestellt und mit etwas Öl auf der Einlegeflüssigkeit versiegelt. Vor dem Genießen sollten die sauren Blätter mit Wasser gespült werden, sonst schmeckt es nur salzig.
Eingesalzen wird Giersch in Lagen mit Salz (ca. 50 g/1 kg), indem Blätter und Stängel zusammen mit dem Salz richtig schön dicht einstampft werden. Dies kann dann später als Zusatz bei der Zubereitung von anderen Gerichten helfen.

Giersch (*Aegopodium podagraria*)

GB **Garden Chervil**
F **Cerfeuil sauvage**
NL **Fluitenkruid**
S **Dansk Körvel**
SF **Maustekirveli**

Wiesen-Kerbel

Anthriscus sylvestris

Doldenblütler

Vorkommen
Eurasien, ostmediterranes Europa.
Habitat
Auf Fettwiesen, an Hecken- und Wegrändern, Bergwiesen, in Säumen und Wiesenrändern, Ebene bis 2500 m.
Oft assoziiert mit folgenden essbaren Pflanzen
Bocksbart, Gänseblümchen, Giersch, Gundermann, Holunder, Labkraut, Margerite, Pastinak, Sauer-Ampfer, Schafgarbe, Taubnessel, Wegwarte, Wilde Möhre.
Beschreibung
Staude. Mai bis August, 60–150 cm. Blätter zwei- bis dreifach gefiedert, unterstes Fiederpaar 1. Ordnung gefleckt. Stängel hohl, gefurcht, oft rot überlaufen, an der Basis behaart, oben glatt. 8–15 strahlige Dolden (oder dicht weich flaumig beim Garten-Kerbel, (*Anthriscus cerefolium*) mit weißen Blüten. Der Garten- oder Gewürzkerbel duftet stark aromatisch, ist meist verwildert und gleich zu verwenden.
Verwechslungsmöglichkeiten
Pflanzen dieser Art können mit extrem giftigen Pflanzen wie Wasserschierling (*Cicuta virosa*, Seite 39) und Hundspetersilie (*Aethusa cynapium*) sowie mit unproblematischen, essbaren Arten wie Wiesen-Kümmel, Koriander, Kerbel und Wilder Möhre verwechselt werden. Mein Tipp ist definitiv: Finger weg von allen Doldenblütlern, die nicht eindeutig und sicher identifiziert werden können! Anhand dieses Buches ist das nicht möglich, sondern nur mit Spezialliteratur wie Oberdorfer oder Rothmaler (s. Seite 12). Und auch dann gelingt das nur den Geübten!
Essbare Teile
Die Blätter und der Stängel.
Sammeln
Vom Frühling bis Sommer, am besten aber vor der Blüte. Dann aber Vorsicht bei der Bestimmung der Pflanze.

Inhaltsstoffe
Vitamin C, Karotin, Eisen, Magnesium, Glykoside.
wasserausscheidend, hustenlösend, blutreinigend, magen- und leberwirksam
Zwei Teelöffel des getrockneten Krauts auf 1/4 l kochendes Wasser, anschließend 10 min ziehen lassen. Drei Tassen täglich.

Verwendung **5**
Das beste Aroma besitzen Pflanzen, die im Halbschatten wachsen. Bei gekochten Gerichten wird der Kerbel erst kurz bevor das Essen gar ist dazugegeben, da sich dann das petersilienartige Aroma am intensivsten entfalten kann. Sehr gut eignen sich Kerbelblätter zu Fisch, Geflügel oder einfach zu Reis. Die blanchierten Stängel können zusätzlich noch als Spargelersatz verwendet werden.
Für die blanchierten Stängel zusammen mit frisch gefangenem und über offenem Feuer gegrilltem Fisch (z.B. Maischolle) lass ich jeden Spargel stehen!
In Skandinavien wurden früher Spinatgerichte und Grünkohl mit Kerbel gewürzt. Giersch als Spinatersatz damit zu verfeinern, macht sich auch ganz gut!
Frisch gefangener Fisch kann mit zerhackten Blättern und Stängeln in der Bauchhöhle gefüllt werden. Die Bauchhöhle wird dann mit kleinen geschnitzten Stöckchen aus Laubbäumen verschlossen, die durch die Bauchlappen gestochen werden. Dadurch fällt die Füllung beim Grillen nicht heraus.

Vorsicht
Der Saft und/oder der Verzehr der Pflanze kann möglicherweise bei empfindlichen Menschen Hautreizungen hervorrufen.

Wiesen-Kerbel (*Anthriscus sylvestris*)

GB **Caraway**
F **Cumin des prés**
NL **Echte karwij**
S **Kummin**
SF **Kúmen**

Wiesen-Kümmel

Carum carvi

Doldenblütler

Vorkommen
Nordeuropa, im Süden eher in höheren Lagen der Gebirge.

Habitat
Gebirgs-Fettwiesen, Fettwiesen, im Deichvorland, Küste bis 2200 m.

Oft assoziiert mit folgenden essbaren Pflanzen
Algen, Disteln, Engelwurz, Gänseblümchen, Gänse-Fingerkraut, Kali-Salzkraut, Klee, Löffelkraut, Löwenzahn, Queller, Sauer-Ampfer, Schafgarbe, Strand-Dreizack, Sumpfdotterblume, Wegerich.

Beschreibung
Zweijährig. Mai bis Juli, 30–80 cm. Blätter doppelt bis dreifach gefiedert, wie die der Wilden Möhre (Seite 40) sehr fein gegliedert, im Frühling in grundständiger Rosette stehend. Unterscheidungsmerkmal ist z.B. der Blattansatz in den oberen Blattachseln. Wurzel spindelartig. Doldenblüten locker, weiß (rosa). Nur Samen charakteristisch sehr stark nach Kümmel riechend.

Verwechslungsmöglichkeiten
Pflanzen dieser Art können mit extrem giftigen Pflanzen wie Wasserschierling (*Cicuta virosa*, s. Abbildung) und Hundspetersilie (*Aethusa cynapium*) sowie mit unproblematischen, essbaren Arten wie Koriander, Kerbel und Wilde Möhre verwechselt werden. Mein Tipp ist definitiv: Finger weg von allen Doldenblütlern, die nicht eindeutig und sicher identifiziert werden können! Anhand dieses Buches ist das nicht möglich, sondern nur mit Spezialliteratur wie Oberdorfer oder Rothmaler (s. Seite 12). Und auch dann gelingt das nur den Geübten!

Essbare Teile
Die Blätter der noch bodenliegenden Rosette werden sowohl als Salat, gekocht oder als Grünkohlersatz verwendet. Die Wurzel auch der alten Pflanze gilt als Gemüseersatz, die Früchte dienen zum Würzen von Speisen. Der Geschmack der Blätter und der Wurzel ist leicht kümmelartig.

Sammeln
Die bodenliegende Rosette des jungen Kümmels wird im Deichvorland als alte Delikatesse der Küstenbewohner im April/Mai gestochen. Die Wurzel wird ausgegraben, wenn der Teil nach dem Stechen der Blattrosette zu kurz ist. Die Früchte werden im Sommer (Mai bis September) von der erwachsenen Pflanze abgestreift; am besten nimmt man dazu einen kleinen Stoffsack (Strumpf!), den man vorsichtig

Verwendung **5**
Bei diesem Rezept handelt es sich um eine sehr alte mündliche Überlieferung aus meinem Heimatdorf Oxstedt bei Cuxhaven. Im Deichvorland Wiesen-Kümmel (*Carum carvi*) und „Röhrkohl“ (*Triglochin maritimum*, Seite 242) stechen zu gehen, war das Ereignis im Frühling (März, April, Mai – je nach Witterung). Der „Kümmelkohl“ wurde wie Grünkohl zubereitet und mit fettem Schweinebauch und/oder nur mit Frühkartoffeln serviert. Die Frühlingsdelikatesse schlechthin.
Die Wurzeln ergeben ganz oder in Scheibchen geschnitten und gedünstet ein herrliches „Möhrengemüse“.
Ein Esslöffel der Früchte auf eine Flasche Korn ergibt in einer Woche den so genannten Kümmel-Schnaps – unschlagbar zu Räucheraal. Schmeckt aber auch ohne Aal.

Vorsicht
Im Übermaße genossen kann das in den Samen enthaltene Kümmelöl Leberschäden verursachen.

Ausgegrabener Wiesen-Kümmel (*Carum carvi*)

vorher von unten über die Dolde streift. Tipp: Den Stängel unterhalb der Dolde vorsichtig abschneiden.

Inhaltsstoffe
Ätherische Öle (hauptsächlich Carvon, Limonen), Fettsäuren, Eiweißstoffe, Kohlenhydrate, Gerbstoffe, Zellulose, Harz.

verdauungsfördernd, magenwirksam
Kümmel-Tee hilft bei krampfartigen Magen-Darm-Beschwerden: Einen Teelöffel der zerdrückter Früchte mit 1/4 l kochendem Wasser übergießen und 10 min ziehen lassen, dann abseihen. Schluckweise trinken.

Wasserschierling (*Cicuta virosa*) – eine giftige Verwechslungsart

GB **Wild Carrot**
F **Carotte sauvage**
NL **Peen**
S **Morot**
SF **Porkkana**

Wilde Möhre

Daucus carota

Doldenblütler

Vorkommen
Eurasien, subozeanisch, Südeuropa.
Habitat
Auf Fettwiesen, Magerrasen, Pionierpflanze, auf Wegen, Dämmen, in Steinbrüchen, sandige Böden ohne Staunässe, Ebene bis 1800 m.
Oft assoziiert mit folgenden essbaren Pflanzen
Augentrost, Bocksbart, Buche, Erz-Engelwurz, Glockenblume, Holunder, Klee, Margerite, Nachtkerze, Nadelbäume, Oregano, Pastinak, Primel, Schafgarbe, Thymian, Wegerich, Wegwarte, Wiesenknopf.
Beschreibung
Einjährig, oft auch zweijährig. Mai bis September, 30–90 cm. Blätter zwei- bis dreifach gefiedert, im juvenilen Stadium leicht mit Wiesen-Kümmel bzw. Kerbel zu verwechseln (unproblematisch). Markant bei der Wilden Möhre: alte Stängel mit Blütenständen des letzten Jahres mit zusammengekrümmten, in der Mitte nestartig vertieften alten Dolden. Stängel behaart. Blüten weiß bis cremefarben, Mittelblüte der Dolde oft schwarzpurpurn.
Verwechslungsmöglichkeiten
Pflanzen dieser Art können mit extrem giftigen Pflanzen wie Wasserschierling (*Cicuta virosa*, Seite 39) und Hundspetersilie (*Aethusa cynapium*) sowie mit unproblematischen, essbaren Arten wie Wiesen-Kümmel, Koriander, Kerbel und Wilde Möhre verwechselt werden. Mein Tipp ist definitiv: Finger weg von allen Doldenblütlern, die nicht eindeutig und sicher identifiziert werden können! Anhand dieses Buches ist das nicht möglich, sondern nur mit Spezialliteratur wie Oberdorfer oder Rothmaler (s. Seite 12). Und auch dann gelingt das nur den Geübten!
Unterscheidungskriterium: Die Wilde Möhre ist durch die schwarzpurpurnen sterilen Blüten („Mohrenblüte“) in der Mitte der weißen Dolde zu erkennen. Die noch ziemlich juvenilen Blätter im Frühling erkennt man am besten an den alten, vertrockneten Blütenständen des Vorjahrs!
Essbare Teile
Die pfahlförmige, dünne Wurzel, die jungen Blätter vor der Blüte und die reifen Früchte.
Sammeln
Die Wurzeln werden im Frühjahr und Spätsommer geerntet, das Kraut zur Blütezeit (oder ganz früh vor der Blüte), man schneidet es ca. 2 cm über dem Boden ab und trocknet es gebündelt in der Luft oder isst es frisch. Kurz vor der Vollreife werden

Verwendung 5
Die Wurzel riecht und schmeckt typisch nach Möhren. Sie ist manchmal scharf und kann auch getrocknet geknabbert werden.
Die holzige Wurzel kann zur Not auch noch geraspelt oder gekocht und als Möhrchengemüse verwendet werden.
Ein „Spinat“ aus den jungen krautigen Blättern gekocht schmeckt hervorragend süßlich und ist in 10 min fertig.
Geröstet dient die Wurzel als Kaffee-Ersatz (schmeckt wie geräucherter Tee).
Das getrocknete grüne Kraut als stärkender Tee aufgebrüht, schmeckt nicht nach Möhren, sondern süßlich aromatisch.
Ein Wurzelsaft mit Sirup gesüßt schmeckt ganz gut, jedoch sollte die Arbeit bei der Herstellung nicht unterschätzt werden, da die Wurzeln nicht gerade ergiebig sind.

Vorsicht
Wer diese Möhren über einige Wochen kiloweise isst, kann unter Umständen Vergiftungen durch Provitamin A und Carotatoxin bekommen.

Blütenstand mit Mohrenblüte imZentrum

die fruchtenden Dolden eingebracht und getrocknet. Durch Abrebeln gewinnt man dann die stacheligen Früchte.

Inhaltsstoffe
Ätherische Öle, Provitamin A, Vitamin B_1, B_2, C, Pektin, Mineralsalze, Kohlenhydrate, Carotatoxin.

magenwirksam, gegen Madenwürmer und einen Kater
Gegen Durchfall und Madenwürmer hilft es, die Wurzel zu essen (roh über 24 h nichts anderes zu sich nehmen). Ein Tee der getrockneten Früchte (zwei Teelöffel auf 1/4 l kochendes Wasser und 5 min ziehen lassen) hilft gegen einen Kater.

Wurzeln der Wilden Möhre

GB **Hogweed**
F **Berce des prés**
NL **Gewone berenklauw**
S **Björnloka**
SF **Ukonputki**

Wiesen-Bärenklau

Heracleum sphondylium

Doldenblütler

Verwendung 5

Für die blanchierten Stängel zusammen mit gegrilltem Fisch (wie beispielsweise Maischolle oder Hornhecht) lass ich jeden Spargel stehen!
Die noch geschlossenen, teilweise handballgroßen Blütenknospen werden abgeschnitten und das häutige Hüllblatt entfernt. Danach wird das Leben in diesem „Habitat" erst einmal gründlich abgespült. Dann lassen sie sich, so wie sie sind, als Brokkoli verwenden. Die Knospen werden in Salzwasser 10 min gekocht oder aber als Rohkost verzehrt. Natürlich können sie auch in etwas Öl angebraten werden.
Die Blätter lassen sich als Salat verwenden oder ergeben gekocht ein herzhaftes Gemüse.
Die zarten, ungemein saftigen Blattstängel (am besten ganz früh morgens schneiden) werden blanchiert oder paniert wie ein Steak gebraten: Hervorragend macht es sich, vorher im Öl etwas Knoblauch oder Lauch auszubraten. Der muss jedoch nach kurzer Zeit entfernt werden, da er sonst schwarz und bitter wird.
Weiterhin können die Blattstängel wie Stangensellerie in Scheiben geschnitten mit Lauch, Pfeffer und Salz in etwas Öl scharf braun gebraten werden. Ein Gedicht.
Bärenklaugewürz: Nur die ganz jungen Blätter sammeln, dann pürieren, salzen (200 g Salz/kg) und die Masse dann als „Pesto" mitnehmen.
1 kg der geschälten Blattstängel in einer Mischung aus zwei Glas Wasser und zwei Glas Zucker oder gleich vier Glas Sirup 10 min köcheln, anschließend an der Luft trocknen. Wer will dann noch Gummibärchen essen?

Vorkommen
Eurasien, ostmediterranes Europa.

Habitat
Auf Fettwiesen, an Hecken und Wegrändern, Bergwiesen, in Säumen und Wiesenrändern, Staudenfluren, an Ufern, in Auenwäldern, Ebene bis 1700 m.

Oft assoziiert mit folgenden essbaren Pflanzen
Bocksbart, diverse Beeren, Gänseblümchen, Giersch, Gundermann, Holunder, Labkraut, Margerite, Pastinak, Sauer-Ampfer, Schafgarbe, Taubnessel, Wegwarte, Wilde Möhre.

Beschreibung
Staude. April bis September, 80–200 cm. Vielgestaltig, steif behaart oder kahl und sehr kräftig gebaut. Blätter teilweise riesig, ein- bis zweifach gefiedert, Blättchen sehr breit gezähnt, Blattscheiden bauchig aufgetrieben. Dolden mit weißen bis rosa Blüten, bis zu 30 cm groß.

Verwechslungsmöglichkeiten
Pflanzen dieser Art können mit extrem giftigen Pflanzen wie Wasserschierling (*Cicuta virosa*, Seite 39) und Hundspetersilie (*Aethusa cynapium*) sowie mit unproblematischen, essbaren Arten wie Wiesen-Kümmel, Koriander, Kerbel und Wilde Möhre verwechselt werden. Mein Tipp ist definitiv: Finger weg von allen Doldenblütlern, die nicht eindeutig und sicher identifiziert werden können! Anhand dieses Buches ist das nicht möglich, sondern nur

Vorsicht
Diese Pflanze kann bei empfindlichen Menschen Hautreizungen hervorrufen. Also am besten macht man einen Test, indem man sich mit dem Pflanzensaft die Haut ein wenig in der Ellenbeuge einreibt. Bleibt eine Hautreaktion aus, so reagiert man nicht hypersensibel auf die Pflanze.

Wiesen-Bärenklau (*Heracleum sphondylium*)

mit Spezialliteratur wie Oberdorfer oder Rothmaler (s. Seite 12). Und auch dann gelingt das nur den Geübten!
Sonst gilt: „Ist der Stängel kantig rau (und klotzig gebaut), ist es der Wiesen-Bärenklau!“ Ist die Pflanze auch riesig, mit unbehaarten Blätter und stinkt, dann ist es wahrscheinlich der Riesen-Bärenklau (*Heracleum mantegazzianum*). Der kann bei Berührungen sehr starke Hautirritationen hervorrufen.

Essbare Teile

Die jungen Blätter, die großen, geschlossenen Blütenknospen, der Stängel und die Wurzeln.

Sammeln

Die Blätter, Blattstängel und Blütenknospen (teilweise so groß wie ein Handball) vor der Blüte im Frühjahr, die Wurzeln im Herbst. Der Geschmack erinnert an Engelwurz oder Stangensellerie.

Inhaltsstoffe

Ätherisches Öl, Furanocumarine, Bitterstoffe, 10 % Zucker, 16 % Eiweiß, Provitamin A, Vitamin C, Mineralstoffe.

GB **Sweet Cicely**
F **Myrrhe odorante**
NL **Roomse kervel**
S **Spansk Körvel**
SF **Saksankirveli**

Süßdolde

Myrrhis odorata

Doldenblütler

Vorkommen
Europa, Nordamerika.

Habitat
Im Gebiet verwildert, an Schuttplätzen, an Wald- und Heckenrändern, Ebene bis 1800 m.

Oft assoziiert mit folgenden essbaren Pflanzen
Algen, Disteln, Engelwurz, Gänseblümchen, Gänse-Fingerkraut, Kali-Salzkraut, Klee, Löffelkraut, Löwenzahn, Mannstreu, Queller, Sauer-Ampfer, Schafgarbe, Stranddistel, Strand-Dreizack, Sumpfdotterblume, Wegerich, Wegwarte, Wiesel-Kerbel, Wiesen-Kümmel.

Beschreibung
Staude. Juni bis Juli, 60–200 cm. Blätter zwei- bis dreizählig gefiedert. Stängel glatt. Dolde vielstrahlig mit weißen Blüten. Früchte bis zu 2,5 cm lang. Pflanze stark aromatisch nach Anis duftend.

Verwechslungsmöglichkeiten
Pflanzen dieser Art können mit extrem giftigen Pflanzen wie Wasserschierling (*Cicuta virosa*, Seite 39) und Hundspetersilie (*Aethusa cynapium*) sowie mit unproblematischen, essbaren Arten wie Wiesen-Kümmel, Koriander, Kerbel und Wilde Möhre verwechselt werden. Mein Tipp ist definitiv: Finger weg von allen Doldenblütlern, die nicht eindeutig und sicher identifiziert werden können! Anhand dieses Buches ist das nicht möglich, sondern nur mit Spezialliteratur wie Oberdorfer oder Rothmaler (s. Seite 12). Und auch dann gelingt das nur den Geübten! Überaus charakteristisch sind die langen Früchte (s.o.).

Essbare Teile
Die Wurzel, die Blätter und die süßlich nach Anis (eigentlich nussig) schmeckenden unreifen Früchte. Die reifen Früchte werden lediglich als Gewürz, z.B. für Beerenmarmelade, Säfte oder Kompott verwendet, die dadurch ein überaus leckeres Aroma erhalten.

Sammeln
Die Wurzel sollte im Sommer, Herbst

Verwendung **5**

Frische gehackte Blätter würzen Omeletts, Suppen, Eintöpfe und Salate, weiterhin können die Blätter mit Früchten zusammen eingekocht werden, damit diese ihre Säure verlieren.
Die unreifen Früchte würzen Salate und anderes Essen und geben ihm ein exotisches nussig-anisartiges Aroma.
Die süß schmeckende Wurzel kann in Essig eingelegt werden und später als „Saures“ verzehrt werden.
Ein Püree aus den Wurzeln hat einen exotischen Geschmack und eignet sich hervorragend zu Fischgerichten wie gedünstetem Lachs oder gegrillter Scholle.
In dünnen Scheiben in Salaten verwendet oder als eigenständiges Wurzelgemüse gekocht, sind die Wurzeln auch nicht zu verachten.
Ein ausgezeichneter Likör lässt sich durch fünftägiges Einlegen von etwa 15 g der frischen Wurzel auf 1 l Branntwein herstellen – der erste Ouzo überhaupt.
Die reifen Früchte können weiterhin als Anisaroma für „Liköre“ benutzt werden. Je nach Gusto werden ein bis mehrere Esslöffel auf 1 l Schnaps gefüllt und etwa zwei Wochen lang stehen gelassen.
Hat man die getrockneten reifen Früchte bis in den Hochsommer hinein aufbewahrt, so muss unbedingt ein Saft, eine Marmelade oder ein Kompott mit ihnen gewürzt werden. Das schmeckt einfach lecker. Tipp: 2–3 h ziehen lassen.

Süßdolde (***Myrrhis odorata***)

oder Frühling ausgegraben und mit einer Bürste gereinigt werden. Die Blätter erntet man am besten in der Zeit von März bis Juni. Die Früchte können nach der vollständigen Reife im Mai oder Juni gesammelt werden.

Inhaltstoffe
Ätherische Öle, Flavonoide.

magenwirksam, wasserausscheidend
Zwei Teelöffel der getrockneten Blätter auf 1/4 l kochendes Wasser, 10 min ziehen lassen. Drei Tassen täglich.

GB **Garlic Mustard**
F **Alliaire pétiolée**
NL **Look-zonder-look**
S **Löktrav**
SF **Litulaukka**

Knoblauchsrauke

Alliaria petiolata

Kreuzblütler

Verwendung 5

Ein perfektes Knoblauchbrot ergeben die fein gehackten Blätter im Bannock zubereitet oder auf dem Bannock als „Schnittlauchersatz".

Der knoblauchartige Geschmack zusammen mit einer angenehmen milden Schärfe ist je nach Standort unterschiedlich intensiv und bessert so jeden frischen Salat auf, der zur gleichen Zeit mit Birkenblättern, Buchenblättern, Gundermann und Brennnesselblättern frisch angerichtet werden sollte.

In Milch eingelegt ergeben die zerhackten Blätter den perfekten Frühlingscocktail – allerdings ist das nur etwas für „Knoblauchfetischisten".

Die schwarzen reifen Samen werden zermörsert und mit Essig und etwas Salz zu einem grobkörnigen Mostrich vermischt, der ganz gut nach „Kresse-Senf" und fast so wie der bayerische „Weißwurstmostrich" schmeckt.

Zerquetschte frische Kerbelblätter verfeinern das Ganze noch. Durch Zusatz des zermahlenen Krauts des Wasserpfeffer-Knöterichs oder der Samen wird dieser aromatische Mostrich noch eine Spur schärfer.

Wer gerade ein feinstes Osterlamm zur Verfügung hat, kann aus zerhackten Blättern der Knoblauchsrauke, Weißdornknospen (Seite 210), Birkenessig (Seite 205) und Birkensirup eine Gourmetsauce zusammenstellen, die wahrscheinlich nicht einmal Bocus kennt.

Die Füllung eines Vogels ausschließlich mit Kerbel und Knoblauchsrauke schmeckt etwas streng nach Knoblauch, ist aber erträglich.

Manche Menschen benutzten die zerriebenen, getrockneten Blätter im Mittelalter auch als Schnupftabak.

Vorkommen
Nordeuropa, Nordasien.

Habitat
In beschatteten Unkrautfluren, an Waldrändern, in Hecken und Waldschlägen, an Zäunen, verwildert in Parks, in Auenlandschaften, Ebene bis 1200 m.

Oft assoziiert mit folgenden essbaren Pflanzen
Birke, Brennnessel, Buche, Giersch, Gundermann, Günsel, Holunder, Nadelbäume, Nelkenwurz, Sauer-Ampfer, Scharbockskraut, Taubnessel, Vogelmiere, Weidenröschen.

Beschreibung
Einjährig überwinternd. (März) April bis Juni, 20–100 cm. Blätter lang gestielt, charakteristische Nierenform, zerrieben stark nach Knoblauch riechend. Stängel kantig, am Grund behaart. Blüten weiß. Schoten mit schwarzen Samen, bis zu 7 cm lang.

Verwechslungsmöglichkeiten
Keine.

Essbare Teile
Die Samen und die nach Knoblauch riechenden Blätter.

Sammeln
Das Aroma der Blätter ist am besten morgens und vor oder während der Blüte. Sie halten sich nicht besonders lange frisch, getrocknet verlieren sie ihr Aroma vollkommen, obwohl man sie auch getrocknet verwenden kann – dann allerdings ohne Knoblauchgeruch. Die Samen können erst nach der vollkommenen Reife aus den bis zu 7 cm langen Schoten entnommen und getrocknet gemahlen werden.

Inhaltsstoffe
Senfölglykosid, Enzyme, ätherisches Öl.

wasserausscheidend, hustenlösend, antiseptisch
Die zerquetschten, aufgelegten Blätter desinfizieren Wunden.

Knoblauchsrauke (*Alliaria petiolata*)

GB **Shepherd's Purse**
F **Capselle borse-a-pasteur**
NL **Gewoon herderstasie**
S **Lomme**
SF **Lutukka**

Hirtentäschel

Capsella bursa-pastoris

Kreuzblütler

Vorkommen
In den gemäßigten Zonen weltweit.

Habitat
Verbreitet in lückigen Unkrautfluren, in Äckern, Gärten, auf Wegen, Pionierpflanze, Ebene bis 2100 m.

Oft assoziiert mit folgenden essbaren Pflanzen
Augentrost, Beifuß, Borretsch, Eibisch, Engelwurz, Feldsalat, Fetthenne, Fichte, Gänseblümchen, Glockenblume, Hopfen, Huflattich, Johanniskraut, Kerbel, Kiefer, Laucharten, Margerite, Mauerpfeffer, Nelkenwurz, Ochsenzunge, Pastinak, Rainfarn, Rauke, Süßdolde, Taubnessel, Thymian, Wegerich, Weißdorn.

Verwendung 3

Die Blätter und/oder die noch junge Blattrosette, die je nach Jahreszeit von bitter bis scharf würzig oder meerettichartig-senfartig schmecken, können einem Salat beigemischt werden. Oder man richtet sie alleine als Salat an. Am besten schmecken sie, wie die meisten Pflanzen, vor der ersten Blüte im Frühjahr.
Getrocknete Blätter dienen als Vorrat und können leicht mit Wasser wiederbelebt werden.
Die getrockneten und zu einem Pulver zerriebenen Blätter ergeben ein senfartiges Gewürz.
Als eingeknetete Füllung im Bannock werden sie aufgrund ihres markanten Geschmackes gern benutzt (vergleichbar mit Schnittlauchsenfbroten).
Die winzigen Samen können auch geknabbert werden, sind aber teilweise sehr scharf. Sie eignen sich auch als Pfeffer- oder Senfersatz (auf die Menge achten, s. Teezubereitung und Vorsichthinweis).
Vermust als Paste kann das Hirtentäschelkraut als Bannockaufstrich benutzt werden, zusammen mit Schmalz und Salz hergestellt ist dieses Mus länger haltbar. Schmeckt wie ein Senfbrot.

Beschreibung
Ein- bis zweijährig. Januar bis Dezember, 2–70 cm. Sehr formenreich. Grundblätter in rosettenförmiger Anordnung, schmallanzettlich, gezähnt bis fiederspaltig. Oberste Stängelblätter ganzrandig. Blüten weiß. Schötchen (Samenkapseln) umgekehrt dreieckig bis herzförmig.

Verwechslungsmöglichkeiten
Mit den Schaumkräutern (*Cardamine* sp.), da diese sich aber auch hervorragend zum Essen eignen, ist das vollkommen unproblematisch. Außerdem mit Bauernsenf (*Teesdalia nudicaulis*). Als Unterscheidungsmerkmal gelten die charakteristisch herzförmigen Schötchen (Samenkapseln).

Essbare Teile
Eine der wenigen Pflanzen, die in unseren Zonen ganzjährig Blüten tragen. Die Blätter können als Salat gegessen werden. Der Geschmack variiert zwischen scharf und bitter.

Sammeln
Das ganze Jahr über. Die Pflanzen, die sich im Frühling entwickeln, sterben im Herbst ab. Im Herbst keimende Samen überwintern als Blattrosette und blühen erst im darauf folgenden Jahr.

Vorsicht

Die Samen der Pflanzen wurden während und nach den beiden Weltkriegen als Ersatz für den „Mutterkornpilz" (*Claviceps purpurea*) herangezogen, da sie als stark blutgerinnungsfördernd galten – daher also besser nicht kiloweise verzehren, sonst klumpt das Blut. Außerdem sind sie so klein wie fein gemahlener Pfeffer.
Als Tee unbedingt die Dosierung einhalten.

Hirtentäschel (*Capsella bursa-pastoris*)

Inhaltsstoffe
Cholin, Acetylcholin, Tyramin, Flavonglykosid, Gerbstoffe, organische Säure, Kalium, ein blutstillendes Peptid.
magenwirksam, wasserausscheidend, blutdrucksenkend, blutgerinnend
Zwei Teelöffel des getrockneten Krautes mit 1/4 l kochendem Wasser übergießen und 10 min ziehen lassen, abseihen, zwei Tassen täglich.

Dänisches Löffelkraut

Cochlearia danica

Kreuzblütler

GB **Danish Scurvygrass**
F **Cranson**
NL **Deens lepelblad**
S **Dansk-Skörbjuggsört**
SF **Tanskankuirimo**

Vorkommen
Europa, nordarktisch-subozeanisch, circumpolar.

Habitat
Auf Außenweiden der Küsten auf Salzschlickböden, an Grabenrändern, Kulturpflanze.

Oft assoziiert mit folgenden essbaren Pflanzen
Algen, Erz-Engelwurz, Gänseblümchen, Kali-Salzkraut, Klee, Löwenzahn, Meersalat, Minze, Queller, Rohrkolben, Schilf, Seegras, Strand-Dreizack, Strand-Wegerich.

Verwendung 3

Der durch Auspressen der Blätter und Stängel gewonnene Saft wird mit Wasser verdünnt und ist dann der Vitamin C-Durstlöscher überhaupt. Zu diesem Zweck kann die Pflanze auch zu einem feinen Mus zermörsert werden, das Mus wird dann mit Wasser als Getränk aufgefüllt (Gemüsesaft mit Senfgeschmack). Diese Pflanze wurde zu früheren Zeiten auch als Salatpflanze angebaut, was die Verwendung als Salat geradezu herausfordert. Auf Salz und Pfeffer kann aufgrund des salzigen, scharfen, manchmal bitteren Geschmacks verzichtet werden. Die Pflanze kann auch getrocknet und zu einem späteren Zeitpunkt mit Wasser wiederbelebt werden.
Auf Butterbrot und fein gehackt oder zermörsert als Mus ist das Löffelkraut ein eigenwilliger „Aufstrich". Einfach mal ausprobieren!
Getrocknet und zerrieben kann es auf Reis (auch zusammen mit den Samen der Knoblauchsrauke) ganz gut als Gewürz Verwendung finden, ähnlich wie die Grünalge *Enteromorpha* (Seite 234) in Japan genutzt wird.

Beschreibung
Ein- und zweijährig. Mai bis Juni, 10–25 cm. Blätter lang gestielt, grundständig, breit ei- bis herzförmig, fleischig, obere etwas stängelumfassend. Stängel zuweilen niederliegend, kantig, gefurcht, kann sich auch verzweigen. Blüten weiß, 3–7 mm groß, wohlriechend.
Echtes Löffelkraut (*Cochlearia officinalis*): Zweijährig bis Staude, 20–50 cm. Auf Salzwiesen, an Quellen, Gräben, Küste bis 2400 m. Blüten weiß.

Verwechslungsmöglichkeiten
Mit anderen Löffelkrautarten, dies ist jedoch unproblematisch, da sie alle gleich verwendet werden können.

Essbare Teile
Die Blätter aller Löffelkrautarten. Geschmack je nach Standort scharf, würzig, brennend, kresseartig.

Sammeln
Frühjahr bis Herbst, aber wie immer am besten vor der Blüte.

Inhaltsstoffe
Vitamin C, Mineral- und Gerbstoffe, Senfölglykoside, Bitterstoffe, ca. 0,18 bis 0,3 % ätherisches Öl, Glukocochlearin, Isothiocyanate.

Blutreinigungskur, gegen Skorbut, magenwirksam, wundheilend
Am besten frisch zubereiten, roh essen, den Saft trinken. Beim Zerstoßen der Pflanze wird das scharf riechende Senföl frei. Diesen Brei als Umschlag auf Wunden für eine schnellere Heilung auftragen.

Vorsicht
Der Presssaft der frischen Pflanze hat eine reizende, belebende Wirkung auf die Haut. Bei Rückenschmerzen kann der Saft oder das Mus auf die schmerzende Stelle gelegt werden, die dann heiß wird.

Dänisches Löffelkraut (*Cochlearia danica*)

Blütenstand

GB **Sea Kale**
F **Choux marine**
NL **Zeekool**
S **Strandkål**
SF **Merikaali**

Meerkohl

Crambe maritima

Kreuzblütler

Vorkommen
Nordeuropa, nordatlantischer Raum.
Habitat
Im Spülsaum, auf und an Dünen, auf Salzschlickböden, sandig-steiniger Boden der Ostsee, seltener Nordsee, nordatlantischer Raum.

Meerkohl am natürlichen Standort

Oft assoziiert mit folgenden essbaren Pflanzen
Algen, Erz-Engelwurz, Gänseblümchen, Kali-Salzkraut, Klee, Laucharten, Löwenzahn, Minze, Queller, Rohrkolben, Schilf, Seegras, Strand-Dreizack, Strand-Wegerich.
Verwechslungsmöglichkeiten
Keine.
Beschreibung
Staude. Mai bis Juli, 30–75 cm. Blätter dick, sehr groß, blaugrün. Stängel dick, am Grund holzig. Blüten 6–12 mm groß, weiß, rispig angeordnet.
Essbare Teile
Die jungen Sprosse der Blätter und die noch jungen, „brokkoliartigen", nicht ganz

Verwendung **5**

In England werden die späteren Sprosse des Strandkohls noch heute als Spargelersatz gegessen, indem der dicke Stängel in mundgerechte Stücke geschnitten und dann 10 min in Meerwasser gekocht wird. Der Geschmack ist süß und brokkoliartig, einfach phantastisch zu Hornhecht oder Maischolle roh als Sushi.
Meinen Erfahrungen nach ist der extrem junge Meerkohl wahrscheinlich der älteste Brokkoli der Welt und schmeckt am besten roh von der Hand in den Mund, was allerdings zu entsprechenden Blähungen führen kann.
Alternativ und genauso einfach wie ein Bannock kann aus „Brokkoli" und Eiern ein herrlicher Auflauf hergestellt werden, indem die Pflanzenteile fein zerhackt und mit den anderen Ingredienzien verrührt werden. Irgendein Lauch findet sich meistens auch in der Nähe auf kurzem Rasen.
Als Brokkoligericht werden die jungen, noch nicht geöffneten Blätter nur etwa 5 min aufgekocht, so dass sie knackig bleiben.
Aus den in Streifen geschnittenen Blättern älterer Pflanzen wird ein herrlicher „Kohleintopf", indem man sie etwa 10 min in Meerwasser köcheln lässt. Das Wasser wird abgeschüttet, die gekochten Blattstreifen anschließend zusammen mit anderen Errungenschaften aus der Nähe wie Wegerich oder Löwenzahn für etwa 2–3 min scharf in ein wenig Öl angebraten. Schmeckt einfach herrlich!

Vorsicht
Beim rohen Verzehr drohen starke Blähungen.

Meerkohl (*Crambe maritima*)

entfalteten Blätter mit Blütenständen sowie die älteren blaugrünen Blätter können roh und/oder gekocht verzehrt werden. Die älteren Sprosse können als „Spargelersatz" dienen. Der Geschmack ist nicht von Brokkoli zu unterscheiden.

Sammeln
Vom Frühjahr bis in den Herbst, wobei gilt: je früher, desto besser.

Inhaltsstoffe
Kohlenhydrate, Proteine, Vitamin C.

GB **Water Cress**
F **Cresson de fontaine**
NL **Echte waterkers**
S **Källfräne**
SF **Isovesikrassi**

Brunnenkresse

Nasturtium officinale

Kreuzblütler

Vorkommen
Weltweit an/in Fließgewässern.
Habitat
Im Flutsaum von Bächen und Röhricht, an Quellen, in Gräben, am Ufer, die Unterart fo. *submersa* auch bis 1 m Wassertiefe, Ebene bis 1840 m.
Oft assoziiert mit folgenden essbaren Pflanzen
Arznei-Engelwurz, Bachbungen-Ehrenpreis, Birke, Blut-Weiderich, Buche, Laucharten, Minze, Pfeilkraut, Rohrkolben, Scharbockskraut, Schilf, Schwanenblume, Sumpfdotterblume.
Beschreibung
Staude. Mai bis Oktober, 20–80 cm. Wasserliebend, meist in Massenvorkommen auf offenen, langsam fließenden Gewässern. Blätter tiefgrün. Stängel hohl. Blüte weiß, vier Blütenblattblätter, gelbe Staubbeutel.
Riecht beim Zerreiben der Pflanzenteile charakteristisch nach Meerrettich (Senfölglykoside).
Verwechslungsmöglichkeiten
Ein Verwechseln mit dem an den gleichen Stellen vorkommenden Bitteren Schaumkraut (*Cardamine amara*) geht man aus dem Wege, in dem man die Staubbeutel und den Stängel der Pflanze betrachtet. Bei der Brunnenkresse sind sie gelb, der Stängel ist hohl, beim Bitteren Schaumkraut sind diese violett, der Stängel ist markig. Wirkung und Geschmack beider Pflanzen sind gleich; daher ist eine Verwechslung also unproblematisch.
Essbare Teile
Die ganze Pflanze ohne Wurzeln wird als Salat gegessen oder in Suppen verwendet. Der Geschmack ist scharf, rettichartig, senfartig bis bitter.
Sammeln
Die Brunnenkresse kann das ganze Jahr über gesammelt werden, sofern sie frisch benutzt wird, denn die homöopathischen

Verwendung **5**
Einen hervorragenden Salat ergibt ein Gemisch aus Löwenzahn-, Birken-, Brunnenkresse- und Brennnesselblättern. Zusätzlich können junge Blätter der Schafgarbe, des Johanniskrauts und Löffelkrautblätter dazugegeben werden.
Rührei oder Brat„kartoffeln“ (Wurzeln der im Buch genannten Pflanzen) mit fein gehackter Brunnenkresse sind auch lecker. Dabei sollten die Kresseblätter erst in den letzten 5 min dazugegeben werden, sonst ver„braten“ sie.
Zusammen mit Eiern und fein gehackten Blättern und Stängeln kann ein Omelett gebacken werden.
Mit Mehl (hergestellt aus den hier vorgestellten Pflanzen), etwas Wasser, Öl und Salz wird ebenfalls ein Fladen gebraten.
Die Samen lassen sich als Schwarzer Pfeffer verwenden.
Der Presssaft oder das Mus ergeben pur oder mit Wasser verdünnt ein hervorragend erfrischendes Getränk.
Ein Mus aus den Blättern und Stängeln mit Pfeffer, Salz und Öl ist ein Bannockaufstrich der feinsten Art.
Natürlich kann Kresse auch in einen Bannock eingebacken werden.
Der Saft der Pflanze kann Nikotinflecken aus Kleidung entfernen.

Vorsicht
Bei übermäßigem Genuss können Blasen- und Nierenreizungen sowie Reizungen der Magenschleimhaut auftreten. Vor dem rohen Verzehr sollte die Pflanze gut gewaschen werden, da man sich sonst Leberegel (Metacercarien) zuziehen kann, die unter den Blättern haften. Diese sind aber gut sichtbar.

Brunnenkresse (*Nasturtium officinale*)

Eigenschaften verlieren sich leider mit der Trocknung. Am günstigsten ist die Zeit zwischen April und September, und dann werden am besten nur die Blätter von noch nicht erblühten Gewächsen gesammelt und benutzt.

Inhaltsstoffe

Senfölglykosid, Phenylethylsenföl, Mangan, Provitamin A, Vitamin C, D, Jod, Eisen, Phosphor, Kalium, Arsen.
blutreinigend, harntreibend, entschlackend, vorbeugend gegen Skorbut

GB **Common Chickweed**
F **Mouron des oiseaux**
NL **Vogelmuur**
S **Våtarv**
SF **Pihatähtimö**

Vogelmiere

Stellaria media

Nelkengewächse

Vorkommen
Weltweit.

Habitat
In Unkrautfluren, auf Äckern, in Gärten, an Wegen, an Ufern, auf Schuttplätzen, Kulturbegleiter seit der Steinzeit, Ebene bis 1840 m.

Oft assoziiert mit folgenden essbaren Pflanzen
Beifuß, Brennnessel, Hirtentäschel, Kali-Salzkraut, Klee, Labkraut, Löwenzahn, Margerite, Minze, Ochsenzunge, Sauer-Ampfer, Taubnessel, Wegerich.

Beschreibung
Einjährig überwinternd. Januar bis Dezember , 3–40 cm. Krautig, meist niederliegend. Blätter eiförmig, untere lang gestielt. Stängel rund, schlaff, einreihig behaart. Blütenkronenblätter weiß, bis zum Grund gespalten und nicht länger als die Kelchblätter, Staubbeutel rot- oder grauviolett.

Blüten

Verwechslungsmöglichkeiten
Mit anderen Mieren (drei Griffel) und Hornkräutern (*Cerastium* sp., fünf Griffel). Die Pflanze ist leicht daran zu erkennen, dass sie eigentlich immer irgendwo in dem Gewirr von schlaffen, auf dem Boden herumliegenden Stängeln mit fünf tief gespaltenen Blütenblattblättern weiß blüht und auf dem Stängel eine einzige Haarreihe besitzt.

Essbare Teile
Die Triebe und Blätter können wie Salat oder Gemüse zubereitet werden. Der

Verwendung 4

Diese Pflanze wurde als Kulturbegleiter 3000 Jahre lang als Salatpflanze genutzt, obwohl bei neueren Forschungen Saponine (Sapo = Seife) in ihr nachgewiesen wurden. Ich konnte die Pflanze ohne Schaum vor dem Mund in Massen im Salat und in Gemüsesuppen genießen. Das blühende, gesäuberte Kraut wird fein zerhackt und in einem Bannock verarbeitet. Dieser wird dann grün und hat einen interessanten Geschmack, der an Gemüsebratlinge erinnert.
Gehackt und als Spinat mit etwas Bärlauch, Öl und Salz zubereitet ist Vogelmiere eine richtige Bereicherung. Allerdings kann die Pflanze noch feiner gehackt und mit mehr Wasser als grüne Suppe serviert werden – sättigt aber nicht so gut und ist mehr als Vorspeise gedacht.
Selbstverständlich kann dieses Kraut auch zu einem herrlichen, frischen Salat mit nussigem Geschmack zubereitet werden.

Vorsicht
Durch die Entdeckung der Saponine in der Pflanze ist ihr Verzehr heute umstritten. Nebenwirkungen sind nicht bekannt.

Vogelmiere (*Stellaria media*)

Geschmack ist saftig-nussig wie junge Maiskölbchen.

Sammeln

Eine der wenigen Pflanzen, die das ganze Jahr über blühen und gesammelt werden können.

Inhaltsstoffe/100 g

Ca. 8 mg Eisen, ca. 680 mg Kalium, ca. 80 mg Kalzium, ca. 40 mg Magnesium, Vitamine ca. 0,4 mg Provitamin A, Vitamin B, ca. 110 mg Vitamin C, Saponine.

wasserausscheidend, hustenlösend, Hautentzündungen

Ein Tee wird mit zwei Teelöffeln auf 1/4 l kochendes Wasser zubereitet, 5–10 min ziehen lassen. Zwei Tassen täglich. Das zerquetschte Kraut soll durch Auflegen Hautentzündungen, Ekzeme und Wunden schneller heilen lassen.

GB **Cleavers**
F **Gaillet gratteron**
NL **Kleefkruid**
S **Snärjmåra**
SF **Kierumatara**

Kletten-Labkraut

Galium aparine

Rötegewächse

Vorkommen
Europa.

Habitat
In staudenreichen Unkrautfluren, in Heckensäumen, an Ufern, an Schuttstellen, in Äckern, Ebene bis 2300 m.

Oft assoziiert mit folgenden essbaren Pflanzen
Bärentraube, Birke, Braunelle, Brennnessel, Brombeere, Eberesche, Erdrauch, Feldsalat, Gänse-Fingerkraut, Glockenblume, Kali-Salzkraut, Klee, Laucharten, Löwenzahn, Margerite, Mauerpfeffer, Moosbeere, Oregano, Preiselbeere, Primel, Sauer-Ampfer, Schafgarbe, Schilf, Thymian, Vogelmiere, Wegerich, Weiße Fetthenne, Wiesenknopf, Wilde Möhre.

Beschreibung
Einjährig. Juni bis Oktober, 15–45 cm. Kletternd. Blätter lanzettlich, zu sechst bis neunt in Quirlen am Stängel. Stängel fast geflügelt, kantig, wie Blüten und Früchte stark klettenartig haftend. Blüten weiß, in blattwinkelständigen Blütenständen.
Wiesen-Labkraut (*Galium mollugo*): Stängel glatt, vierkantig.
Echtes Labkraut (*Galium verum*): Blüten gelb, dicht rispig stehend.
Beide auf trockenen Rasen, Heiden, Mooren, ebenfalls zu verwerten.

Verwechslungsmöglichkeiten
Mit anderen Labkräutern, aber dies ist eher eine kulinarische Entgleisung.

Essbare Teile
Die Stängel und Blätter.

Sammeln
Die gesamte Wachstumszeit ca. 10 cm über dem Boden abschneiden.

Verwendung **3**

Zerhackt und wie Spinat zubereitet sind diese Kräuter nicht so toll, da sie nicht besonders gut schmecken und relativ hart sind. Da sie aber oft in Massen vorkommen, sind sie als Magenfüller geeignet.
Wird ein Sträußchen des blühenden Krautes für etwa 2 h in Wasser, Apfelsaft oder Wein gehängt, so nimmt die Flüssigkeit das Aroma des Krautes an und wird als Frühlingsdurstlöscher gerne getrunken.
Verwendet man anstelle des Kletten-Labkrauts das Echte Labkraut, erhält man einen ebenso guten Sommerdurstlöscher.
Die stacheligen Früchte ergeben gemahlen und geröstet einen Kaffee.
Das Kletten-Labkraut wurde in früheren Zeiten dazu benutzt, um Tierhaare aus der Milch zu fischen; dies funktioniert auch mit anderen Teilchen bei verunreinigtem Wasser.
Die Labkräuter werden Rötegewächse genannt, da aus ihren Wurzeln ein roter Farbstoff zum Färben von Wolle und Stoffen gewonnen werden kann.
Die dunkelgelben Blüten des Echten Labkrautes geben dem Chester-Käse seine charakteristische Farbe und Aroma und können auch als biologische Lebensmittelfarbe für etliche andere Gerichte hergezogen werden.
Zur Not können mit dem Kraut auch Matratzen gefüllt werden – wie in grauer Vorzeit oder wenn das Kopfkissen beim Trekking nach einem Regenguss wieder einmal nicht trocknet.
Weiterhin ist Kletten-Labkraut noch zerdrückt als Deo verwendbar! Funktioniert tatsächlich, ersetzt aber auf Dauer nicht das Waschen.
Eigentlich sollen die Labkräuter Milch zum Gerinnen bringen, was mir aber nie geglückt ist. Das kann aber auch an der homogenisierten Milch gelegen haben, die ich verwendet habe.

Kletten-Labkraut (*Galium aparine*)

Inhaltsstoffe
Glykosid (Asperulosid), *Galium verum* Saponine, Kieselsäure, Gerbstoffe, Flavonoide, Labenzym, Vitamin C.
entschlackend, harntreibend, kräftigend, leberwirksam

Etwa 8 g der getrockneten Pflanze auf 1/4 l kaltes Wasser, 2 min aufkochen und 10 min ziehen lassen, täglich drei Tassen davon trinken.
Aufgelegte zerdrückte Blätter lassen Blut von Wunden gerinnen.

GB **Woodruff**
F **Aspérule odorante**
NL **Lievevrouwebedstro**
S **Myskmadra**
SF **Tuoksumatara**

Waldmeister

Galium odoratum

Rötegewächse

Vorkommen
Europa.
Habitat
In krautreichen Buchen- und Laubmischwäldern, Ebene bis 1800 m.
Oft assoziiert mit folgenden essbaren Pflanzen
Bärlauch, Birke, Blaubeere, Brennnessel, Buche, Eiche, Erz-Engelwurz, Giersch, Gundermann, Haselnuss, Himbeere, Holunder, Linde, Nadelbäume, Nelkenwurz, Primel, Salomonssiegel, Scharbockskraut, Schlehe, Vogelbeere, Wald-Erdbeere, Waldmeister, Weidenröschen.
Beschreibung
Staude. Mai bis Juni, 15–30 cm. Blätter dunkelgrün, lanzettlich zugespitzt, charakteristisch zu sechst bis neunt quirlig um den Stängel stehend. Stängel unverzweigt, kantig. Blüten weiß, am Stängelende in doldenähnlichen (Trugdolden) Blütenständen stehend.
Verwechslungsmöglichkeiten
Eventuell mit anderen *Galium*-Arten, unproblematisch, da diese essbar sind.
Essbare Teile
Nicht essbar, doch die grünen Pflanzenteile können gut für eine Maibowle genutzt werden.
Sammeln
Das grüne Kraut vor der Blüte.

Verwendung **5**
Die berühmte Maibowle sollte unbedingt mit Waldmeister zelebriert werden, der noch nicht geblüht hat. Dieser muss, um sein charakteristisches Aroma zu entwickeln, angetrocknet werden (Geruchsprobe). Nur dann entwickelt sich der typische Waldmeistergeruch und -geschmack, da erst beim Trocknen ein Enzym das Cumarin vom Glykosid trennt! Die traditionelle Maibowle wird mit trockenem Weißwein und Sekt im Verhältnis 1:1 angesetzt, indem man das angetrocknete Kraut (etwa 100g/l) mindestens 2 h in die Mischung einlegt. Das funktioniert genauso mit selbst angesetztem Birkenwein, der allerdings nie die Süffigkeit von Traubenwein erreicht.
Eine Maibowle kann selbstverständlich auch ohne Alkohol und zwar mit Wasser angesetzt werden. Diese Frühlingsbowle ohne Alkohol lässt sich zu Gelee weiterverarbeiten, indem man sie kurz (2 min) aufgekocht und dann durch ein Sieb filtriert. Anschließend wird das Ganze mit Gelierzucker entsprechend der Gebrauchsanweisung fertig gekocht – dies ergibt dann die bekannte und beliebte „Götterspeise“.

Inhaltsstoffe
Cumaringlykosid, Asperulosid, Fette, Vitamin C, Farbstoffe, Gerbstoffe.
entschlackend, harntreibend, schweißtreibend, anregend, magenwirksam
Zwei Teelöffel des getrockneten Krautes werden 2 oder besser 8 h in kaltem Wasser angesetzt und abgeseiht, ein bis zwei Tassen pro Tag. Oder einen Teelöffel des getrockneten Krautes mit 1/4 l kochendem Wasser übergießen und 5 min ziehen lassen, abseihen und unmittelbar vor dem Schlafengehen trinken.

Vorsicht
Cumarin ist wie Alkohol stark giftig, und so sind Sehstörungen und Schwindel nach zu starkem Genuss einer Maibowle ganz selbstverständlich.
Bei zu viel Genuss von Maibowle und Waldmeistertee kann es starke Kopfschmerzen geben, die entweder vom Cumarin oder vielleicht auch vom Wein stammen.

Waldmeister (*Galium odoratum*)

GB **White Dead Nettle**
F **Lamier blanc**
NL **Witte dovenetel**
S **Vitplister**
SF **Valkopeippi**

Weiße Taubnessel

Lamium album

Lippenblütler

Vorkommen
Eurasien.

Habitat
Unkrautgesellschaften, an Wegen, Zäunen, Mauern, Gräben, Ebene bis 2200 m.

Oft assoziiert mit folgenden essbaren Pflanzen
Beifuß, Birke, Brennnessel, Buche, Giersch, Gundermann, Guter Heinrich, Hirtentäschel, Holunder, Huflattich, Klette, Knoblauchsrauke, Königskerze, Labkraut, Löwenzahn, Malve, Minze, Nachtkerze, Natterkopf, Scharbockskraut, Vogelmiere, Wilde Möhre.

Verwendung **3**
Die jungen Spitzen und Blätter können als Gemüse wie Spinat gekocht oder als Suppenzutat verwendet werden. Der Geschmack ist als „Spinat" eher muffig. Ist allerdings Bärlauch zur Hand, dann ist das Ganze auf Reis recht schmackhaft.
Die gesamte Pflanze in selbst hergestellten, flüssigen „Pfannkuchen"-Teig aus Mehl (gemahlene Körner), Wasser, Eiern, Öl und etwas Salz eintunken und anbraten – das ist eine kulinarische Safari von fruchtig bis süß.
Die ganzen bzw. zerkleinerten Blätter können zwar in einem Salat verwendet werden. Sie sollten aber eher nur als Notzutat gebraucht werden, wenn nichts anderes zur Hand ist.
Rote und Weiße Taubnesseln im Verbund mit Brennnesseln sind das perfekte Essen, in der Suppe, im Salat oder eingeknetet und eingebacken im Bannock!
Die nektarreichen Blüten können direkt von der Pflanze gepflückt und ausgelutscht werden. Sie sind das Bonbon am Wegesrand.
Die weich gekochten Wurzeln können einem Salat beigemischt werden, sind aber auch nicht gerade die kulinarische Sensation.

Beschreibung
Stauden. April bis Oktober, 20–50 cm. Blätter dreieckig eiförmig, mehr oder weniger gesägt, wie bei der Brennnessel gestielt. Stängel teilweise kriechend, behaart, eckig. Keine Brennhaare. Blüten weiß-gelblich, rot bei der Roten Taubnessel (*Lamium purpureum*) und gelb mit brauner Zeichnung auf der Unterlippe bei der Goldnessel (*Lamium galeobdolon*).

Verwechslungsmöglichkeiten
Sofern die Pflanzen noch nicht aufgeblüht sind, dient der viereckige Stängel als Identifikationsmerkmal. Verwechslungen mit dem Hohlzahn (*Galeopsis* sp., stark behaarter Stängel) und der Brennnessel (*Urtica* sp., Brennhaare) sind eher auf dem kulinarischen Niveau „gefährlich".

Essbare Teile
Die Sprossspitzen vor der Blüte, junge Blätter und die Blüten. Der Geschmack der Sprossspitzen und Blätter ist etwas bitter bis muffig und erinnert sehr entfernt an Spinat; der der Blüten ist honigartig.

Sammeln
Als Tee verwendete Blüten werden nach voller Entwicklung im Schatten getrocknet und zubereitet oder auch gern frisch. Die Sprossspitzen und die jungen Blätter können die gesamte Wachstumsperiode gesammelt und genutzt werden.

Inhaltsstoffe
Ätherische Öle, Aminosäuren, Gerbstoffe, Glykoside, Kohlenhydrate, Saponin, Schleimstoffe.

Magen- und Darmbeschwerden, Blutarmut, Schlaf- und Nervenmittel
Zwei Teelöffel Taubnesselblüten auf 1/4 l kaltes Wasser, bis zum Sieden erhitzen. 5 min ziehen lassen. Zwei bis drei Tassen täglich über längere Zeit trinken.

Weiße Taubnessel (*Lamium album*)

GB **Yarrow**
F **Achillée millefeuille**
NL **Gewoon duizendblad**
S **Röllika**
SF **Siankärsämö**

Schafgarbe

Achillea millefolium

Korbblütler

Vorkommen
Europa bis Westasien.
Habitat
Auf Fettwiesen bis Halbtrocken- oder Sandrasen, in Äckern, Ebene bis 2500 m.

Verwendung 4

Fein zerhackte Blätter geben Salat, Weichkäse, Suppen und Eintöpfen einen pfeffrigen Geschmack.
Als Gemüse werden zunächst die jungen Triebe 10 min blanchiert und anschließend in Öl scharf angebraten. Himmlisch auf Reis oder Kartoffelmus (mit oder ohne Aal).
Darüber hinaus ist die Pflanze hervorragend als Gewürz für die Zubereitung fetter Speisen wie Wurst, Aal und Geflügel geeignet. Ich benutze sie immer wie Dill, also nicht zu sparsam.
Der Presssaft oder das anschließend mit Wasser verdünnte Mus der Pflanze eignet sich als Durstlöscher und Blutreinigungsmittel.
Interessant ist, dass Schafgarbe früher anstelle von Hopfen zum Bierbrauen benutzt wurde. Für praxisbezogene Hinweise bin ich sehr dankbar (E-mail an threeX@t-online.de), da ich das mangels Wissens noch nicht probiert habe!
Likör: 50 g frische Blätter und Blüten auf 1 l Schnaps gegeben verleihen ihm ein wunderbares scharfes, muskatnussartiges Aroma.
Das Kraut auf den Augen hilft angeblich gegen Alpträume, allerdings hilft hier auch genügend von dem oben beschriebenen Schnaps!
Keltische Druiden sagten aus der „Signatur" der getrockneten Schafgarbenstängel die Zukunft voraus. Wer also dem Wetterbericht nicht glaubt – einen Versuch ist es wert.

Oft assoziiert mit folgenden essbaren Pflanzen
Augentrost, Beifuß, Birke, Braunelle, Erz-Engelwurz, Giersch, Glockenblume, Kali-Salzkraut, Klee, Labkraut, Löwenzahn, Margerite, Mauerpfeffer, Minze, Natternkopf, Oregano, Pastinak, Primel, Sauer-Ampfer, Schaumkraut, Sumpfdotterblume, Thymian, Wegerich, Wegwarte.
Beschreibung
Staude. Juni bis Oktober, 20–120 cm. Behaart. Aromatisch, moschusartig duftend. Blätter zwei- bis dreifach gefiedert, federartig. Blüten in flacher Dolde, weiß bis rötlich, Röhrenblüten bräunlich.
Verwechslungsmöglichkeiten
Mit Kamille (*Matricaria* sp.). Auf den Geruch achten. Die Röhrenblüten der Kamille sind gelb! Juvenile Blätter mit Wiesen-Kerbel, Wiesen-Kümmel und eventuell anderen Doldenblütlern, die giftig sind. Kein Risiko eingehen!
Essbare Teile
Die fein gefiederten Blätter. Die nach Moschus riechenden Blüten zusätzlich für Tee, Schnaps und Likör.
Sammeln
Die ganze Pflanze mit Blüten wird für den Tee von Mai bis Oktober über dem Boden abgeschnitten und getrocknet. Zum Verzehr schmecken die Blätter am besten vor der Blüte, und zwar nach Pfeffer.

Inhaltsstoffe
Ätherische Öle, Bitterstoffe (Moschatin, Achillein), Harz, Gerbstoffe, Glykoside,

Vorsicht
Eine zu hohe Dosis kann zu Lichtreaktionen auf der Haut führen, ebenso der Saft auf der Haut im Zusammenhang mit direkter Sonneneinwirkung. In der Schwangerschaft sollte ganz auf die Benutzung verzichtet werden.

Schafgarbe (*Achillea millefolium*)

organische Säuren, Phosphor, Kalium, Wachs, Kohlenhydrate, Pektin.
magenwirksam, abführend, blutreinigend, blutdrucksenkend, blutstillend
Zwei gehäufte Teelöffel der Pflanze mit 1/4 l kochendem Wasser übergießen und nach 15 min abgießen.
Ein Brei der Blätter wirkt auf einer offenen Wunde blutstillend und beschleunigt die Heilung.

GB **Daisy**
F **Pâquerette vivace**
NL **Madeliefje**
S **Tusensköna**
SF **Kaunokainen**

Gänseblümchen

Bellis perennis

Korbblütler

Vorkommen
Europa, Westasien.

Verwendung **5**
In Salaten (mit Sauer-Ampfer, Löwenzahn und Wegerich) oder als Salat pur eignet sich die Pflanze mit ihrem nussigen und fruchtigen Geschmack hervorragend. Die gelben Röhrenblüten schmecken etwas bitter – macht aber nichts. Auch hier gilt: Im Frühling ist es am besten.
Die gekochte und eingelegte Wurzel bietet sich als nussige, haltbare, süß-saure Gemüsebeilage zum Reis an. Oder sie werden zusätzlich in den Salat geschnitten. Roh geht das mit den Wurzeln allerdings auch.
Die oberirdischen Teile ausgepresst, mit oder ohne Wasser verdünnt sind als fruchtiger Nusssaft nicht zu verachten! Allerdings können sie auch als Gemüse gekocht zubereitet werden.
Das Gänseblümchen ist auch zerhackt auf Butterbrot oder im Bannock eingebacken zu gebrauchen.
Die Blütenknospen ergeben wunderbare „Kapern“: 1/2 Teelöffel Salz, 1/4 l (Birken)wein, 1/4 l (Birken)essig 5 min aufkochen.
Gänseblümchensauce: Mehl (aus selbst gemahlenen Körnern) mit fein gewiegten, oberirdischen Pflanzenteilen zusammen mit Lauch, Salz und Öl kurz aufwallen und abkühlen lassen. Für Fisch und verlorene Eier exzellent!
Die bodenständigen Rosetten sind leider immer voll Sand und mit den verdorrten Blättern der letzten Jahre verunreinigt, was lästig ist. Das Waschen und Säubern ist mühsam. Eigentlich immer verbleibt das Knirschen der Natur – in Form von Körnchen zwischen den Zähnen.

Habitat
Gesellig auf Fettweiden, Wiesen, Parkrasen, Ebene bis 2000 m.

Oft assoziiert mit folgenden essbaren Pflanzen
Augentrost, Birke, Buche, Fichte, Frauenmantel, Gänse-Fingerkraut, Gundermann, Günsel, Huflattich, Kerbel, Klee, Labkraut, Laucharten, Löwenzahn, Nelkenwurz, Sauer-Ampfer, Taubnessel, Weißdorn, Wiesen-Schaumkraut.

Beschreibung
Staude. Januar bis Dezember, 5–15 cm. Blätter gestielt, spatelförmig bis umgekehrt eiförmig, in grundständiger Rosette. Blüte weiß (rötlich), die in der Mitte liegenden Röhrenblüten gelb.

Verwechslungsmöglichkeiten
Keine.

Essbare Teile
Die Wurzeln, Blätter und Blüten das ganze Jahr über. Der Geschmack ist nussig.

Sammeln
Das ganze Jahr über, im Schatten trocknen. Das Reinigen der Wurzeln ist allerdings die reinste Quälerei.

Inhaltsstoffe
Saponin, ätherisches Öl, Bitterstoffe, Schleim, Anthoxanthin, Flavonoide.

blutreinigend, wasserausscheidend, hustenlösend, entzündungshemmend, wundheilend
Zur Behandlung einer Wunde werden Blätter und Blüten zerstoßen und der Brei dann auf diese gelegt. Ein Tee wird aus zwei Teelöffeln der getrockneten Pflanze auf 1/4 l siedendes Wasser bereitet und 10 min ziehen gelassen. Zwei Tassen täglich sollen gegen Husten helfen sowie blutreinigend wirken, ebenfalls verschwinden damit als Waschlotion Hautunreinheiten. (Der pure Stängelsaft funktioniert auch!)

Gänseblümchen (*Bellis perennis*)

GB **Stemless Carline Thistle**
F **Carline sans tige**
NL **Zilverdistel**
S **Silvertistel**
SF –

Silberdistel

Carlina acaulis

Korbblütler

Vorkommen
Mittel- und Südeuropa.

Habitat
Auf sonnigen Magerrasen und -weiden, an Wegen und Wegrändern, Böschungen, auf trockenen, steinigen Rasen, Ebene bis in Hochlagen von 2600 m.

Oft assoziiert mit folgenden essbaren Pflanzen
Bärentraube, Birke, Braunelle, Buche, Disteln, Glockenblume, Klee, Labkraut, Löwenzahn, Mannstreu, Primel, Schafgarbe, Süßdolde, Thymian, Wald-Erdbeere, Wegerich, Wiesenknopf, Wiesen-Knöterich, Wiesen-Kümmel, Wilde Möhre.

Beschreibung
Staude. Juli bis Oktober, 1–30 cm. Dornig. Blätter fiederspaltig-dornig, in bodenständiger Rosette an den Boden gedrückt. Stängel sehr kurz. Pfahlwurzel lang. Blütenstände nur aus weißlichen Röhrenblüten mit einem Durchmesser von bis zu 7 cm. Hüllblätter silbrig, strahlenförmig ausgebreitet.
Für die Golddistel (*Carlina vulgaris*), die die Silberdistel im hohen Norden ablöst, gilt: Staude. Juli bis September, 15–60 cm. Auch in Skandinavien. Auf trockenen Rasen und Weiden, meist auf Kalk. Dornig, Blätter länglich lanzettlich, buchtig- bis fiederspaltig. Stängel aufrecht. Blütenstände zu mehreren, nur Röhrenblüten, gelbbraun bis zu 3,5 cm Durchmesser, Hüllblätter strohgelb und ausgebreitet.

Verwechslungsmöglichkeiten
Keine. Bei der Silberdistel wölben sich die stacheligen Blätter bei Regen und gegen Abend über der Blüte zusammen. Daher wird sie im Volksmund auch Wetterdistel genannt.

Essbare Teile
Bei beiden Arten die Blüten ähnlich wie bei Artischocken. Die Wurzeln werden bei der Silberdistel als Tee benutzt.

Sammeln
Die Blüten werden abgeschnitten oder zusammen mit der ganzen Pflanze ausgestochen. Die Blätter nur im ganz jungen Stadium.

Inhaltsstoffe
Ätherische Öle, antibiotisch wirkendes

Verwendung **4**

Die Blütenböden werden zum Verzehr nach etwa 10-minütigem Kochen in Salzwasser aus dem Rest der Blüte und dem Stängel gelöst. Das ist eine stachelige und nervende Arbeit. Das Resultat sind winzige „Artischockenüberbleibsel“, die sofort gegessen werden können.
Sollte der Hunger einmal ausnahmsweise nicht so groß sein, können die gekochten Blütenböden auch süß-sauer eingelegt werden.
Dazu werden sie in 1 l Essig (Birkenessig) zusammen mit 300 g Zucker und einem Teelöffel Salz, zehn Lorbeerblättern (Wachholderbeeren oder Estragon) und zwei Esslöffeln Senfkörner (Knoblauchsraukensamen) nochmals 3 min aufgekocht. Abkühlen lassen, verschließen, fertig.
Sollte beides nicht zusagen, so sind sie in etwas Öl und Zwiebeln oder Knoblauch kurz (nach Abkochen und Herauslösen) angebraten auch nicht zu verachten. Das schmeckt zu Reis, Pasta oder Kartoffeln einfach nur gut.
Die noch ganz jungen Blätter ohne die schon harten stacheligen Spitzen schmecken im Quark oder Käse recht aromatisch. Zur Not werden die Stacheln mit einer Schere entfernt.

Silberdistel (*Carlina acaulis*)

Carlinaoxyd, Harz sowie Gerbstoffe und Inulin.

harntreibend, Wassersucht

Ein Teelöffel der getrockneten Wurzel wird mit 1/4 l kalten Wasser angesetzt und langsam erhitzt, anschließend abgeseiht. Von dieser Flüssigkeit trinkt man täglich eine bis drei Tassen.

GB **Oxeye Daisy**
F **Grande marguerite**
NL **Gewone margriet**
S **Prästkarge**
SF **Päivänkakkara**

Früh blühende Margerite

Leucanthemum vulgare-Gruppe

Korbblütler

Vorkommen
Weltweit.
Habitat
In Fettwiesen und -weiden, auf Bruch- und Brachwiesen, Ebene bis 1400 m.
Oft assoziiert mit folgenden essbaren Pflanzen
Ackerdistel, Borretsch, Brennnessel, Gänsedistel, Hirtentäschel, Labkraut, Minze, Ochsenzunge, Pastinak, Schafgarbe, Taubnessel, Vogelmiere, Weg-Rauke, Wegwarte, Wilde Möhre.
Beschreibung
Staude. Juni bis Oktober, 20–70 cm. Untere Blätter spatelig, kerbzähnig-fiederlappig, obere schmaler, halb stängelumfassend. Stängel schwach behaart, wenig verzweigt. Einzelne Strahlenblüten weiß, Scheibenblüten gelb gefärbt, zusammen mit einem Gesamtdurchmesser von bis zu 6 cm.
Verwechslungsmöglichkeiten
Mit dem Mutterkraut (*Tanacetum parthenium*), dessen Blätter jedoch gefiedert oder fiederlappig sind.

Essbare Teile
Die jungen Triebe sowie die jungen Blätter und Wurzeln.
Sammeln
Im Spätfrühling können die ganz jungen Triebe geerntet werden, in dem man sie etwa 3 cm über dem Boden abschneidet. Die ersten noch jungen Blätter streift man vom schon harten Stängel ab. Die Wurzel kann bis in den Herbst ausgegraben oder bei lockerem Boden einfach herausgezogen werden.

Inhaltstoffe
Polyacethylene, Flavonoide, Cyclite.
Wundheilung, Quetschungen, in der Homöopathie bei Nervosität und Schlafstörungen
Die Blätter und Blüten dienen als „Packungen“ auf Quetschungen und Wunden, damit der Heilungsprozess beschleunigt wird.
Auch sehr gut geeignet für die schmerzhaften Druckstellen des Rucksacks auf den Hüften.

Verwendung 3

Die ganz jungen Triebe, sofern man sie überhaupt erkennt, schmecken leicht in Salzwasser aufgekocht wie Spargel oder junge Bohnen.
Genauso gut können sie roh in den Salat geschnitten werden. Sind sie zu alt, dann sind sie zu hart!
Tipp: Im ersten Jahr die Pflanzen eindeutig bestimmen und dann im nächsten Jahr die jungen Sprosse ernten.
Die Wurzeln können nach ergiebiger Reinigung zu einem Wurzelgemüse gekocht werden. Der Geschmack ähnelt dem von Steckrüben, etwas muffig.
Die Stängel machen sich nach dem Kochen püriert hervorragend als „Steckrübenmusersatz“ als Vorgeschmack auf den fernen Winter.
Die harten Blätter kocht man am besten als „Spinat“ auf. Der Geschmack ist nur erträglich; wenn es aber nichts anderes gibt, dann kann man auch diesen „Spinat“ essen.
Genau die Blüten dieser Blume wurden immer herangezogen, wenn es um die Wahl der Liebsten ging: „Sie liebt mich“ – ein Blütenblatt ausreißen – „Sie liebt mich nicht“ – und noch eins ausreißen bis kein Blütenblatt mehr übrig ist. Diese Blume ist somit vielleicht das älteste Orakel der Welt, das auch heute noch befragt wird.

Früh blühende Margerite (*Leucanthemum vulgare*)

GB **Arrowhead**
F **Sagittaire nageante**
NL **Pijlkruid**
S **Pilblad**
SF **Pystykeiholehti**

Pfeilkraut

Sagittaria sagittifolia

Froschlöffelgewächse

Vorkommen
Eurasien.

Habitat
In lockeren Röhrichtgesellschaften, an Ufern, vorwiegend in langsam fließenden Gewässern, an Flüssen, in Gräben, Ebene bis 700 m.

Oft assoziiert mit folgenden essbaren Pflanzen
Bachbungen-Ehrenpreis, Birke, Blut-Weiderich, Brunnenkresse, Klee, Löwenzahn, Rohrkolben, Schafgarbe, Schilf, Schwanenblume, Sumpfdotterblume, Wasserlinse.

Beschreibung
Staude. Juni bis August, 30–100 cm. Blätter pfeilspitzenähnlich, aus dem Wasser herausragend. Stängel mit Blütenstand dreikantig. Blüten weiß mit purpurnem Grund.

Verwechslungsmöglichkeiten
Keine.

Essbare Teile
Die nussähnlichen Wurzelknollen und die zarten jungen, weißen Wurzeltriebe.

Sammeln
Wenn die ersten pfeilartigen Blätter über der Wasseroberfläche auftauchen, können die weißen jungen Wurzeltriebe bis in den Herbst hinein gesammelt werden. Im Herbst verschwindet die Pflanze wieder unter der Wasseroberfläche. Die gesamte Pflanze kann leicht aus dem meist sumpfigen Grund gezogen werden. Bei zu hartem Grund bleiben die Wurzelknollen dann zurück. Daher sollte man schon ins Wasser hineinsteigen und mit den Händen

Junge Wurzeltriebe

Verwendung **5**

Die Wurzelknollen (etwa zehn Knollen/Pflanze mit ca. 150 g Gewicht) können gekocht werden und schmecken entfernt nach Erbsen.
In Scheiben geschnitten, mit Salz und Pfeffer gewürzt und mit etwas Öl angebraten schmecken die Knollen beinahe wie Bratkartoffeln.
Gebacken in der Lagerfeuerasche sind sie auch nicht zu verachten, wenn den Dip aus Bärlauchmus nicht fehlt.
Zerstampfen zu „Kartoffelpüree“ geht genauso wie klein schneiden, trocknen und zu Mehl mahlen. Als Püree kann das Mehl wiederbelebt oder einfach als „Gewürz“ verwendet werden.
Die weißen jungen Wurzeltriebe schmecken roh verzehrt entfernt nach Äpfeln. Sie lassen sich im Salat, in einer Suppe oder als Gemüse verarbeiten.
Nachdem sie aus dem Wasser entfernt worden sind, schrumpfen sie sehr schnell zusammen und werden fade.
In Scheiben geschnitten und getrocknet waren sie wahrscheinlich die ersten Chips der Welt (Indianer in Nordamerika).

Pfeilkraut (*Sagittaria sagittifolia*)

oder einer Forke etwas nachhelfen. Die jungen weißen Triebe und die Knollen fallen sofort auf.

Inhaltsstoffe

Mit 35 % Stärke ist in diesen kleinen Knollen mehr enthalten als in der Kartoffel.

GB **Ramsons**
F **Ail des ours**
NL **Daslook**
S **Ramslök**
SF **Karhunlaukka**

Bärlauch

Allium ursinum

Lauchgewächse

Vorkommen
Fast in ganz Europa.

Habitat
Gesellig in krautreichen Laub-, Bergmisch-, Auenwäldern, Talgründen, Hangfüßen, in Mulden, auf sickerfeuchten, nährstoffreichen Lehm- und Tonböden, Schattenpflanze. Küste bis 1700 m.

Oft assoziiert mit folgenden essbaren Pflanzen
Brennnessel, Buche, Giersch, Gundermann, Günsel, Holunder, Klebkaut, Primel, Sauerklee, Scharbockskraut, Taubnessel, Waldmeister.

Beschreibung
Staude. April bis Mai, 15–30 cm. Nach Knoblauch riechend. Blätter deutlich gestielt, grundständig, lanzettlich. Stängel lang. Blüten weiß, sternförmig, in kugeligen Scheindolden, Blütenstände ohne Brutzwiebeln. Zwiebeln länglich, ähneln Frühlingszwiebeln (s. Abbildung).

Verwechslungsmöglichkeiten
Die Blätter der Pflanze sind mit denen des Maiglöckchens (*Convallaria majalis*) oder der Herbst-Zeitlose (*Colchicum autumnale*) zu verwechseln. Der Lauchgeruch der zwischen den Fingern zerriebenen Blätter kann hier als Identifikationsmerkmal dienen, da die anderen beiden nicht nach Knoblauch riechen.

Essbare Teile
Die Blätter und der Stängel der Pflanze können wie Schnittlauch oder Spinat zubereitet werden. Die Zwiebeln sind roh oder gekocht essbar. Der Geschmack ist teilweise sehr scharf und zwiebel- und/oder knoblauchartig. Die gesamte Pflanze riecht überaus stark nach Knoblauch.

Sammeln
Bärlauch muss frisch verwendet werden, da er sonst Wirkung und Aroma verliert. Die Blätter und der Stängel sollten vor der Blüte gesammelt und frisch verwendet werden. Bärlauch kommt oft in Massen vor, die schon recht früh im Jahr durch ihren Geruch auffallen.
Die Zwiebeln können nach der Blüte im Sommer und Herbst ausgegraben werden und sind haltbar. Die Blätter verfallen

Verwendung 5

Die gesamte Pflanze eignet sich klein geschnitten hervorragend zum Würzen von Salaten, Suppen, Gemüsen, Käse, Quark und Milch.
Dabei werden meist die oberirdischen Pflanzenteile vor oder während der Blüte je nach gewünschter Geschmacksintensität frisch benutzt. Bei Käse, Milch oder Quark sollten die klein geschnittenen Pflanzenteile die Chance erhalten, 2–3 h einzuziehen.
Die Bärlauchzwiebeln, die denen von Frühlingszwiebeln ähneln, können ebenfalls dazu benutzt werden oder aber, da haltbar, für andere Gelegenheiten später im Jahr aufbewahrt werden.
Die gehackten Blätter, auf Brot mit Butter gegessen oder im Bannock eingebacken, stehen den legendären „Frühlings-Biergarten-Schnittlauchbroten" in nichts nach.
Der Geheimtipp schlechthin – die Blätter mit Fisch kochen. Oder man filetiert den Fisch und macht dann Bärlauchrouladen daraus. Ein unglaublicher Genuss!
Haltbar gemacht wird Bärlauch, indem man Blätter, Stängel und Zwiebeln zusammen mit Salz (ca. 350 g/1 kg) in Gläsern schichtet.

Vorsicht
Isst man zu viel von der rohen Pflanze, dann kann das einen kräftigen Durchfall und Blähungen ergeben.

Bärlauchwiese

nach der Blüte sofort und werden von anderen Pflanzen überwuchert, so dass die Zwiebeln dann später nur noch sehr schwer aufzufinden sind.

Inhaltsstoffe
Ätherische Öle, Vitamin C, Flavonoide, Fructosane.
magenwirksam, antiseptisch im Darm, blutdrucksenkend, roh gegen Würmer

„Zwiebeln"

GB **Angular Salomon's Seal**
F **Polygonate officinal**
NL **Gewone salomonszegel**
S **Getrams**
SF **Kalliokielo**

Salomonssiegel

Polygonatum odoratum

Liliengewächse

Vorkommen
Eurasien.

Habitat
In lichten Kiefern- und Laubwäldern, an Waldrändern, im sonnigen Saum warmer Eichengebüsche, Ebene bis 1800 m.

Oft assoziiert mit folgenden essbaren Pflanzen
Bärlauch, Birke, Blaubeere, Brennnessel, Brombeere, Eiche, Glockenblume, Gundermann, Günsel, Himbeere, Nadelbäume, Preiselbeere, Primel, Rose, Sauerklee, Scharbockskraut, Vogelbeere, Wald-Erdbeere, Weidenröschen.

Beschreibung
Staude. Mai bis Juni, 40–85 cm. Blätter elliptisch, wechselständig. Stängel unten kantig, gebogen. Blüten weiß, Spitzen grünlich, glockig geformt, ein bis zwei in den Blattachseln; bei der Vielblütigen Weißwurz (*Polygonatum multiflorum*) mehrere. Beeren blauschwarz und extrem giftig.

Verwechslungsmöglichkeiten
Die Vielblütige Weißwurz (*Polygonatum multiflorum*) soll giftig sein. Der Stängel ist im Gegensatz zu *Polygonatum odoratum* rund und hat mehrere Blüten in den Blattachseln. Außerdem ist sie geruchlos.

Essbare Teile
Die ersten Sprosse können im Frühling gekocht gegessen werden. Der Geschmack ist spargel- oder radieschenartig. Der Geruch ist sehr angenehm, während *Polygonatum multiflorum* keinen Geruch aufweist.
Die getrocknete Wurzel wurde früher in Skandinavien als Notration aufbewahrt und gegessen. Die rohe Wurzel schmeckt karamell-pfirsichartig und leicht nussig.

Sammeln
Die Sprosse werden im Frühling, der

Verwendung 2(1)
Bei meinen Wanderungen im Frühling habe ich die zarten, jungen Triebe als frischen, durstlösenden „Spargelersatz" genascht, ohne das mir davon irgendwie übel wurde. Allerdings habe ich auch nie mehr als 20–30 Stück gegessen.
Als Beimengung in die verschiedensten Frühlingssalate speziell mit Löwenzahn, Wegerich, Wiesenknopf, Bärlauch und Sauerklee macht sich der Spargelgeschmack auch gut.
Die Wurzel wurde von mir roh verzehrt, jedoch hielt mich der Würgereiz davon ab, daraus ein Mehl herzustellen und dies zu verwenden. Es gibt allerdings auch Menschen, die geronnenes Lachsblut mit Zwiebelringen als Delikatesse erachten (1991 auf Hokkaido in Japan selbst gesehen), und davon wurde mir auch schlecht. Tipp: Selber ausprobieren!

Vorsicht
Obwohl die Wurzel, die leicht nach Pfirsich schmeckt, und die Triebe hervorragend schmecken, erzeugen die Wurzeln tatsächlich heftigsten Brechreiz. Die Triebe beider Pflanzen waren hingegen in Ordnung.
Nach meinen Erfahrungen wurde mir von den Wurzeln von *Polygonatum odoratum* genauso übel wie von *Polygonatum multiflorum*!
Eine Unterscheidung bei noch nicht blühenden Pflanzen kann dadurch vorgenommen werden, dass die Blätter vom „Spargel" entfernt werden. Sind dort eine bis zwei Blüten versteckt, handelt es sich bei der Pflanze um *Polygonatum odoratum*, sind dort mehrere versteckt, hat man *Polygonatum multiflorum* vor sich.
Die blauschwarzen Beeren sind giftig (Herzglykoside)!

Salomonssiegel (*Polygonatum multiflorum*)

Wurzelstock hingegen bevorzugt im Herbst gesammelt.

Inhaltsstoffe

Saponin, Schleim, Gerbstoff, Kalziumoxalat, Kohlenhydrate (Wurzel).

abschwellend, hämolytisch, blutzuckersenkend

Die zerstoßene, bis zum Schmoren erhitzte Wurzel kann als Umschlag Quetschungen und Beulen abschwellen.

GB **White Water Lily**
F **Nénuphar blanc**
NL **Witte waterlelie**
S **Vit näckros**
SF **Isolumme**

Weiße Seerose

Nymphaea alba

Seerosengewächse

Vorkommen
Nordhalbkugel, Nordasien.

Habitat
In träge fließenden, weniger oder stark nährstoffreichen, tiefen Gewässern, in Totarmen von Flüssen, eutrophierten Baggerseen bis 3 m Wassertiefe (optimal 1–1,5 m), Ebene bis Gebirge bis 1200 m.

Oft assoziiert mit folgenden essbaren Pflanzen
Bachbungen-Ehrenpreis, Birke, Blut-Weiderich, Brunnenkresse, Buchen, Klee, Löwenzahn, Mummel, Pfeilkraut, Rohrkolben, Schafgarbe, Schilf, Schwanenblume, Sumpfdotterblume, Wasserlinse.

Beschreibung
Staude. Juni bis September, 0,6–6,0 m. Schwimmblätter rundlich oval, im Durchmesser bis 40 cm groß. Stängel bis zu 3 m lang (Wassertiefe). Blüten weiß, bei der Unterart f. *rosea* rosa, bis zu 14 cm groß, auf der Wasseroberfläche liegend.

Verwechslungsmöglichkeiten
Mit der rosa Form, die gleich verwendet werden kann.

Essbare Teile
Der bis zu armdicke Wurzelstock und die Blüten als Schlafmittel.

Sammeln
Die Wurzeln werden mit der gesamten Pflanze aus dem Wasser gezogen (zur Not muss man eben ins Wasser steigen), mithilfe einer Bürste abgewaschen, in 1 cm dicke Scheiben oder Würfel geschnitten und dann an der Luft getrocknet.

Verwendung **3**
Die getrockneten Wurzelstückchen oder Scheiben werden zu Mehl zermahlen. Anschließend müssen die Gerbstoffe entfernt werden. Dazu wird das Mehl 5 h gewässert (1/4 l Wasser auf 100 g Mehl) und das Wasser anschließend entfernt. Das Ganze noch zweimal wiederholen. Danach wird das Mehl auf einer sauberen Unterlage (große Steine) getrocknet. Fertig. Jetzt kann dieses stärkehaltige Mehl wie jedes andere Mehl verwendet werden.
Beispielsweise werden Steinpilze oder andere essbare Pilze kurz und scharf in Öl angebraten, anschließend wird die Temperatur verringert. Dann hebt man Lauchzwiebeln und das Mehl langsam unter und lässt das Ganze noch etwa 20 min weiter schmoren. Fertig, schmeckt einfach delikat.
Ein Bannock aus Seerosenwurzelmehl kann wie mit üblichem Mehl und allen möglichen Füllungen zubereitet werden.
Tipp: Da die Pflanzen teilweise in recht moderigem Wasser wachsen, habe ich die Wurzeln vor dem Wässern geschält, damit dann nicht auch das Mehl moderig schmeckt.

Inhaltsstoffe
Gerbstoffe, Alkaloide, Bitterstoffe, Harze, Glykoside.

krampflösend, sedativ, antibiotisch
Als Schlafmittel wird ein Sirup aus den Blüten der Weißen Seerose empfohlen: 80 g Blüten (etwa eine) 6 h lang in 1 l Wasser sieden lassen, abseihen und 900 ml wegschütten. Anschließend 150 g Zucker hinzufügen und nochmals aufkochen lassen. Vor dem Schlafengehen 20 Tropfen einnehmen.

Vorsicht
Die frischen Wurzeln sind giftig! Weiterhin galt die Pflanze bei den Ärzten des Mittelalters und des Altertums als „Zerstörer der Freuden und Gift für die Liebe“! Neuerdings wird die Pflanze in einschlägigen Kreisen wieder gegen sexuelle Überreizung empfohlen.

Veiße Seerose (*Nymphaea alba*)

GB **Yellow Water Lily**
S **Nénufar jaune**
N **Gele plomp**
DK **Gul näckros**
SF **Isoulpukka**

Teichrose, Mummel

Nuphar lutea

Seerosengewächse

Vorkommen
Nordhalbkugel, Nordasien.

Habitat
In träge fließenden, weniger oder stark nährstoffreichen, tiefen Gewässern bis 6 m Wassertiefe (optimal 80–200 cm), Ebene bis 1050 m.

Oft assoziiert mit folgenden essbaren Pflanzen
Bachbungen-Ehrenpreis, Birke, Blut-Weiderich, Brunnenkresse, Klee, Löwenzahn, Rohrkolben, Schafgarbe, Schilf, Schwanenblume, Sumpfdotterblume, Wasserlinse, Seerose.

Beschreibung
Staude. Juni bis September, 0,6–6,0 m. Schwimmblättern breit-eiförmig, im Durchmesser bis 40 cm groß. Stängel bis zu 6 m lang (Wassertiefe). Blüten gelb, bis zu 6 cm groß, gestielt über die Wasseroberfläche hinausstehend.

Verwechslungsmöglichkeiten
Keine.

Essbare Teile
Die Wurzeln.

Sammeln
Die Wurzeln werden mit der gesamten Pflanze aus dem Wasser gezogen, abgewaschen und in 1 cm dicke und 10 cm lange Stücke geschnitten und dann an der Luft getrocknet. Bester Zeitpunkt ist der Spätsommer und Herbst.

Inhaltsstoffe
Gerbstoffe, Alkaloide, Bitterstoffe, Harze, Glykoside.

krampflösend, sedativ, antibiotisch
Als Schlafmittel wird ein Sirup aus Mummelblüten empfohlen: 80 g Blüten – das sind etwa drei – 6 h lang in 1 l Wasser sieden lassen, abseihen und 900 ml wegschütten. Anschließend 150 g Zucker hinzufügen, nochmals aufkochen. Vor dem Schlafengehen 20 Tropfen einnehmen.

Verwendung **3**

Die getrockneten Wurzelstückchen lassen sich zu Mehl vermahlen. Anschließend müssen die Gerbstoffe entfernt werden. Dazu wird das Mehl 5 h gewässert (1/4 l Wasser auf 100 g Mehl), das Wasser anschließend entfernt. Das Ganze noch zweimal wiederholen. Danach wird das Mehl auf einer sauberen Unterlage (große Steine) getrocknet. Fertig.
Steinpilze oder andere essbare Pilze kurz und scharf in Öl anbraten, Temperatur verringern, Lauchzwiebeln und Mehl langsam unterheben, etwa 20 min weiter schmoren. Fertig, delikat.
Ein Bannock mit Himbeeren gefüllt lässt auch den manchmal moderigen Geschmack vollkommen vergessen. Dazu knetet man erst den Teig und wickelt die Himbeeren anschließend wie in einer Apfeltasche in den flach gerollten Teig ein. Im Topf gebacken schmeckt das einfach herrlich. Alle anderen reifen Beeren eignen sich natürlich auch.
Ein Bannock aus Mummelwurzelmehl kann wie mit üblichem Mehl und allen möglichen Füllungen zubereitet werden.
Tipp: Da die Pflanzen teilweise in moderigem Wasser wachsen, habe ich die Wurzeln vor dem Wässern mit einer Bürste geschrubbt, damit das Mehl nicht auch moderig schmeckt.

Vorsicht

Die frischen Wurzeln sind giftig! Weiterhin galt diese Pflanze und die verwandte Seerose bei den Ärzten des Mittelalters und des Altertums als „Zerstörer der Freuden und Gift für die Liebe“! Neuerdings wird die Pflanze in einschlägigen Kreisen wieder gegen sexuelle Überreizung empfohlen.

Teichrose (*Nuphar lutea*)

Blüten

GB **Marsh Marigold**
F **Populage des marais**
NL **Dotterbloem**
S **Kabbleka**
SF **SK Rentukka**

Sumpfdotterblume

Caltha palustris

Hahnenfußgewächse

Vorkommen
Ebene bis Gebirge (2500 m), arktische Gebiete, circumpolar.

Habitat
Auf nassen Wiesen, an Quellen, Bächen, Gräben, in Bruch- und Auenwäldern.

Oft assoziiert mit folgenden essbaren Pflanzen
Bachbungen-Ehrenpreis, Birke, Blut-Weiderich, Brunnenkresse, Klee, Löwenzahn, Mummel, Rohrkolben, Schafgarbe, Schilf, Schwanenblume, Seerose, Wasserlinse.

Beschreibung
Staude. März bis Juni, 15–50 cm. Krautig. Blätter lackglänzend, rund bis herz-nierenförmig, groß, mehr oder weniger gekerbt, dunkelgrün. Stängeln groß, kahl, verzweigt. Blüten hellgelb mit fünf Blütenblattblättern.

Verwechslungsmöglichkeiten
Keine.

Essbare Teile
Die Blätter und die Blütenknospen. Die Blätter schmecken sauer mit einem stumpfen, bitteren Geschmack im hinteren Zungenbereich und Rachen.

Sammeln
Im Frühjahr werden die noch grünen Blütenknospen vor der Blüte gesammelt. Die Blätter schmecken vor und während der Blüte am besten.

Verwendung 2(1)

Als Kapernersatz werden die Blütenknospen für 10 min in Salzwasser aufgekocht und anschließend in Essig eingelegt. Anstelle des Wassers eignet sich auch eine Marinade bestehend aus 1 l Essig, 25 g Salz, 25 g Zucker, Pfeffer und einem Lorbeerblatt. Nach einigen Tagen sind die Knospen verzehrfertig. Es lässt sich kaum ein Unterschied zu echten Kapern feststellen.
Rühreier mit den eingelegten oder vorher kurz scharf angebratenen Knospen schmecken lecker.
Die Blüten wurden in früheren Zeiten zum Färben von Butter benutzt.
Die Blätter können als Gemüse und Salat zubereitet werden. Bei Kindern sind aufgrund ihres geringeren Köpergewichts Vergiftungserscheinungen bekannt. Deshalb sollte man keinen Sumpfdotterblumen-Salat alleine und in Massen essen. Beimischungen machen sich durch die stumpfe Schärfe aber ganz gut.
Einige Blätter zusammen mit Lauch (Schnittlauch, Knoblauch, Bärlauch) zu einem Mus zerquetscht ist der ultimative Bannockaufstrich!

Inhaltsstoffe
Flavonoide, Carotin, Protoanemonin, Saponin, Anemonin, Cholin.

hautreizend, Rheumatismus, Raucherentwöhnung
Die an der Luft getrockneten Blätter direkt auf die Haut gelegt rufen lokal Hautreizungen hervor, die zur Linderung rheumatischer Schmerzen führen. Die getrockneten Blätter als Tabakersatz helfen bei einer Raucherentwöhnung.

Vorsicht

Wenn die angegebenen Verwendungen auch harmlos sein dürften, sollte man doch die Blätter in frischem Zustand nicht essen. Die Pflanze ist zwar schön, aber auch giftig! Vergiftungen sind dokumentiert! Das Anemonin ist ätzend, wird aber beim Trocknen abgebaut. Ich habe immer Blätter in meine Salate gemischt, trotzdem sollte man eher die Finger davon lassen, da es dazu ziemlich widersprüchliche Meinungen in der einschlägigen Literatur gibt!

Sumpfdotterblume (*Caltha palustris*)

GB **Lesser Celandine**
F **Renoncule ficaire**
NL **Speenkruid**
S **Svalört**
SF **Mukulaleinikki**

Scharbockskraut

Ranunculus ficaria

Hahnenfußgewächse

Vorkommen
Europa und Asien.

Habitat
In Auen-, Laubmischwäldern, Obstgärten, an Hecken und in Parkanlagen, Ebene bis 1450 m.

Verwendung 3

In Skandinavien wurden die Blätter als Grünkohl, Spinat oder Gemüse gekocht zubereitet und sogar getrocknet oder gemahlen als Notration gelagert. Der Geschmack ist pfefferartig. Roh als „Rachenputzer“ verwendet, erzeugt diese Pflanze teilweise ein raues, wundes Gefühl hinten im Rachen.

Die älteren Blätter sind nicht so scharf wie die jungen, solche aus Wäldern nicht so scharf wie andere. Wer Chilis mag, der ist hier richtig. Ansonsten gehört das Scharbockskraut zu den ersten Frühlingspflanzen und schmeckt in einem frischen, vitaminreichen Salat oder gehackt auf einem Butterbrot. Außerdem ist es klein gehackt und mit Schmalz vermischt ein guter Brotaufstrich.

Gegen Skorbut oder als Erfrischung hilft es, den Saft der Blätter (oder klein gehackt) mit Wasser oder Milch vermischt zu trinken.

Weiterhin können die Blätter als Grünkohl zubereitet werden, sie verlieren dann ihre Schärfe. Getrocknet dienten die Blätter als Notration (Vitamin C) gegen Skorbut. Sie können leicht im Salat oder als Gemüse wiederbelebt werden, allerdings ohne die Schärfe (aus: Anwisning til Wäxt-Rikets kännedom av Carl Fredrik Hoffberg, 1792).

Die Knospen und die Wurzelknollen dienen in Marinade eingelegt als Kapernersatz. Die weißen Wurzelknollen können als Gemüse gekocht werden.

Oft assoziiert mit folgenden essbaren Pflanzen
Bärlauch, Birke, Buche, Gundermann, Günsel, Klette, Knoblauchsrauke, Nelkenwurz, Primel, Sauerklee.

Beschreibung
Staude. März bis Mai, 5–15 cm. Charakteristische Frühlingspflanze. Dichte Matten bildend. Blätter herz- bis nierenförmig, fettig glänzend, oberseits dunkelgrün, unterseits von einem dichten nervigen Netz durchzogen, die Blüten sind goldgelb gefärbt.

Verwechslungsmöglichkeiten
Kaum zu der Sammeljahreszeit. Als Identifikationsmerkmal dienen zusätzlich die Wurzelknollen der Pflanze, die wie eingelegte weiße Weizenkörner aussehen, und die fettig glänzenden Blätter.

Essbare Teile
Die frischen, jungen Blätter und die weizenähnlichen Wurzelknollen.

Sammeln
Es sollten nur die jungen Blätter und Knospen möglichst vor der Blüte verwendet werden, da nach der Blüte verstärkt Protoanemonin eingelagert wird. Zum Sammeln eignet sich eine kleine Küchenschere ganz gut. Mit ihr können die Blätter über dem Boden abgeschnitten werden – das spart enorm Zeit, da das Reinigen der Blätter vom Sand dann nicht ganz so mühsam ist. Die stärkehaltigen Wurzelknollen sollten erst nach der Blüte geerntet werden.

Vorsicht

Wie alle Hahnenfußgewächse enthält auch das Scharbockskraut giftige Stoffe (Protoanemonin, Anemonin) und sollte nur in Maßen genossen werden. Bei der Anwendung als Tee (nachdem die Blätter getrocknet sind!) verlieren diese Stoffe ihre Wirkung.

Scharbockskraut (*Ranunculus ficaria*)

Inhaltsstoffe
Ätherische Öle, Vitamin C, Saponine, Protoanemonin.

blutreinigend, Frühjahrskur, schmerzlindernd, hautreinigend
Scharbockskraut wurde früher als Sitzbad für eine Schmerzlinderung bei Hämorrhoiden verwendet (100 g der Pflanze auf 1 l siedendes Wasser). Weiterhin wurde ein Tee (drei Teelöffel der getrockneten Pflanze auf 1/4 l kaltes Wasser zum Sieden gebracht) zubereitet, der schluckweise über den Tag verteilt gegen Hautverunreinigungen helfen soll.

GB **Wood Avens**
F **Benoite commune**
NL **Geel nagelkruid**
S **Nejlikrot**
SF **Kyläkellukka**

Echte Nelkenwurz

Geum urbanum

Rosengewächse

Vorkommen
Eurasien.

Habitat
In Eichen-Hainbuchenwäldern, Auenwäldern, an Büschen, an schattigen Zäunen und Mauern, an Waldwegen, Ebene bis 1000 m.

Oft assoziiert mit folgenden essbaren Pflanzen
Bärlauch, Birke, Blaubeere, Brennnessel, Buche, Eiche, Erz-Engelwurz, Giersch, Gundermann, Haselnuss, Himbeere, Holunder, Linde, Nadelbäume, Nelkenwurz, Salomonssiegel, Scharbockskraut, Schlehe, Vogelbeere, Wald-Erdbeere, Waldmeister, Weidenröschen.

Verwendung 2

Die Wurzel riecht nach Nelken und kann als solches Gewürz auch z.B. in Suppen und Gemüsen genutzt werden. Der Geruch lässt beim Trocknen nach.
Als Getränk nimmt man die gereinigte Wurzel einer Pflanze (ca. 25 g), zerschneidet und zermörsert sie, fügt Sirup (Zucker) hinzu und füllt mit Wasser auf. Geschmackssache! Geschlossen aufbewahren, sonst verfliegt das Nelkenaroma. In England dient die Wurzel als Aroma für Bier, Wein und Likör.
Die Blätter können ebenfalls in Salaten oder besser in Suppen Verwendung finden, doch der Geschmack ist nicht „nelkig", sondern eher zu bitter.
Als gedünstetes, sehr gut gewiegtes Gemüse sind die jungen Blätter besser zu ertragen, besonders wenn sie nach zehnminütigem Aufkochen in Meerwasser (Salzwasser) in Öl gedünstet werden. Wer richtiges „Fisch-Curry" mag (da ist immer eine Nelke drin!), kann die Wurzel an der Luft im Schatten trocknen, anschließend zermörsern, in einem dunklen Gefäß aufbewahren und als Gewürz mitführen.

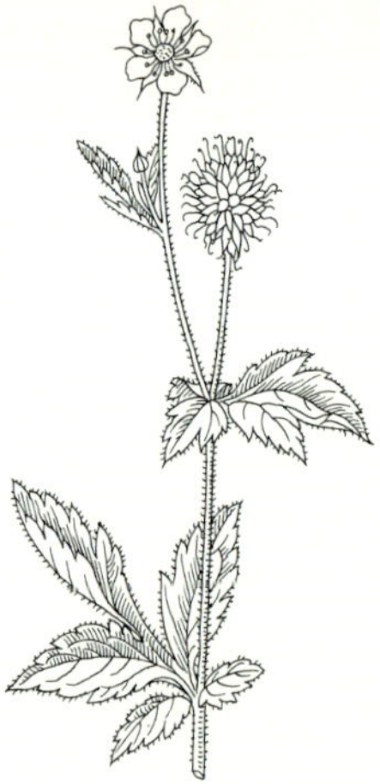

Oberer Teil der Pflanze

Beschreibung
Staude. Mai bis Oktober, 30–120 cm. Behaart. Untere Blätter gefiedert, Stängelblätter dreizählig mit kleinen Nebenblättern. Blüten gelb, 5–15 mm groß, aufrecht stehend, einzeln.

Verwechslungsmöglichkeiten
Keine. Die Wurzeln und oft auch die Klettfrüchte weisen einen charakteristischen Nelkengeruch auf.

Essbare Teile
Die rhizomartigen Wurzeln, die Blätter.

Sammeln
Die Wurzeln werden schon im Frühling

Vorsicht
Nicht in Eisengefäßen und sparsam verwenden!

Echte Nelkenwurz (*Geum urbanum*)

ausgraben, mit einer Bürste unter Wasser gereinigt und an der Luft ohne Sonneneinfluss getrocknet. Die Blätter erntet man am besten zur Blütezeit und verarbeitet sie frisch.

Inhaltsstoffe
Ätherisches Öl (Eugenol), Gerbstoff, Harz, Bitterstoff, Glykoside, Vitamin C.

fiebersenkend, magenwirksam, Stärkungsmittel, Mundgeruch
Einen Teelöffel der zerkleinerten und getrockneten Wurzel mit 1/4 l kochendem Wasser übergießen und 15 min ausziehen lassen, abseihen, zwei bis drei Tassen täglich. Wurde als Chininersatz gegen Fieber verwendet. Das Zerkauen der Wurzel hilft gegen Mundgeruch.

Gänse-Fingerkraut

Potentilla anserina

Rosengewächse

GB **Silverweed**
F **Potentille ansérine**
NL **Zilverschoon**
S **Gåsört**
SF **Ketohanhikki**

Vorkommen
Europa, weltweit.

Habitat
Auf Pionierrasen, Salzwiesen, an Wegen, Ufern, Ebene bis 1700 m.

Oft assoziiert mit folgenden essbaren Pflanzen
Algen, Braunelle, Brennnessel, Brombeere, Erz-Engelwurz, Himbeere, Kali-Salzkraut, Klee, Labkraut, Löffelkraut, Löwenzahn, Margerite, Meerkohl, Melde, Pastinak, Queller, Sauer-Ampfer, Sauerklee, Schafgarbe, Strand-Dreizack, Strand-Wegerich, Vogelkirsche, Vogelmiere, Wegerich.

Beschreibung
Staude. März bis Mai, 15–50 cm. Kriechend, an den Knoten wurzelnd. Grundblätter mehrzählig gefiedert, gesägt, oberseits grüngrau, unterseits silbrig behaart. Blüten goldgelb gefärbt, 15–20 mm groß.

Verwechslungsmöglichkeiten
Mit anderen gelb blühenden Rosengewächsen wie dem Aufrechten Fingerkraut (*Potentilla erecta*). Auf Behaarung achten.

Essbare Teile
Wurzeln und Blätter, Blüten auch für Tee.

Sammeln
Wurzelstock, Blüten und Blätter werden während der Blütezeit geerntet, gereinigt, getrocknet oder roh benutzt.

Inhaltsstoffe
Gerbstoffe, Harz, Gummi, Flavonoide, Stärke, Pseudosaponine, Cholin, ein noch

Verwendung **4**

Die knollenähnlichen Wurzeln können nach der üblichen Plackerei des Ausgrabens und Reinigens – sie können bis einen Meter lange Ausläufer bilden und reißen andauernd ab – roh verzehrt werden.
Gekocht ergeben sie einen ausgezeichneten Gemüseeintopf, der sich zusammen mit anderen „Errungenschaften" oder auch alleine zubereiten lässt.
Außerdem können sie haltbar in Essig eingelegt werden. Dazu kurz zusammen mit dem Essig aufkochen lassen. Der Geschmack ist leicht bitter, nussig, fast charakteristisch wie Pastinak.
Im frühen England wurden die Wurzeln getrocknet und zu Mehl gemahlen; so werden Pürees und sogar gebackene Plätzchen von zweifelhafter Konsistenz aber mit erträglichem, nussigem Geschmack daraus.
Ein Püree kann außerdem auch aus Blättern und Wurzeln hergestellt werden, indem man alles zusammen richtig „vermust". Das Ganze sieht aus wie Spinat mit Kartoffeln, hat aber einen völlig anderen, unvergleichlichen Geschmack. Klasse. Dazu eignet sich dann ein Salat aus Löwenzahn und Wegerich, der irgendwo in der Nähe eigentlich immer zu finden ist.
Die Blätter ergeben in (Oliven)öl gedünstet ein herrliches Gemüse, welches einen angenehmen, bitteren Geschmack hat.
Die bereits in Öl gedünsteten Blätter sind als „Bannock-Füllung" fast unübertroffen!
Getrocknet duften die Wurzeln nach Rosen und können als Duftkissen benutzt werden, z. B. wenn auf der Tour das Wasser zum Waschen einmal wieder zu kalt war.

Vorsicht
Kontakt der Pflanze mit Eisengefäßen sollte gemieden werden.

Gänse-Fingerkraut (*Potentilla anserina*)

nicht näher untersuchter krampflösender Stoff, Vitamin C.

magenwirksam, Zahnfleisch, Gurgelwasser

Die Wurzel hilft roh gekaut gegen Zahnfleischentzündungen und Parodontose. Einen Absud aus den oberirdischen Pflanzenteilen kann man auch bei hefigsten Magenbeschwerden verwenden. Dazu 30 g der getrockneten Pflanze auf 1 l kaltes Wasser bis zum Siedepunkt erhitzen, 30 s kochen und 10 min ziehen lassen.

GB **Ribbed Melilot**
F **Melilot officinal**
NL **Citroengele honingklaver**
S **Gul sötväppling**
SF **Rohtomesikkä**

Echter Steinklee

Melilotus officinalis

Schmetterlingsblütler

Vorkommen
Weltweit.

Habitat
In Unkrautfluren, an Wegen, Dämmen, auf Äckern, Bahngeländen, an Ufern und auf Schuttplätzen, Ebene bis Gebirge bis 2590 m, sehr artenreich.

Oft assoziiert mit folgenden essbaren Pflanzen
Beifuß, Brennnessel, Disteln, Gänsedistel, Giersch, Gundermann, Huflattich, Klee, Klette, Knoblauchsrauke, Löwenzahn, Malven, Nachtkerze, Natternkopf, Pastinak, Sauer-Ampfer, Schafgarbe, Taubnessel, Vogelmiere, Wegerich, Weidenröschen, Wermut, Wilde Möhre, Ziest.

Beschreibung
Ein- bis zweijährig. Juni bis September, 15–120 cm. Blätter dreizählig. Stängel kahl. Blüten 5–7 mm groß, blassgelb oder weiß, an gestielten Trauben sitzend.

Verwechslungsmöglichkeiten
Mit dem Weißen Steinklee (*Melilotus albus*), aber dieser wird genauso verwendet. Duftet angetrocknet wegen des Cumarins nach Waldmeister.

Essbare Teile
Die jungen Blätter als Salat.

Sammeln
Die Blätter können im Frühling gesammelt werden, das Kraut für den Tee während des Sommers.

Inhaltsstoffe
Cumarin, Glykoside, Flavonoide.

Schlafmittel, Kopfschmerzen
Ein Tee hilft gegen migräneartige Kopfschmerzen (zwei bis drei Tassen) und ist ein sehr gutes Schlafmittel (eine Tasse direkt vor dem Schlafengehen). Zwei Teelöffel mit 1/4 l Wasser überbrühen und 10 min ziehen lassen.

Verwendung 2

Die frischen jungen Blätter können in einen Salat gemischt werden, alleine ist das Kraut eher nicht besonders geschmackvoll.
Sollten Kartoffeln oder Knollen z.B. der Teichsimse oder des Pfeilkrauts zur Hand sein, so können 25 g junge Blätter/kg fein geschnitten unter den fertigen Kartoffelsalat gehoben werden. Schmeckt etwas parfümiert und ist damit Geschmackssache.
Zusammengebunden oder in einem Gazesack, Strumpf o.Ä. können die Blätter bei Suppen oder Fleischgerichten mitgekocht werden. Das ist aber wiederum Geschmackssache, denn ich würde eher Beifuß vorziehen.
Das getrocknete Kraut in einem Gazesack vertreibt Motten aus der Kleidung und aus dem Zelt.

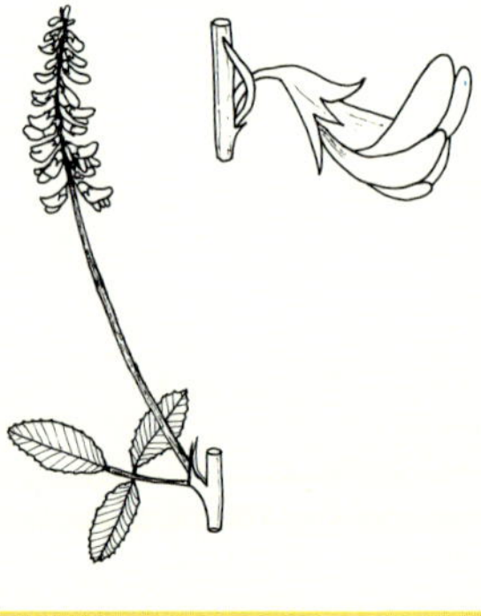

Blütenstand und Einzelblüte

Vorsicht
Als Schlafmittel nicht überdosieren, da sonst aufgrund des Cumarins Kopfschmerzen drohen.

Echter Steinklee (*Melilotus officinalis*)

GB **Common Evening Primrose**
F **Onagre bisannuelle**
NL **Middelste teunisbloem**
S **Nattljus**
SF **Helokki**

Nachtkerze

Oenothera biennis

Nachtkerzengewächse

Vorkommen
Eurasien, Heimat Nordamerika.

Habitat
Unkrautfluren, an Schutzplätzen, Eisenbahndämmen, Böschungen, Hafenanlagen, Steinbrüchen, Ebene bis 600 m.

Oft assoziiert mit folgenden essbaren Pflanzen
Brennnessel, Giersch, Huflattich, Klee, Labkraut, Löwenzahn, Natternkopf, Pastinak, Schafgarbe, Wegerich, Weidenröschen, Wilde Möhre.

Beschreibung
Zweijährig. Juni bis August, 50–100 cm (200 cm), bis 160 cm tief wurzelnd. Blätter breit-lanzettlich, feinbuchtig, gezähnt, wechselständig. Stängel an der Basis verholzend. Blüte bis zu 4 cm groß, gelb.

Verwechslungsmöglichkeiten
Mit der Königskerze (*Verbascum* sp.), Rachenblütler. Ihre Blätter sind jedoch dicht filzig!

Essbare Teile
Blätter, Triebe, Wurzel, reife Samen.

Sammeln
Die jungen Triebe und Blätter werden am besten vor der Blütezeit geerntet, die Wurzeln gräbt man im Herbst (oder dem Frühling des zweiten Jahres) aus. Samen nach völliger Reife im Sommer oder Herbst. Die Blüten zur Blütezeit.

Inhaltsstoffe
Gerbstoffe, Schleimstoffe, Flavonoide, γ-Linoleinsäure (10 %), Eiweiß, Mineralstoffe, Stärke.

Verwendung 5

Die Blätter und Triebe ergeben vor der Blüte gedünstet oder in Salat angemacht ein erträgliches Gemüse. Einige Quellen berichten von einer Unverträglichkeit der Blätter. Also so schlimm fand ich sie auch wieder nicht.
Ganz im Gegensatz dazu ist die bis zu 5 cm dicke Wurzel eine regelrechte Delikatesse, die ähnlich wie Rettich mit Öl und Essig angemacht verzehrt, wie Schwarzwurzel zu einem Mus verkocht oder als Gemüse zubereitet werden kann. Der Geschmack ist etwas scharf in Richtung Steckrübe. Außerdem kann sie knochenhart sein. In Essig sauer eingelegt, überdauert sie den Winter. Und wenn sie nicht zu hart und holzig war, schmeckt sie sehr gut zu Reis. Ansonsten ist sie Schwerstarbeit für die Kaumuskeln.
Klein geschnitten, getrocknet und gemahlen ergibt die Wurzel ein leicht faseriges, süßes Mehl, mit dem Bannocks hergestellt werden können. Mit einer Füllung macht sich das relativ faserige Mehl dann auch ganz gut.
Das süße Mehl kann mit heißem Wasser sogar als Müsli-Ersatz dienen, an dem man reichlich zu kauen hat.
Angeblich hat keine andere Pflanze so viel γ-Linoleinsäure im Samenöl, das gegen allergische Ekzeme hilft und mit dem auch gekocht werden kann. Allerdings schlugen meine Versuche fehl, mit einfachen Mitteln an das Öl heranzukommen.
Wer die offenen Blüten sucht, wird tagsüber vergeblich danach Ausschau halten, da sie sich in der Regel nur nachts öffnen. Allerdings sieht man sie an sonnenlosen Tagen auch schon mal tagsüber. Wird man also fündig, dann füllt man auf, ein Glas Blüten 1 l Wasser, Zucker entsprechend gewollter Süße (geht auch ohne!), kocht das Ganze 1 min auf, und schon hat man nach dem Abkühlen ein herrliches Erfrischungsgetränk, das natürlich auch heiß als Tee getrunken werden kann!

Nachtkerze (*Oenothera biennis*)

blutreinigend, krampflösend
Aus den Blüten lässt sich eine Packung gegen Hautentzündungen und Neuralgien herstellen, indem sie kurz mit siedendem Wasser übergossen und danach direkt aufgelegt werden. Diese dann 30 min einwirken lassen.

Wurzeln

GB **Wild Parsnip**
F **Panais cultivé**
NL **Gelone pastinaak**
S **Palsternacka**
SF **Palsternakka**

Pastinak

Pastinaca sativa

Doldenblütler

Vorkommen
Europa und Asien.

Habitat
In Wiesen, in Wegnähe, an Böschungen, in lückigen Unkrautfluren, in Steinbrüchen, im Getreide, Ebene bis 1000 m.

Oft assoziiert mit folgenden essbaren Pflanzen
Braunelle, Brennnessel, Gänseblümchen, Gänse-Fingerkraut, Giersch, Huflattich, Klee, Labkraut, Löwenzahn, Margerite, Natternkopf, Sauer-Ampfer, Schafgarbe, Wegerich, Wegwarte, Winterkresse.

Beschreibung
Zweijährig. Juli bis September, 30–100 cm. Blätter einfach gefiedert, mit eiförmig-länglichen Blättchen, kerbig-gesägt, an der Unterseite weichhaarig, an der Oberseite glatt, glänzend. Stängel aufrecht, kantig, aromatisch riechend. Blüten klein, gelb gefärbt, in mittelgroßen, ziemlich flachen Dolden, mit fünf bis zwölf ungleich langen Strahlen.

Verwechslungsmöglichkeiten
Diese Pflanze kann mit essbaren Arten wie Liebstöckel (*Levisticum officinale*) bzw. Engelwurz (*Angelica* sp.) und giftigen Arten wie dem Gefleckten Schierling (*Conium maculatum*) verwechselt werden. Dieser blüht weiß und riecht beim Zerreiben der Blätter widerlich nach Mäusen. Hände waschen, denn diese Pflanze ist tödlich giftig!

Essbare Teile
Früchte, Blätter und Wurzel.

Verwendung 5

Die Früchte sind ein Gewürz in Suppen, Gemüsen, Mus und frischem Salat. Außerdem machen sie Sauerkraut bekömmlicher, und auch im Bannock sind sie nicht zu verachten. Der Geschmack ist mehr oder weniger scharf, hat aber eine charakteristische Note.
Die fingerdicke Wurzel galt in frühen Zeiten (bis zum 11. Jahrhundert) als das am weitesten verbreitete Gemüse und Vorläufer der Möhre; ähnlich sind Geruch und Geschmack. Sie kann zerkleinert als Gemüse (weich) gekocht zubereitet werden. Kaum ein Unterschied zu Möhren, doch manchmal schärfer.
Alternativ zum Kartoffelsalat kann man Pastinakensalat zubereiten. Dazu werden die mehr oder weniger scharfen Wurzeln (je nach dem, ob man ein- oder zweijährige Pflanzen erwischt hat) weich gekocht, geschält und in dünne Scheiben geschnitten und mit Pfeffer (Wasserpfeffer-Knöterichsamen), Salz, Öl und etwas Essig gewürzt. Einige klein gehackte Blätter von Löwenzahn, Pastinak usw. verfeinern das Ganze noch. Sehr leckeres Gericht, aber sehr viel Arbeit! Tipp: Im einschlägigen Habitat sind oft Laucharten, Wilde Möhre und Wegwarte zu gleicher Zeit nicht fern, das ist dann einfach himmlisch!
Ein Mus wird ähnlich bereitet, aber die klein geschnittenen Wurzeln werden schon vorher geschält und anschließend vermust. Auch hier bietet sich ein Untermischen von anderem „Grünzeug“ an, das man in der Nähe gefunden hat.
Die jungen Blätter ergeben einen Salat, der möhrenähnlich mit einer leichten Schärfe schmeckt. Geruch nach Möhren. Alleine eher nicht geeignet, aber zusammen mit anderen Pflanzen durchaus essbar.

Vorsicht
Der Saft der Pflanze kann bei manchen Personen Hautreizungen hervorrufen.

Pastinak (*Pastinaca sativa*)

Wurzel

Sammeln
Kurz vor der Vollreife werden die Dolden zum Ernten der Früchte abgeschnitten und zum Trocknen aufgehängt. Nach dem Trocknen rebelt man die Früchte ab. Die Wurzel wird gleichzeitig ausgegraben und gereinigt. Besser ist allerdings die zweijährige Wurzel nach dem ersten Frost. Die Blätter sammelt man am besten im Frühling.

Inhaltsstoffe
Ätherische Öle, fettes Öl (Ähnlichkeiten mit Kümmelöl), Stärke.
blutreinigend, harntreibend
Der Tee wird mit den Früchten bereitet. Dazu einen Teelöffel mit 1/4 l kochendem Wasser übergießen und 10 min ziehen lassen. Zwei Tassen täglich.

GB **Perforate St. John's Wort**
F **Millepertuis perforé**
NL **Sint-janskruid**
S **Äkta Johannisört**
SF **Mäkikuisma**

Tüpfel-Johanniskraut

Hypericum perforatum

Johanniskrautgewächse

Vorkommen
Eurasien.

Verwendung 2

Wenn die Tour mal wieder etwas länger dauert (Wanderung durch Europa o.Ä.), sollte ein Fläschchen des legendären Johanniskrautöls dabei sein, da es gegen Depressionen hilft. Dies wird wie folgt zubereitet: 25 g der frischen Blüten (ist eine Menge!) werden zerquetscht und mit einem 1/4 l Olivenöl in einer weißen Flasche für die Gärung zunächst offen an einem warmen Ort angesetzt. Ist die Gärung nach fünf bis sieben Tagen abgeschlossen, wird die Flasche verschlossen und etwa sechs Wochen dem Sonnenlicht ausgesetzt, bis die Flüssigkeit leuchtend rot ist. Danach gießt man die wässrige Schicht ab und presst die Blütenreste aus. Zweimal täglich einen Teelöffel und der Tag kann, auch ohne Sonne, kommen!
Die Blätter im Salat schmecken zwar aromatisch bitter und angenehm, sind aber alleine nicht gerade zu empfehlen; dafür eher lieber ein paar „Zweige" in die Fischsuppe (Dorsch, gekocht!) geben.
Die Blätter, Blüten und der Stängel können sechs Wochen in Alkohol eingelegt werden und ergeben einen fruchtig milden Kräuterschnaps, der eine Art Pflaumen-Zimt-Geschmack hat.
Ohne Alkohol funktioniert das, indem man 50 g trockenes (150 g frisches) Kraut mit 1 l Wasser aufkocht, abseiht und mit 100 g Zucker oder Sirup veredelt. Abkühlen lassen und fertig ist die Sommerbowle – erfrischt und schmeckt fruchtig bitter.
In der Sonnenwendnacht gepflücktes Johanniskraut ist ein uraltes Mittel, das vor Hexen und Gespenstern schützt.

Habitat
In Gebüschsäumen, an Waldrändern, auf Wegen, Böschungen, in Magerweiden, Magerrasen, Ginster- und Heidekrautheiden, auf Brachen, Waldlichtungen, Pionierpflanze, Ebene bis 2000 m.

Oft assoziiert mit folgenden essbaren Pflanzen
Glockenblume, Klee, Löwenzahn, Natternkopf, Origanum, Primel, Schafgarbe, Thymian, Wacholder, Wegerich, Weidenröschen.

Beschreibung
Staude. (Juni) Juli bis August, 30–60 cm. Blätter gegenständig, breit-eiförmig bis fast lineal, mit durchscheinenden Ölbehältern. Stängel zweikantig. Blüten goldgelb, Kelch schwarz punktiert.

Verwechslungsmöglichkeiten
Mit anderen Johanniskräutern. Als Erkennungszeichen dient der im Pflanzenreich relativ seltene zweikantige Stängel. Hält man die kleinen Blätter gegen das Licht, dann erscheinen sie durchlöchert (durchsichtige Sekretbehälter), außerdem verfärben sich die gelben Kelchblätter beim Reiben zwischen den Fingern blutrot.

Essbare Teile
Die Blätter werden als Salate gegessen und als Aroma für Liköre verwendet.

Sammeln
Die Blätter und blühende Sprossspitzen in Sträußen trocknen.

Inhaltsstoffe
Ätherische Öle, Flavonoide (Rutin, Quer-

Vorsicht

Die Verwendung ist nicht immer ganz harmlos, da durch den Gebrauch der Pflanze phototoxische Reaktionen hervorgerufen werden können (Lichtüberempfindlichkeit, Hautreaktion). Also bei Anwendung oder Verzehr keine Sonne und kein Solarium!

Tüpfel-Johanniskraut (*Hypericum perforatum*)

zitrin, Hyperosid), Harze, Gerbstoffe, Rhodan, Hypericin – auch Hypericumrot. **Darmparasiten, beruhigend, entkrampfend, Nervenmittel**

Zwei Teelöffel der getrockneten Droge mit 1/4 l Wasser übergießen und bis zum Sieden erhitzen, nach 3 min abseihen, zwei bis drei Tassen täglich.

GB **Wintercress**
F **Barbarée vulgaire**
NL **Gewoon barbarakruid**
S **Sommargyllen**
SF **Peltokanankaali**

Winterkresse, Barbarakraut

Barbarea vulgaris

Kreuzblütler

Vorkommen
Eurasien, Nordamerika.

Habitat
In Unkrautfluren, an Wegen, auf Dämmen, in Bach- und Flussauen, Waldschlägen, an Ackerrändern, Ebene bis 900 m.

Oft assoziiert mit folgenden essbaren Pflanzen
Braunelle, Brennnessel, Gänseblümchen, Gänse-Fingerkraut, Giersch, Huflattich, Klee, Labkraut, Löwenzahn, Margerite, Natternkopf, Pestwurz, Sauer-Ampfer, Schafgarbe, Schilf, Sumpfdotterblume, Wegerich.

Beschreibung
Zweijährig. Mai bis Juli, 30–90 cm. Kahl. Blätter grob fiederlappig, Endlappen der unteren teilweise sehr groß und rundlich, oberste Blätter ungeteilt, grob gezähnt. Blüten sattgelb. Schoten wie bei der Weg-Rauke (Seite 100) am oben verzweigten Stängel anliegend.

Verwechslungsmöglichkeiten
Mit anderen gelb blühenden Kreuzblütlern wie Weg-Rauke (*Sisymbrium officinale*), die auch hervorragend schmeckt. Eine genaue Identifikation sollte mit entsprechender Literatur erfolgen (s. Seite 12). Die eng an den Stängel anliegenden Schoten unterhalb der Blüten sind nämlich das charakteristische Merkmal beider Pflanzen.

Essbare Teile
Die Blätter.

Sammeln
Nur die frische Pflanze das ganze Jahr über. Der Geschmack ist deftig kresseartig und wird schärfer, je später es im Jahr und je älter die Pflanze ist. Darüber hinaus werden die Blätter zusätzlich im Laufe des Jahres auch härter.
Die Pflanze bleibt sogar unter dem Schnee grün, deshalb auch der Name Winterkresse.

Verwendung **4**
Im Frühling ergeben die jungen Blätter, am besten die der Grundrosette, einen kresseartigen, herb schmeckenden Salat, der nur mit Pfeffer, Salz, Öl und Essig angemacht wird.
Später im Jahr oder sogar unter Schnee im Winter gefundene Blätter sollten als „Spinat" gekocht oder in Bouillon zubereitet werden, da sie eigentlich zu hart für einen Salat sind und teilweise bitter schmecken. Alternativ können die Blätter für einen Salat in ganz feine, sauerkrautähnlich Streifen geschnitten werden. Dann ist diese Zubereitung ebenfalls erträglich, auch wenn sie kräftiges Kauen erfordert.
Als Bannockaufstrich nimmt man zu gleichen Teilen klein geschnittene Winterkresse und Bärlauch, würzt mit Salz, Pfeffer und etwas Öl und vermust das Ganze zusammen mit gekochten Eiern. Geht auch ohne eine Zutat und alleine.
Im Bannock eingebacken sollte die Winterkresse vorher kurz in Öl oder Salzwasser angedünstet werden, damit die Blätter zarter werden.
In früheren Zeiten benutzten Zimmerleute die Pflanzenblätter als Pflaster bei Verletzungen, indem sie die Blätter auf offene Wunden legten! Dies funktioniert auch heute noch, auch wenn es brennt.

Inhaltsstoffe
Provitamin A, Vitamin C, Senföle.

harntreibend, blutreinigend
Die frischen Blätter können gegessen werden, oder aber es werden 20 g der Blätter auf 1 l siedendes Wasser gegeben und 5 min ziehen gelassen. Drei Tassen täglich. Im getrockneten Zustand verliert die Pflanze ihre Wirkung.

Winterkresse (*Barbarea vulgaris*)

GB **Hedge Mustard**
F **Sisymbre officinal**
NL **Gewone raket**
S **Vägsenap**
SF **Vejsennep**

Weg-Rauke

Sisymbrium officinale

Kreuzblütler

Vorkommen
Europa.

Habitat
In Unkrautfluren, an Wegen, in Gräben, an Gebüschsäumen, an Dämmen und Ufern, Ebene bis 1700 m.

Oft assoziiert mit folgenden essbaren Pflanzen
Braunelle, Brennnessel, Gänseblümchen, Gänse-Fingerkraut, Giersch, Huflattich, Klee, Labkraut, Löwenzahn, Malve, Margerite, Natternkopf, Pastinak, Sauer-Ampfer, Schafgarbe, Vogelmiere, Wegerich, Weidenröschen, Wilde Möhre.

Beschreibung
Einjährig. Mai bis Oktober, 30–60 cm. Blätter fiedrig gespalten, gesägt mit verlängerten, speerähnlichen Spitzen. Stängel teilweise sehr verzweigt, aufrecht, steif, hart behaart. Blüten blassgelb, klein, am Ende des Stängels in traubenähnlichen Blütenständen zusammengefasst. Früchte (Schoten) charakteristisch an den Stängel geklappt.

Verwechslungsmöglichkeiten
Mit anderen gelb blühenden Kreuzblütlern wie Winterkresse (*Barbarea vulgaris*), die auch hervorragend schmeckt. Eine genaue Identifikation sollte mit entsprechender Literatur erfolgen. Die eng an den Stängel anliegenden Schoten sind das charakteristische Merkmal beider Pflanzen.

Essbare Teile
Die vorzugsweise noch jungen Blätter oder die älteren.

Sammeln
Das ganze Jahr über, jedoch am besten im Frühling vor der Blüte. Der Geschmack ist senfig scharf.

Inhaltsstoffe
Senfölglykoside, Gerbstoffe, viel Vitamin C.

magenwirksam, wasserausscheidend, hustenlösend, gegen Skorbut
Magen: Zwei Teelöffel der getrockneten Pflanze auf 1/4 l siedendes Wasser geben, 20 min ziehen lassen, täglich drei Tassen. Der frische Presssaft hilft sofort getrunken genauso. Gegen Halsschmerzen und Heiserkeit hilft das Gurgeln des unverdünnten Safts sofort.

Verwendung **5**

Die gesammelten und gereinigten Blätter werden frisch fein zerschnitten als Salat gegessen und schmecken genauso wie gekaufte Rauke, jedoch nach Standort mehr oder weniger scharf.
Fein zerschnitten als Suppenbeilage ist sie auch nicht zu verachten.
Oder man bereitet sie leicht in etwas Salzwasser und einem Esslöffel Öl gedünstet als Gemüse zu.
Kurz angedünstet in einen Bannock eingebacken, also wie in eine Apfeltasche eingeschlagen, sind sie die Wegzehrung des nächsten Tages, da die Stauden oft sehr ergiebig sind.
Die Pflanze schmeckt zusammen mit etwas Salz, Pfeffer und Öl vermust auch als Bannockaufstrich.
Vermust und wiederum mit reichlich Wasser verdünnt kann diese Pflanze auch als Durstlöscher herhalten, der sogar gegen Heiserkeit hilft.
Tipp: Gibt man bei der Zubereitung der Pflanze etwas Honig dazu, verliert sie ihren unangenehmen, senfigen Geschmack.
Für eine herrliche Sauce, die sich gut zu Fisch und Wild macht, vermust man die Weg-Rauke zusammen mit Brunnenkresse und kocht sie mit etwas Salz und Öl auf.

Weg-Rauke (*Sisymbrium officinale*)

GB **Cowslip**
F **Primevère officinale**
NL **Gulden sleutelbloem**
S **Gullviva**
SF **Kevätesikko**

Echte Schlüsselblume

Primula veris

Primelgewächse

Vorkommen
Europa.

Habitat
Kalkmagerrasen, in mageren Wiesen, an Rainen und Waldrändern, krautreichen Eichenwäldern, Ebene bis 2000 m.

Oft assoziiert mit folgenden essbaren Pflanzen
Bärlauch, Birke, Blaubeere, Brennnessel, Buche, Eiche, Erz-Engelwurz, Giersch, Gundermann, Haselnuss, Himbeere, Holunder, Nadelbäume, Nelkenwurz, Salomonssiegel, Scharbockskraut, Schlehe, Vogelbeere, Wald-Erdbeere, Waldmeister, Weidenröschen.

Verwendung 5

Die Blüten wurden früher zusammen mit Honig zu einem gelben Primelwein vergoren. Das schmeckt wie fruchtiger, süßer Met und hat einen entsprechenden Kater zur Folge.
Die Blüten können kandiert oder zusammen mit Gelee eingekocht werden. Sie ergeben eine gelbe Färbung und ein herrlich fruchtiges Aroma. Als Tee (einen Esslöffel der Blüten auf eine Tasse) schmecken die Blüten wie Früchtetee.
Ein altes skandinavische Rezept sind Schlüsselblumenbonbons. Dazu werden die in ein wenig Wasser getränkten Blüten mit Sirup (Zucker) versetzt und bis zur entsprechenden Konsistenz eingekocht. Extrem lecker!
In Skandinavien wurden die älteren Blätter als Salat gegessen oder als Grünkohl gekocht und sogar in Pfannkuchen (Bannock) eingebacken. Am besten schmecken allerdings die jungen Blätter vor der Blüte im Salat oder im Bannock. Der Geschmack ist zwar eher bitter, aber erträglich, zuweilen sauer mit einen blumigen Aroma.

Beschreibung
Staude. April bis Juni, 10–30 cm. Blätter grundständig, verkehrt-eiförmig, ungeteilt. Blüten dottergelb, im Schlund fünf rotgelbe, lange Flecken, am Ende eines laubfreien Stängels in Dolden gehäuft stehend.
Wiesen-Primel (*Primula vulgaris*): Staude. Februar bis Mai, 8–15 cm. In krautreichen Buchen-, Tannen- oder Eichen-Hainbuchenwäldern, auf Wiesen oder Böschungen verbreitet, Ebene bis 1000 m. Blüten schwefelgelb, scheinbar einzeln an langen, behaarten Stielen.

Verwechslungsmöglichkeiten
Mit anderen Primeln, jedoch sind alle gleich zu verwenden, auch solche mit lila/violetten Blüten wie z.B. die Mehl-Primel (*Primula farinosa*).

Essbare Teile
Die gesamte Pflanze ohne Wurzel. Die duftende Wurzel wird zu Heilzwecken als Tee oder mit Sirup verwendet.

Sammeln
Die Blüten sollten je nach Art von Februar bis Juni (Juli) gesammelt werden. Ansonsten lassen sich sämtliche überirdischen Teile verwenden. Der Wurzelstock im September.

Inhaltsstoffe
Saponine, Flavonoide, Glykoside, ätherische Öle, Mineralsalze, Gerbstoffe, Kieselsäure.

hustenlösend, Kopfschmerzen lindernd
Die Wurzel und die Blüten (gegen Migrä-

Vorsicht
Die Pflanze kann Allergien hervorrufen. In den meisten Ländern Europas sind Primeln geschützt und dürfen daher nicht gepflückt werden. Ansonsten nur einige Blätter von einer Pflanzen nehmen, dann überlebt sie dies schadlos!

Echte Schlüsselblume (*Primula veris*)

ne, Kopfschmerz) helfen gegen Erkrankungen der Atemwege wie Husten, Bronchitis, Lungenentzündung usw., wobei die schleimlösende Wirkung hervorzuheben ist. Einen Teelöffel der getrockneten Wurzel (oder zwei Teelöffel der Blüten) in 1/4 l Wasser 5 min auskochen, zwei bis drei Tassen pro Tag.

GB **Mugwort**
F **Armoise vulgaire**
NL **Bijvoet**
S **Gråbo**
SF **Pujo**

Gemeiner Beifuß

Artemisia vulgaris

Korbblütler

Verwendung 4

Bei uns in Europa beschwört Beifuß unter Feinschmeckern das Bild eines bekömmlichen, aromatisch duftenden Gänse- oder Entenbratens herauf. So wird ein Sträußchen Beifuß dem Braten beigefügt. Auch gut bei Gemüse- oder besonders bei Fischsuppe!

In Japan wird diese Pflanze noch als Füllung von Reiskuchen verwendet. Das schmeckt einfach hervorragend!

Eine weitere gute Gewürzmischung für „Bratengelegenheiten" und zu Schmalz- und Eierbroten sind 5 g Beifuß, 2 g Thymian, 2 g Rosmarin, natürlich ganz fein zerrieben.

In der fernöstlichen Heilkunst wird Beifuß noch heute getrocknet auf der Haut über „Nervenknoten" verbrannt (Moksa). Wenn man eine einschlägige Arztpraxis (Akupunktur) betritt, riecht das manchmal wie in einer Drogenhöhle.

Der Duft der Pflanze gilt als „Insektenvertreibungsmittel", wenn der Kampferbaum (*Cinnamomum camphora*) mal wieder zu weit weg ist.

In Russland ist man erfinderisch und setzt 5 g getrockneten Beifuß mit 25 g Honig, 25 g Blaubeeren auf 1 l Wasser an und lässt das Ganze 2 h stehen. Das ergibt ein erfrischendes Getränk. Die Blaubeeren kann man durch jede Frucht ersetzen oder ganz weglassen.

Wermut (*Artemisia absinthium*) ist ein Verwandter und kann genauso benutzt werden. Seine Blüten sind büscheliger und zitronengelb, die Blätter blaugrau und beidseitig behaart. Der Wermutschnaps „Absinth" war lange Zeit gesetzlich verboten, da er giftig ist (Thujon). Er ruft Schwindelanfälle, Kopfschmerzen, Zittern und selbst Bewusstlosigkeit hervor!

Vorkommen
Weltweit.

Habitat
Im Ödland, an Wegen und Ufern, Ebene bis 2000 m.

Oft assoziiert mit folgenden essbaren Pflanzen
Braunelle, Brennnessel, Gänseblümchen, Gänse-Fingerkraut, Giersch, Huflattich, Klee, Labkraut, Löwenzahn, Margerite, Natternkopf, Pastinak, Sauer-Ampfer, Schafgarbe, Wegerich.

Beschreibung
Staude. Juli bis November, 0,6–2,5 m. Behaart, schwach aromatisch riechend. Blätter ein- bis zweifach fiederspaltig, oberseits dunkelgrün, unterseits weißfilzig. Blüten gelblich bis rotbraun, nur Röhrenblüten, eiförmig, zahlreich in beblätterten Rispen stehend.

Verwechslungsmöglichkeiten
Mit Wermut (*Artemisia absinthium*) s. nebenstehender Kasten.

Essbare Teile
Die frischen oder getrockneten jungen Triebe. Die Pflanze duftet aromatisch und schmeckt sehr bitter.

Sammeln
Die jungen Blätter und Sprosse werden im Sommer getrocknet und zerrieben.

Inhaltsstoffe
Ätherische Öle, Harz, Gerbstoff, Schleim, Inulin. Blätter Provitamin A, Vitamin B_1, B_2, C.

Vorsicht
Schwangere sollten auf die Anwendung oder den Verzehr dieser Pflanze verzichten, da sie die Milch stillender Frauen bitter macht.
In größeren Mengen ist die Pflanze giftig. Der Blütenstaub ist auch ein Allergen.

Gemeiner Beifuß (*Artemisia vulgaris*)

wurmtreibend, fiebersenkend, magenwirksam, entkrampfend, gegen Darmparasiten Ein Teelöffel der getrockneten Pflanze wird auf 1/4 l kochendes Wasser gegeben und 2 min ausgezogen. Eine bis drei Tassen täglich. Den bitteren Geschmack muss man allerdings ertragen, da das Süßen zwecklos ist.

GB **Smooth Sow Thistle**
F **Laiteron maraîcher**
NL **Gewone melkdistel**
S **Kålmolke**
SF **Kaalivalvatti**

Acker-Gänsedistel

Sonchus arvensis

Korbblütler

Vorkommen
Eurasien.

Habitat
In Stauden-, Unkrautfluren, auf Äckern, an Gräben, an Gebüschen, Ebene bis 1500 m.

Oft assoziiert mit folgenden essbaren Pflanzen
Augentrost, Beifuß, Birke, Brennnessel, Buche, Fichte, Frauenmantel, Gänseblümchen, Gänse-Fingerkraut, Gundermann, Günsel, Huflattich, Kerbel, Klee, Labkraut, Laucharten, Löwenzahn, Nelkenwurz, Rainfarn, Sauer-Ampfer, Taubnessel, Weißdorn, Wiesen-Schaumkraut, Wegerich.

Verwendung 3

Die jungen Blätter werden entstachelt und in feinen Streifen zusammen mit Essig, Öl, Salz und Pfeffer als Salat zubereitet. Das schmeckt manchmal schon etwas bitter kohlig, ist aber immer noch erträglich.
Die Blätter werden gewaschen und zusammen mit Öl, Salz und Pfeffer roh püriert und können so zu allen „Gemüse-Wurzel-Gerichten“ gegessen werden. Zu Pellkartoffeln schmeckt dieser Brei allerdings am besten.
Gibt man Knoblauch oder Lauch in ausreichender Menge dazu, kann die Masse auch als Bannockaufstrich herhalten. Eine entsprechende „Fahne“ ist dann garantiert.
Die in dünne Streifen geschnittenen Blätter können auch als Gemüse zusammen mit anderen essbaren Pflanzen oder Fleisch zum typischen Kohleintopf aufgekocht werden.
Tipp: Damit der bittere Geschmack vergeht, werden die Pflanzenteile etwa 1 h in Salzwasser gelegt. So kann man die Pflanze auch roh genießen. Beim Kochen verschwindet das Bittere sowieso.

Beschreibung
Staude. Mai bis November, 50–150 cm. Unbehaart, bläulich grün. Blätter fiederig gelappt, Endlappen am größten, weich stachelig gezähnt, die oberen mit pfeilförmigen Lappen stängelumfassend. Blütenstände hellgelb, außen braun-rötlich gestreift, in rispigen Knäulen.

Verwechslungsmöglichkeiten
Mit anderen *Sonchus*-Arten, die gleich genutzt werden können. Die weich stacheligen Blätter sollten das Erkennungszeichen für *Sonchus* sein!

Essbare Teile
Die jungen Blätter.

Sammeln
Von Mai bis in den November am besten vor der Blüte. Die weichen Stacheln sollten bei Verwendung mit einer Schere abgeschnitten werden.

Inhaltsstoffe
Vitamine, Proteine.

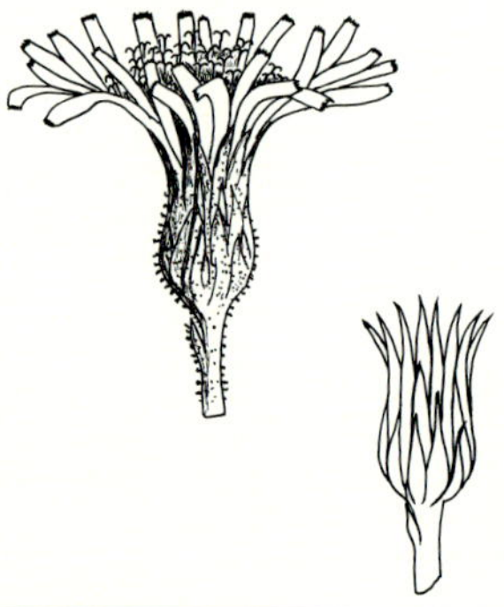

Blüte und Knospe

Vorsicht
Roher Verzehr hat heftige Blähungen zur Folge.

Acker-Gänsedistel (*Sonchus arvensis*)

GB **Tansy**
F **Tanaise vulgaire**
NL **Boerenwormkruid**
S **Renfana**
SF **Pietaryrtti**

Rainfarn

Tanacetum vulgare

Korbblütler

Vorkommen
Weltweit.
Habitat
In Unkrautfluren, an Wegen, auf Schuttplätzen, an Dämmen, Ebene bis 1000 m.
Oft assoziiert mit folgenden essbaren Pflanzen
Birke, Braunelle, Brennnessel, Buche, Gänseblümchen, Gänse-Fingerkraut, Giersch, Huflattich, Klee, Labkraut, Löwenzahn, Margerite, Natternkopf, Sauer-Ampfer, Schafgarbe, Wegerich.
Beschreibung
Staude. Juli bis September, 40–120 cm. Riecht stark würzig. Blätter gefiedert, gesägt, auf der Unterseite kleine dunkle Drüsen. Stängel oben ästig. Blütenstände gelb, doldenförmig, nur Röhrenblüten, knopfförmig.
Verwendbare, aber nicht essbare Teile
Als Gewürzzutat bei Kuchen, Pudding, Omeletts und Fleisch. Geschmack aromatisch bitter.
Verwechslungsmöglichkeiten
Keine.
Sammeln
Während der Blütezeit in Sträußen sammeln und trocknen. Die Pflanze duftet aromatisch nach Rosmarin.

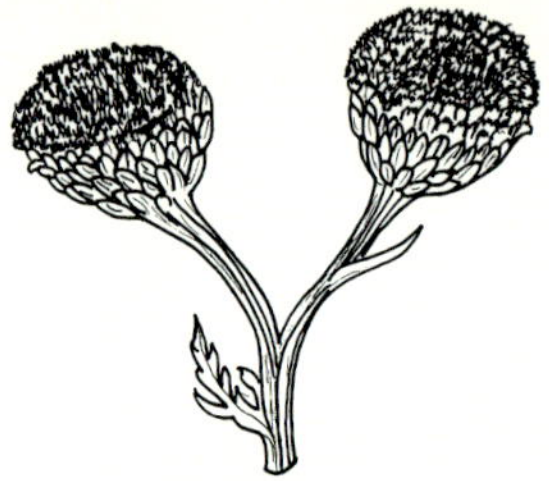

Blüten

Inhaltsstoffe
Ätherische Öle (Thujon), Bitterstoffe, Gerbstoffe, Harz, Inulin, Lipide, Glykosid, Vitamine.

Vorsicht
Keine Verwendung dieser Pflanze während einer Schwangerschaft.
Die Pflanze ist giftig und nicht essbar!
Es gibt mehrere für den Laien schwer identifizierbare Unterarten, die besonders giftig sind, also besser nur als Insektenvertreibungsmittel benutzten. Vergiftungserscheinungen sind Schwindel, Krämpfe, Leibschmerzen, Atemnot.

Verwendung 1

Bevor es die modernen Kühlschränke gab, wickelte man Fleisch und Fisch zur Aufbewahrung in Rainfarnblätter ein. Der Duft vertreibt zwar Insekten und Mäuse, macht das Fleisch allerdings auch nicht länger haltbar!
Beim Backen ersetzte der Rainfarn früher den teuren Zimt. Er wurde dem Teig in kleinen Prisen hinzugegeben. Das kann man bei einem Bannock wunderbar ausprobieren. Mit Sirup gegessen schmeckt das einfach herrlich.
Getrocknete und zerriebene Rainfarnköpfchen wurden früher zum Aromatisieren von Wild und Eieromeletts benutzt. Entweder beim Kochen hinzugeben oder nach Gusto anschließend würzen.
Sparsam wie Muskat verwenden, man schmeckt schon kleine Mengen intensiv heraus.
Sollten die Mücken wieder einmal zu schlimm werden, so vertreibt das frische bzw. das getrocknete Kraut das Ungeziefer aus dem Zelt oder dem Zimmer.

Rainfarn (*Tanacetum vulgare*)

wurmtreibend, Zahnschmerzen
Ein Tee hilft gegen alle Wurmarten. Bei Zahnschmerzen wirkt ein Mundspültee, der aus 50 g blühender Sprossspitzen hergestellt wird. Diese in 1 l siedendes Wasser geben und 10 min ziehen lassen. Nach Bedarf anwenden. Gruselgeschmack! Nicht runterschlucken!

GB **Dandelion**
F **Pissenlit officinal**
NL **Gewone paardebloem**
S **Maskrosor**
SF **Voikukat**

Löwenzahn, Kuhblume

Taraxacum sp.

Korbblütler

Vorkommen
Weltweit.

Habitat
Auf Wiesen, in Unkrautfluren, an Wegen, in Äckern, Ebene bis Gebirge bis 2590 m, sehr artenreich.

Oft assoziiert mit folgenden essbaren Pflanzen
Diese Art kommt mit sämtlichen anderen in diesem Buch genannten, essbaren Pflanzen vor.

Beschreibung
Staude. März bis Oktober, 5–25 cm. Blätter länglich verkehrt-lanzettlich, grob gezähnt, gebuchtet, in grundständiger Rosette. Stängel hohl, Milchsaft führend. Blüten einzeln stehend, gelb.

Verwechslungsmöglichkeiten
Mit allen fast 2000 noch nicht beschriebenen Arten und Unterarten dieser Spezies, aber Löwenzahnblätter sind nie behaart!

Essbare Teile
Wurzel, Blätter, Knospen und Blüten.

Sammeln
Die Blätter können ganzjährig gesammelt werden, sind jedoch im Frühling vor der Blüte am besten. Man sticht die gesamte Rosette mit einem Stück der Wurzel aus.

Vorsicht
Der milchige Stängelsaft kann Hautreizungen hervorrufen und wird gegen Warzen und Hühneraugen verwendet.

Verwendung 5

Die Wurzel wird bis zu 30 cm lang (aus weichem Dünensand kann sie in einem Stück leicht gezogen werden) und schmeckt klein gehackt in Öl gebraten oder sauer in Essig eingelegt süßlich bis bitter.
Als Kaffee zubereitet wird die Wurzel zunächst klein gehackt und etwa 15 min geröstet (vorher in der Sonne getrocknet oder auch nicht) und anschließend gemahlen. Sie schmeckt nach mildem, malzigem Muckefuck, wobei sie umso bitterer wird, je mehr man sie röstet.
Die bitteren Blätter und auch die sehr frische, junge Wurzel schmecken als Salat hervorragend. Dabei ist zu beachten, dass die Blätter dichter zur Wurzelrosette hin nicht unbedingt mit verarbeitet werden, da sie ebenfalls Milchsaft enthalten, der sehr bitter schmeckt.
Vorher in Öl leicht angedünstet und anschließend in einem Bannock als Füllung verwendet ist das eine hervorragende Calzone.
Die Knospen ohne Stängelansatz ergeben in Öl angebraten oder etwa 4 min in kochendem Wasser blanchiert eine wahre Delikatesse!
Sofern Speck vorhanden ist, kann dieser scharf angebraten auf Löwenzahnblättern mit Blüten garniert und mit Öl, Salz und Pfeffer gewürzt serviert werden – das lässt das gleiche Gericht mit Feldsalat völlig verblassen!
Man kann auch aus Löwenzahnblättern mit Eiern ein Omelett herstellen. Das Ganze würzt man dann mit dem in der Nähe gefundenen Lauch und Salz.
Da Löwenzahn eigentlich immer in genügend großer Menge vorhanden ist, lässt sich dieser auch zu einem Löwenzahnpüree (Wurzeln, Blüten, Blätter) vermusen, das dann als Hauptmahlzeit gelten kann. Wer allerdings nicht die ganze Nacht auf die Toilette oder hinter den nächsten Baum rennen will, der sollte nicht vergessen, dass Löwenzahn ein wirksames Entwässerungsmittel ist!

Löwenzahn (*Taraxacum* sp.)

Als Kaffee-Ersatz ist die Wurzel am besten im Spätsommer zu gebrauchen, sonst ganzjährig. Knospen möglichst weit vor der Blüte sammeln.

Ausgegrabene Pflanze

Inhaltsstoffe

Inulin, Flavonoide, Triterpene, Sterole, Gerbstoff, Taraxin (Bitterstoff), ätherische Öle, Cholin, Provitamin A, Vitamin B, C, D, Kalium, Mangan, Kalzium, Natrium, Schwefel, Kieselsäure, Fructose.

Entschlackend, entwässernd, entzündungshemmend

Die getrockneten Wurzeln, Blätter und Blüten als Tee regen Leber- und Nierentätigkeit an, fördern die Gallensekretion, sind magenwirksam und entwässern den Körper. Außerdem ist der Tee entzündungshemmend. Einen Esslöffel der zerkleinerten, getrockneten Pflanze in 1/4 l Wasser kalt ansetzen, aufkochen und 10 min ziehen lassen, abseihen, drei Tassen täglich über ca. sechs Wochen.

GB **Goat's Beard**
F **Salsifis des prés**
NL **Morgenster**
S **Ångshaverrot**
SF **Pukinparta**

Wiesen-Bocksbart

Tragopogon pratensis

Korbblütler

Vorkommen
Europa, selten in Nordeuropa.

Habitat
In Halbtrockenrasen, auf sonnigen Magerrasen, an Böschungen, an Wegen, auf Dämmen, Ebene und mittlere Gebirgslagen bis 2000 m.

Oft assoziiert mit folgenden essbaren Pflanzen
Arznei-Engelwurz, Bocksbart, Braunelle, Disteln, Laucharten, Mannstreu, Pastinak, Primel, Schnittlauch, Schwarzwurzel, Silberdistel, Wegerich, Wegwarte.

Beschreibung
Einjährig. Mai bis August, 30–75 cm (100 cm). Kaum behaart. Blätter lineal, grasähnlich. Blutenstände gelb, einzeln stehend, nur Zungenblüten, meist in den sonnigen Morgenstunden geöffnet, Hüllblätter meist länger als Blüten.

Verwechslungsmöglichkeiten
Mit dem Großen Bocksbart (*Tragopogon dubius*) und anderen Bocksbartarten, die allerdings genauso verwendet werden können.
Ähnliche Vertreter wie die Niedrige Schwarzwurzel (*Scorzonera humilis*) stehen jedoch in feuchten Heiden und auf

Vorsicht
Die Samen nicht essen. Wenn die vermeintlich geschlossene Blüte sauer eingelegt werden soll, darauf achten, ob sie nicht schon „verblüht" ist und Früchte (Samen) enthält.

Verwendung 5

Die Wurzel sollte nach intensiver Reinigung gekocht werden. Das Kochwasser nicht wegschütten! Es eignet sich hervorragend als Basis für weitere Gerichte. Die dunkelbraune „Pelle" kann, muss aber nicht, nach kurzem Überbrühen abgezogen werden. In einer Quelle wird der Geschmack der Wurzeln mit „salzigem Hering als Gemüse" verglichen, nur um zu zeigen, wie verschieden die Geschmäcker sind – oder aber wie verschieden Pflanzen schmecken können. Ich würde beim Geschmack eher eine Brücke zu süßen Schwarzwurzeln als zu Hering schlagen!
Roh habe ich die Wurzel wie nordamerikanische Indianer als Kaugummi benutzt, wenn der Hunger wieder einmal gar zu schlimm war.
Gekocht, in Scheiben geschnitten und mit Bärlauchzwiebeln oder Schnittlauch, Öl, Pfeffer und Salz ist die Wurzel eine wahre Delikatesse.
Die Schösslinge und der Stängel mit Knospen sollten wie Spargel unzerkleinert gekocht werden, da sie dann einfach göttlich schmecken.
Die zuckerhaltigen Blätter, der süße Stängel und das Stängelmark sollten sofort roh, in einem Salat oder bei älteren Pflanzen wie Spinat zubereitet werden. Der Stängel macht sich auch als Mus sehr gut. Schmeckt richtig süß.
Natürlich können die Wurzeln auch am Feuer geröstet, sauer eingelegt (die Blütenknospen auch) oder sogar getrocknet und zu Mehl verarbeitet werden.
Tipp: Um den manchmal bitteren Geschmack aus den Blättern und Stängeln zu entfernen, klopft man diese platt und lässt sie dann gut 30 min liegen oder kocht sie kurz auf.
Als Brotaufstrich dienen die pürierten Stängel und Blätter zusammen mit Sauer-Ampfer, etwas Öl, Salz und Pfeffer für den Bannock danach.

Blühender Wiesen-Bocksbart

Moorwiesen, die Purpur-Schwarzwurzel (*Scorzonera purpurea*) und die Haferwurz (*Tragopogon porrifolius*) bevorzugen das gleiche Habitat wie der Bocksbart, aber sie haben eine lila bis purpurne Blüte. Die Verwendung aller Arten ist gleich, somit wäre eine Verwechslung vollkommen unproblematisch

Essbare Teile

Wurzeln, Blätter, Blütenknospen.

Sammeln

Die gesamte Pflanze kann nach einem Regen leicht aus dem Boden gezogen werden. Der weiße Milchsaft an den Wurzel(haaren) dient auch als Erkennungszeichen. Sollte der Regen wieder einmal ausbleiben, muss man den Boden mit einem Stock lockern, da sonst die Pflanze abreißt. Entsprechend verwerten.

Inhaltsstoffe

Inulin, Lipide, Kohlenhydrate, Vitamin C.

Wiesen-Bocksbart (*Tragopogon pratensis*)

GB **Coltsfoot**
F **Pas-d'âne**
NL **Klein hoefblad**
S **Hästhov**
SF **Leskenlehti**

Huflattich

Tussilago farfara

Korbblütler

Vorkommen
Eurasien.

Habitat
In Pioniergesellschaften an Wegen, auf Schuttplätzen, in Kiesgruben und Äckern, auf Trümmerflächen, an Ufern, im Steinschutt, Ebene bis 2400 m.

Oft assoziiert mit folgenden essbaren Pflanzen
Beifuß, Birke, Brennnessel, Disteln, Engelwurz, Fichte, Giersch, Labkraut, Löwenzahn, Malve, Minze, Nachtkerze, Natternkopf, Pastinak, Rauke, Sauer-Ampfer, Scharfgarbe, Steinklee, Wegerich, Weidenröschen.

Verwendung **5**

Die Blätter werden in dünne, lange Streifen geschnitten und sind mit ihrem charakteristisch harzigen Geschmack der absolute Höhepunkt eines jeden Frühlingsalates.

Oder sie sind natürlich auch alleine zu genießen, gewürzt wieder nur spartanisch mit Pfeffer, Salz und Olivenöl.

Huflattichsirup: Man schichtet abwechselnd Blüten und Zucker bzw. Birkensirup in ein Gefäß. Dabei sollte man die Blüten mit einem Holzklöppel auf dem Zucker feststampfen. Das erleichtert es dem Saft, in den Zucker zu ziehen. Anschließend gräbt man das Ganze für acht Wochen in die Erde ein (Stelle markieren!) oder umwickelt die Gläser mit Alufolie und stellt die Masse in den Kühlschrank oder in den Keller. Nach den acht Wochen wird die gegorene Masse durch ein Küchensieb gestrichen und kurz aufgekocht. Fertig ist der Huflattichsirup. Göttlich!

Die weiße, filzige Behaarung an den Blättern kann leicht abgerubbelt und als Zunder benutzt werden.

Beschreibung
Staude. Februar bis April, 7–30 cm. Blätter entfernt herzförmig, auf der Oberseite fettig erscheinend, auf der Unterseite mit gräulichem, leicht abwischbarem Filz. Blüten goldgelb gefärbt, sehr früh im Jahr vor den Blättern erscheinend. Blütenschaft schuppig.

Verwechslungsmöglichkeiten
Die Blätter können mit denen der Pestwurz (*Petasites* sp.) verwechselt werden. Diese werden jedoch bis zu 10 cm im Durchmesser, die des Huflattichs nur bis 30 cm groß. Außerdem ist eine Verwechslung mit denen der Klette (*Arctium* sp.) möglich. Ihre Blätter sind jedoch herzförmig zugespitzt. Keine dieser Pflanzen ist giftig.

Essbare Teile
Die zarten Blätter werden als Salat und Suppenzutat verwendet. Aus den Blüten kann ein Tee bzw. Sirup bereitet werden. Der Geschmack ist angenehm harzig. Die Blüten kommen vor den Blättern aus dem Frühlingsboden, manchmal schon im Februar!

Sammeln
Die jungen Blätter sollten im Mai und Juni gesammelt werden, wobei diejenigen mehr Inhaltsstoffe enthalten, die in der Sonne gedeihen. Die Blüten, die man schon ab Februar sammeln kann, müssen sehr schnell in der Sonne getrocknet werden, da sie sonst doch recht unansehnlich werden.

Vorsicht

Erst kürzlich wurden in den Blättern Pyrrolizidinalkaloide gefunden, die die Leber schädigen sowie Krebs erzeugen können. Deshalb sollte jeder selbst entscheiden, ob er auf diese uralte, bewährte Heil- und Salatpflanze verzichtet.

Blüten

Huflattichblätter

Inhaltsstoffe
Schleimstoffe, Gerbstoff, Inulin, Gallussäure, Mineralsalze wie Zink, Vitamin C in den jungen Blättern.

hustenlindernd
Für einen hustenlösenden Tee werden zwei (vier) Teelöffel der trockenen (frischen) Blüten mit 1/4 l siedendem Wasser überbrüht und 5 min ziehen gelassen, drei Tassen täglich.
Der Tee sollte gut gefiltert werden, da die Härchen entsetzlich im Hals jucken können. Außerdem sollte diese Pflanze weder länger als sechs Wochen im Jahr noch in der Stillzeit verwendet werden.

GB **Roseroot**
F **Rhodie rose**
NL –
S **Rosenrot**
SF **Ruusujuuri**

Rosenwurz, Rosenrot

Rhodiola rosea

Dickblattgewächse

Vorkommen
Arktische Pflanze, circumpolar, Gebirge.

Habitat
Auf Felsen und Felsspalten, in Steingrus, an steinigen Quellfluren, auf Wiesen, an Straßen. Ebene bis 3000 m.

Oft assoziiert mit folgenden essbaren Pflanzen
Engelwurz, Glockenblume, Löwenzahn, Primel, Purpur-Fetthenne, Sauer-Ampfer, Thymian, Wegerich, Weidenröschen, Mauerpfeffer, Huflattich, Beifuß, Taubnessel.

Beschreibung
Staude. Juni bis August, 10–25 cm. Graugrün, oft purpurn überlaufen. Blätter steif, dick und sukkulent, länglich-oval, oft zusammengefaltet und den Stängel bedeckend. Doldenartige, endständige Blütenstände, gelblich bis rötlich.

Verwechslungsmöglichkeiten
Mit der Purpur-Fetthenne (*Sedum telephium*) und der Großen Fetthenne (*Sedum telephium* ssp. *maximum*), da diese aber auch essbar sind, ist das unproblematisch. Unterscheidungsmerkmal: Rosenwurz hat nur einen endständigen Blütenstand, Purpur- und Große Fetthenne mehrere gestielte vom Hauptstängel abzweigende.

Essbare Teile
Die Blätter.

Sammeln
Die Blätter werden frisch gepflückt.

Verwendung 4
Aus dem Saft der Blätter und Wurzeln kann ein nach Rosen duftendes Öl destilliert werden.
Eskimos essen die Wasser speichernden Blätter roh als Durstlöscher direkt oder in Öl eingelegt, die Lappen (Samen) essen sie als knackigen Salat zusammen mit Öl, Salz und Pfeffer angemacht. Dazu wird geräucherter Röding, eine Lachsart, und Tunnbröd, ein dünnes Fladenbrot, gegessen. Eigentlich gibt es kaum noch etwas Besseres!
Die Wurzel duftet nur in trockenem Zustand stark aromatisch rosenartig und kann so als Duftkissen benutzt werden, wenn die Reise in den Polarregionen oder Bergen mal wieder etwas länger dauert und das Waschen bei der Kälte unterbleibt.

Inhaltsstoffe
Rosavin, Rosarin, Rosin, Rosiridin und Salidroside

hustenlösend, schmerzlindernd
Die getrocknete, nach Rosen riechende Hauptwurzel wird entweder in Räumen als „Insektenspray" aufgehängt oder aber als hustenlösender Tee zubereitet. Zwei Teelöffel der zerkleinerten und getrockneten Wurzel auf 1 l kochendes Wasser, 5 min ziehen lassen, abseihen und nach Bedarf trinken.

Blütenstand

Vorsicht
Nimmt man zu viel des hustenlösenden Tees zu sich, so kann einem fürchterlich übel werden.

Rosenwurz (*Rhodiola rosea*)

GB **Salad Burnet**
F **Petite pimpernelle**
NL **Kleine pimpernel**
S **Pimpinell**
SF **Pikkuluppio**

Kleiner Wiesenknopf

Sanguisorba minor

Rosengewächse

Vorkommen
Europa, Nordasien, selten in Nordeuropa.
Habitat
Sonnige Magerrasen, an Böschungen, Wegen, auf Dämmen, Ebene und mittlere Gebirgslagen bis 1200 m.
Oft assoziiert mit folgenden essbaren Pflanzen
Arznei-Engelwurz, Bocksbart, Braunelle, Disteln, Laucharten, Mannstreu, Pastinak, Primel, Rose, Schnittlauch, Silberdistel, Wegerich, Wegwarte.
Beschreibung
Staude. März bis September, 20–40 cm. Fast kahl, vier bis zwölf Paar unpaarig gefiederte Blättchen kürzer als 2 cm. Blüten stehen in runden Köpfchen, rot überlaufen, rote Griffel, gelbe Staubbeutel. Großer Wiesenknopf (*Sanguisorba officinalis*): Staude, Mai bis August, 30–100 cm (150 cm). Feuchte, nasse, moorige Wiesen. Blüten rotbraun.
Verwechslungsmöglichkeiten
Mit der Bibernelle (*Pimpinella major*), die auch oft als Pimpernelle bezeichnet wird und ebenfalls essbar ist. Unterscheidungsmerkmale sind die kugeligen Blütenstände des Wiesenknopfs. Bei der Pimpernelle sind die Doldenblüten gestielt.
Essbare Teile
Die ganze Pflanze kann während der gesamten Vegetationsperiode als Suppen- und Gewürzkraut, aber auch für den Salat genutzt werden. Geschmacklich erinnert sie an Nuss oder Gurke.
Sammeln
Ganze Pflanze während der gesamten Vegetationsperiode, trocknen, eventuell die Wurzeln zum Trocknen der Länge nach aufteilen.

Inhaltsstoffe
Ätherische Öle, Gerbstoffe, Flavon, Vitamin C, Saponine.
magenwirksam, harntreibend, hustenlösend, Verbrennung
Für den Magen gibt man 30 g der getrockneten Pflanze auf 1 l siedendes Wasser, lässt das Ganze 10 min ziehen und seiht dann ab. Eine Tasse nach den Mahlzeiten, hilft auch gegen schmerzhafte Blähungen nach dem Genuss von zu viel Bärlauch. Zwei Teelöffel getrocknete Pflanze pro Tasse wirken stärkend und anregend.

Verwendung 5
Wiesenknopf verleiht Salaten, Fischsaucen und Dressings den richtigen geschmacklichen Pfiff und kann als „Gurkenersatz“ für den Gurkensalat ohne Gurke benutzt werden.
Ein Frühlingskartoffelsalat kann aus den frischen, jungen Blättern des Wiesenknopfs und des Bärlauchs (zu gleichen Teilen) sowie Kartoffeln zubereitet werden. Die gekochten Kartoffeln werden in feine Scheiben geschnitten, das grob geschnittene „Grünzeug“ wird nach dem Überbrühen untergehoben. Mit etwas Öl, Pfeffer und Salz abschmecken.

Blütenstände sowie männliche Blüte rechts oben, weibliche Blüte rechts unten

Kleiner Wiesenknopf (*Sanguisorba minor*)

GB **Purple Loosestrife**
F **Lythrum**
NL **Grote kattestaart**
S **Fackelblomster**
SF **Rantakukka**

Blut-Weiderich

Lythrum salicaria

Weiderichgewächse

Vorkommen
Eurasien, Afrika.

Habitat
An Gräben, Ufern, auf feuchten, nassen Wiesen und Wäldern, in Mooren, Ebene bis 1400 m.

Oft assoziiert mit folgenden essbaren Pflanzen
Bachbungen-Ehrenpreis, Birke, Brunnenkresse, Klee, Löwenzahn, Rohrkolben, Schafgarbe, Schilf, Schwanenblume, Sumpfdotterblume, Wasserlinse.

Beschreibung
Staude, Juli bis September, 50–100 cm. Formenreich. Mehr oder weniger flaumig behaart. Untere Blätter gegenständig oder zu dritt sitzend, lanzettlich, ungezähnt. Stängel mit vier erhabenen Linien. Blüten quirlig in ährenförmigen Blütenständen, sechs purpurrote Kronblätter.

Verwechslungsmöglichkeiten
Mit dem Weidenröschen (Seite 122), das nur vier Kronblätter besitzt. Unproblematisch, da beide Pflanzen essbar sind.

Essbare Teile
In Notzeiten wurden die Blätter als Gemüse verzehrt, oder man gor sie zu einem leichten Schnaps. Der Stängel und das Mark wurden gekocht gegessen. Mit den Blüten färbte man früher Zuckerwaren.

Sammeln
Die Sprosse und Triebe können auch im Frühling gesammelt werden, der Rest der Pflanze bis zum Ende der Blühzeit.

Verwendung **3**
Die frischen Blätter, in einen Salat geschnitten, geben eine fruchtige Note. Zu alte Blätter werden lederartig hart. Die Stängel und Blätter als ein Gemüse in Öl gedünstet oder gekocht sollten nur zu den beschriebenen Notzeiten eine Mahlzeit sein, denn man muss die Blätter schon recht kräftig kauen. Der gekochte, geschälte Stängel allerdings ist weicher und schmeckt einigermaßen fruchtig.
Ein ausgezeichneter Likör kann durch Einlegen (fünf Tage) von etwa 15 g der frischen Stängel auf 1 l Branntwein oder Rotwein hergestellt werden. Schmeckt fruchtig nach Erdbeeren.
Mit den Blüten können, ähnlich wie mit Primelblüten, Zuckerwaren gefärbt werden. Die Blüten werden heiß aufgekocht, so dass sich der Farbstoff löst. Anschließend wird das Ganze mit Zucker eingekocht, bis eine sirupähnliche Masse übrig bleibt.

Inhaltsstoffe
Gerbstoff, Zucker, Glykoside (Salicarin), Pektin, Harz, Provitamin A, Eisen, Kalziumoxalat.
adstringierend, magenwirksam, leberwirksam, gegen Lebensmittelvergiftungen, Haut
Zwei Teelöffel der getrockneten Pflanze auf 1/4 l siedendes Wasser, 10 min ziehen lassen. Drei Tassen täglich.

Blut-Weiderich (*Lythrum salicaria*)

Blütenstände

Schmalblättriges Weidenrö

Epilobium angustifolium

Nachtkerzengewächse

GB **Rosebay Willowherb**
F **Epilobe a feuilles etroites**
NL **Wilgerroosje**
S **Mjölke**
SF **Maitohorsma**

Verwendung 3

Die jungen Triebe und der obere Stängelbereich sind ein absolut würdiger Spargelersatz, der einfach leicht blanchiert mit Pfeffer und Salz genossen werden kann.
Diese Teile schmecken selbstverständlich auch roh von der Pflanze „unterwegs" oder im Salat.
Die Wurzeln auszugraben, zu reinigen, zu zerschneiden, zu trocknen und zu mahlen ist die übliche harte Arbeit, doch das oft flach liegende Rhizom ist sehr ergiebig.
Das Mehl (Fladenbrote, Bannocks) schmeckt „pilzig oder pilzignussig" und hat eine interessante, bittere Schärfe. Weiterhin kann auf die übliche Art Kaffee damit aufgebrüht werden, der sogar schmeckt.
Die getrockneten, zerriebenen Blätter werden in einigen Gegenden als Schwarztee-Ersatz aufgebrüht. Der ist dann allerdings eher grün und schmeckt nicht gerade wie Schwarztee, sondern genau wie japanischer grüner Tee.
Die langen weißen Samenhaare wurden im 17. Jahrhundert in Skandinavien als Stopfmaterial benutzt. Es gab auch Versuche, sie als Baumwollersatz zu verwenden, was mit folgendem Ergebnis im Kongliga Wetenskapsacademiens Handlingar von 1745 in etwa so dokumentiert wurde: „Die Wolle ist sehr rein und weiß wie Schnee und so weich wie die feinste Seide." Als Kopfkissenfüllung ist sie sehr gut geeignet.
Nur Retzius (1806) sprach im Zusammenhang mit der Pflanze von einem Nahrungsmittel. Er verzehrte die jungen Stängel als Spargelersatz, das Mehl der getrockneten Wurzeln bezeichnete er als Notration.

Vorkommen
Europa, außer der Mittelmeerregion.

Habitat
Auf Kahlschlägen, an Waldwegen, auf Schuttplätzen, in Staudenfluren, an Wegrändern, Ebene bis 2400 m.

Oft assoziiert mit folgenden essbaren Pflanzen
Birke, Braunelle, Brennnessel, Brombeere, Disteln, Eberesche, Feldsalat, Frauenmantel, Glockenblume, Löwenzahn, Nadelbäume, Nelkenwurz, Preiselbeere, Sauer-Ampfer, Sauerklee, Sumpfdotterblume, Thymian, Wald-Engelwurz, Wegerich.

Beschreibung
Staude. Juli bis August, 60–200 cm. Meist in großen Beständen. Blätter wechselständig, 1–2,5 cm breit, lanzettlich spitz, unterseits blaugrün. Blüten in Trauben an Stängelspitze stehend, purpurrot bis rosa. Samen bilden langen „Haarschopf" aus. Weit verzweigtes Wurzelsystem.

Verwechslungsmöglichkeiten
Mit anderen *Epilobium*-Arten und mit dem Blut-Weiderich (*Lythrum salicaria*, Seite 120), was unproblematisch ist, da auch diese Arten essbar sind. Der Stängel ist beim Blut-Weiderich viereckig, beim Weidenröschen rund.

Essbare Teile
Die jungen Triebe der Pflanzen im Frühjahr, die Blätter und der obere Stängelteil im Bereich der sich gerade entwickelnden Blüten. Der Geschmack der Triebe ist süßlich, spargelähnlich, der der Blätter und des Stängels säuerlich und leicht bitter. Je später im Jahr man diese isst, desto bitterer sind sie. Die Wurzeln gemahlen als Mehl.

Vorsicht
Bei längerer Anwendung des Tees soll es schon zu Magen-Darm-Beschwerden gekommen sein.

Schmalblättriges Weidenröschen (*Epilobium angustifolium*)

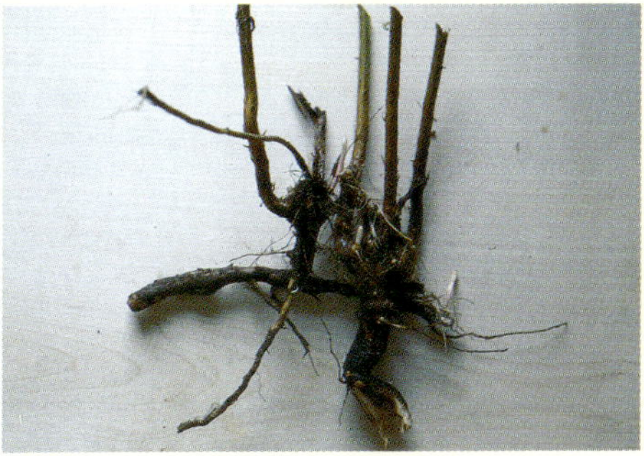

Wurzeln

Sammeln
Im Frühjahr werden die jungen Triebe geerntet. Tipp: Wer die Pflanze juvenil nicht sicher (er)kennt, kann sich im Jahr zuvor die Stelle(n) der blühenden Weidenröschen merken und dann die jungen Pflanzentriebe eben im kommenden Frühling genießen. Die Blätter und die Wurzel werden im Sommer bis Herbst gesammelt bzw. ausgegraben, was mit viel Arbeit verbunden ist. Der obere Stängelbereich schmeckt am besten, wenn die Blüten noch nicht entfaltet sind.

Inhaltsstoffe
Gerbstoffe, Pektin, Schleimstoffe.

Mundwasser
Ein Absud gegen Entzündungen der Mundschleimhaut wird aus 8 g der getrockneten Wurzeln auf 1/4 l Wasser bereitet, 10 min ziehen lassen, mehrmals täglich den Mund ausspülen.

GB **Wavy Bittercress**
F **Cardamine des prés**
NL **Springzaadveldkers**
S **Ängsbräsma**
SF **Metsälitukka**

Wiesen-Schaumkraut

Cardamine pratensis

Kreuzblütler

Vorkommen
Nordeuropa, Nordasien

Habitat
Auf Fett-, Moor-, Nasswiesen, in Auenwäldern und feuchten Laubmischwäldern, an Ufern, an Küsten, Ebene bis 2000 m.

Oft assoziiert mit folgenden essbaren Pflanzen
Augentrost, Beifuß, Birke, Braunelle, Erz-Engelwurz, Giersch, Glockenblume, Kalisalzkraut, Klee, Labkraut, Löwenzahn, Margerite, Mauerpfeffer, Minze, Natternkopf, Oregano, Pastinak, Primel, Sauer-Ampfer, Schaumkraut, Sumpfdotterblume, Thymian, Wegerich, Wegwarte, Weidenröschen, Wilde Möhre.

Verwendung 5

Meistens findet man an den Standorten des Wiesen-Schaumkrauts auch Löwenzahn, Sumpfdotterblume und Birken, welche zusammen einen hervorragenden Salat ergeben, bei dem die milde Schärfe des Wiesen-Schaumkrauts gut zur Geltung kommt.

Die Stängel und die Blätter werden klein gehackt in den Bannockteig eingeknetet oder wie bei einer Apfeltasche als Füllung verwendet. Das kann recht scharf sein, ist aber eines meiner bevorzugten Frühlingsgerichte.

Wiesen-Schaumkraut zusammen mit Pilzen (Maipilze) und Bärlauchblättern 1–2 min scharf angebraten schmeckt wie ein Frühlingserwachen. Dazu isst man am besten einen Bannock.

Als Sauce wiegt man das Kraut fein und köchelt es zusammen mit etwas Öl und Mehl (Müsli) an. Fertig. Dazu gibt es verlorene Eier.

Sauer eingelegter bzw. grüner Hering oder Matjes wird unter fein gewiegtem Wiesen-Schaumkraut versteckt, dazu kocht man Frühkartoffeln. Mir treibt dieses Essen Glückstränen in die Augen.

Klein gehackt und anschließend vermust wird aus Wiesen-Schaumkraut ein Püree, das jeden extra scharfen Senf ersetzt. Dazu fehlt dann nur noch eine Wurst.

Beschreibung
Staude. April bis Juni, 10–60 cm. Sehr formenreich. Grundblätter rosettig, gefiedert, den Stängelblättern ähnlich, Blättchen schmaler. Kahler Stängel. Blüten etwa 5–19 mm lang, lila, rosa bis weiß gefärbt.

Verwechslungsmöglichkeiten
Mit anderen Schaumkräutern, was jedoch nicht schlimm ist, da diese auch essbar sind. Weiterhin verwechselbar mit dem ebenfalls essbaren Hirtentäschel (S. 48). Unterscheidungsmerkmal sind hier die markanten herzförmigen Fruchtschötchen des Hirtentäschels.

Essbare Teile
Die ganze junge, noch nicht aiufgeblühte Pflanze kann als Salat oder in Suppen oder in Eintöpfen Verwendung finden. Geschmack pfeffrig und senfig.

Sammeln
Im Frühling die gesamte Pflanze über der Erde abschneiden. Am besten sind die noch eingerollten und/oder zusammengefalteten rötlich dunkelvioletten Pflanzen vor der Blüte.

Inhaltsstoffe
Senfölglykoside, Bitterstoffe, Vitamin C.

Frühjahrskur, blutreinigend
Diese Wirkung wird durch einen frischen Salat oder durch den Verzehr direkt vom „Boden weg" erzielt.

Vorsicht
Der Verzehr von großen Mengen des frischen Krauts kann Reizungen des Magens und der Nieren hervorrufen.

Wiesen-Schaumkraut (*Cardamine pratensis*)

Eibisch

Althaea officinalis

Malvengewächse

GB **Marsh Mallow**
F **Giumauve officinale**
NL **Echte heemst**
S **Läkemalva**
SF **Rohtosalkoruusu**

Vorkommen
Mitteleuropa, Europa, Sibirien.

Habitat
Auf Binsenwiesen, im Binsenröhricht, an Gräben, an salzhaltigen Stellen des Bindenlandes, Küsten.

Oft assoziiert mit folgenden essbaren Pflanzen
Eventuell (angespülte) Algen wie Meersalat (*Ulva* sp., *Enteromorpha* sp.), Zuckertang (*Laminaria* sp.), Rotalgen (*Porphyra* sp.), Erz-Engelwurz, Gänseblümchen, Gänse-Fingerkraut, Kali-Salzkraut, Klee, Kümmel(kohl), Löffelkraut, Löwenzahn, Pfeilkraut, Rohrkolben, Schilf, Schwanenblume, Strand-Dreizack, Strand-Wegerich, Sumpfdotterblume, Teich-Simse, Wegerich.

Beschreibung
Staude. Juni bis Oktober, 0,6–3,0 m. Filzig, samtartig behaart. Drei bis fünf große, lappige Blätter, obere eher dreieckig, am Rand unregelmäßig gezähnt, blattachselständige bis zu 5 cm groß. Blüte rosa (selten weiß) bis dunkelpurpur.

Verwechslungsmöglichkeiten
Mit den essbaren Malven, diese sind jedoch wesentlich kleiner und zarter gebaut.

Essbare Teile
Die nussartigen Samen, Blüten und die jungen Blätter können in Salaten verwendet werden. Die Wurzel kann gekocht verzehrt werden. Der Geschmack bzw. die Konsistenz sind recht schleimig.

Sammeln
Die Wurzel im Herbst ausgraben und mit einer Bürste reinigen, aufspleißen und an der Luft schnell ohne Sonneneinfluss trocknen. Die Blätter erntet man am besten im Sommer. Die Früchte nach der vollständigen Reife im Herbst.

Verwendung 5

Die Blätter können in einen Salat geschnitten werden, aber durch die filzige Behaarung ist das nicht gerade toll.
Die Wurzel in Stücke geschnitten kann am Feuer ungeschält gegart und dann geschält oder erst geschält und dann gekocht werden. Der süße, schleimige Geschmack ist Geschmackssache.
Der englische Name „marsh mellow" zeigt schon die Konsistenz und den Geschmack der Wurzel an. Sie war eine sehr beliebte Süßigkeit und vielleicht das erste Hustenbonbon überhaupt. Sie wird geschält und roh gekaut. Vielleicht ist das Lärchenharz als Hustenbonbon der nordamerikanischen Indianer noch älter.
Wer einige Zeit hat, kann Eibischsirup herstellen. Dazu gibt man 20 g der grob zerschnittenen Wurzel auf einen Filter (Taschentuch, Socke) und übergießt sie mit einer Mischung aus 10 ml Schnaps und 450 ml Wasser. Die ablaufende Flüssigkeit fängt man auf und gießt sie erneut über die Wurzel. Das macht man etwa eine Stunde lang so. Die erhaltene Flüssigkeit versetzt man dann mit etwa 600 g Zucker und kocht das Ganze auf, bis sich der Zucker gelöst hat.

Inhaltsstoffe
Stärke (35 %), Rohrzucker, Pektin, Mineralstoffe, Vitamin C, ätherische Öle (hauptsächlich Phellandren), Cumarin, Fruchtsäuren, Bitterstoffe (Sesquiterpene), Harz, Wachs, Kohlenhydrate, Pektin.

magenwirksam, hustenlösend, Gurgelwasser, entzündungshemmend
Ein Absud der Wurzeln wirkt gegen Magengeschwüre, Schlaflosigkeit und Durchfall. Zwei Teelöffel der geschnittenen Wurzel mit 1/4 l kaltem Wasser übergießen und 30 min stehen lassen, umrühren und durch Mull abgießen (Taschentuch geht auch). Die zuckerreichen, geschälten Wurzeln waren die ersten Hustenbonbons.

:ibisch (*Althaea officinalis*)

GB **Dwarf Mallow**
F **Petite mauve**
NL **Klein kaasjeskruid**
S **Skär kattost**
SF **Katinjuustomalva**

Weg-Malve

Malva neglecta

Malvengewächse

Vorkommen
Europa, Asien, Nordamerika.

Habitat
An Wegrändern, auf Schuttplätzen, auf Wiesen, auf Weiden, Ebene bis 800 m.

Oft assoziiert mit folgenden essbaren Pflanzen
Braunelle, Brennnessel, Gänseblümchen, Gänse-Fingerkraut, Giersch, Huflattich, Klee, Labkraut, Löwenzahn, Margerite, Natternkopf, Pastinak, Sauer-Ampfer, Schafgarbe, Vogelknöterich, Wegerich, Weidenröschen, Wilde Möhre, Wegwarte, Buche, Birke, Schlehe, Vogelbeere, Brombeere.

Verwendung 4

Die Triebe und Blätter können wie Spinat gekocht werden, indem man sie zerkleinert mit Wasser, Salz, Zwiebeln und etwas Öl etwa 20 min köchelt.
Die Blätter und die Blüten ergeben einen ganz annehmbaren Salat, wenn dieser entsprechend gewürzt ist. Andere Pflanzen des Weges sollten ihn unterstützen!
Eine Suppe wird aus etwa 500 g zerkleinerten Malvenblättern, 1 l Wasser, Salz und Pfeffer zusammen mit einem Vogel (Hühnchen) ungefähr 1 h lang gekocht. Anschließend wird das Geflügelfleisch vom Knochen gelöst, zerkleinert und zusammen mit den Malvenblättern nachgewürzt und gegessen. Lauch, wenn vorhanden, macht sich auch ganz gut darin. Bei einer Gans dürfen es 2 kg Malvenblätter sein.
Die flachen Früchte können roh direkt von der Pflanze weg als so genannter „Katzenkäse" genascht werden. Schmeckt nicht nach Katze und nicht nach Käse, sondern matschig, süßlich, fruchtig.
Die pürierten Blätter und Stängel zusammen mit Lauch oder Zwiebeln und Mehl verrühren und Bratlinge daraus herstellen. Klasse! Außerdem kann das Püree ohne Mehl mit Pfeffer, Salz und etwas Olivenöl auch als Brot (Bannock-)aufstrich herhalten.

Beschreibung
Einjährig, zweijährig oder Staude. Juli bis Oktober, 20–80 cm. Oft niederliegend. Handförmig gelappte, wechselständige Blätter mit Nebenblättern. Drei bis sechs hellrosa bis weißliche Blüten mit einen Durchmesser bis zu 15 mm.

Verwechslungsmöglichkeiten
Mit dem Eibisch (Seite 126), daher auf den Standort achten. Das ist allerdings unproblematisch, da auch diese Pflanze essbar ist. Anwendungsbezogen wird nicht zwischen den verschiedenen Malvenarten unterschieden!

Essbare Teile
Die Früchte, Blüten, Blätter und die jungen Triebe.

Sammeln
Die Blätter und jungen Triebe sollten vor der Blüte genutzt werden. Die Blüten werden mit Kelch und ohne Stiel gepflückt (Juni bis August), die Samen nach der Reife.

Inhaltsstoffe
Provitamin A, Vitamin B, C, Schleimstoffe, Anthocyane, ätherische Öle, geringe Mengen Gerbstoffe.

magenwirksam, entzündungshemmend, hustenlindernd, beruhigend
Die Blüten bzw. das Kraut oder beides zusammen als Tee zubereiten. Dazu zwei Teelöffel mit lauwarmem Wasser übergießen, 5–10 h ziehen lassen und dann abseihen. Als Tee täglich drei Tassen zu sich nehmen. Man kann die Flüssigkeit aber auch zum Gurgeln oder Spülen beliebig oft verwenden. Beruhigend.

Weg-Malve (*Malva neglecta*)

GB **Meadow Bistort**
F **Renouée bistorte**
NL **Adderwortel**
S **Ormrot**
SF **Nurmitatar**

Schlangen-Knöterich

Bistorta officinalis

Knöterichgewächse

Vorkommen
Nordeurasien, fehlt in Skandinavien.
Habitat
Auf feuchten Wiesen, besonders in Gebirgslagen, in Hochstaudenfluren, Auenwäldern, an Ufern, Ebene bis 1800 m.
Oft assoziiert mit folgenden essbaren Pflanzen
Braunelle, Brennnessel, Gänseblümchen, Gänse-Fingerkraut, Giersch, Huflattich, Klee, Labkraut, Löwenzahn, Margerite, Natternkopf, Pastinak, Sauer-Ampfer, Schafgarbe, Wegerich, Weidenröschen, Wilde Möhre.

Beschreibung
Staude. Juli bis Oktober, 30–120 cm. Unverzweigt, aufrecht, fast kahl. Längliche, dreieckig-ovale Blätter, die unteren mit geflügelten Blattstielen. Blüte rötlich, rosa oder weiß in dichten, dicken Scheinähren.
Verwechslungsmöglichkeiten
Mit anderen Knötericharten, schmeckt die Pflanze pfeffrig, ist es der Wasserpfeffer-Knöterich (Seite 190). Diesen nur als Gewürz verwenden.
Essbare Teile
Die jungen Triebe, Blätter und der Stängel.

Verwendung **5**

Die frischen grünen, jungen Blätter und der Stängel können fein zerhackt zusammen mit Borretsch, Thymian, Lauch, Öl, Essig, Salz und Pfeffer einen Fisch beim Dünsten unter sich verstecken. Wird der Fisch gebraten, so füllt man ihn besser mit den Zutaten und verschließt den Fisch mit angespitzten Stöckchen, damit die Füllung beim Umdrehen nicht herausfällt.
Einfach als Salat zu sich genommen, ist dieser Knöterich ebenfalls nicht zu verschmähen.
Eine weitere Möglichkeit ist es, die Pflanze roh gehackt zu Kartoffeln zu essen oder zusammen mit Reis als Eintopf zu kochen. Das macht sich als Beilage recht gut.
Gedünstet wird ein wunderbares Gemüse daraus. Mit etwas Öl, Wasser, Pfeffer und Salz in einen Topf geben und maximal 15 min mittelheiß dünsten. Schmeckt alleine wie Blattspinat. Allerdings sind unendlich viele Variationen mit anderen in der Umgebung gefundenen Pflanzen möglich.
Auf Reis oder auf Pasta ein Genuss – natürlich auch zunächst gedünstet und anschließend eingebacken in einen Bannock. Bei dieser Variante etwas mehr Öl beim Dünsten dazugeben. Der fettige „Spinat“ ist der ultimative Spinacchi (griechische fettige, vegetarische Blätterteigpastete mit Spinatfüllung).
Als Suppe wird das Kraut vorzugsweise mit Sauer-Ampfer gehackt und abgebrüht. Mit Öl und Mehl eine Schwitze anfertigen, etwas Wasser hinzugeben, damit eine Art Suppe entsteht. Dann das schlappe Gemüse – das sieht wirklich so aus – dazugeben.
Als Pudding wurde er in der Oster- und Fastenzeit in Westmoreland (Großbritannien, die berühmt für ihre eigenartige Küche sind) gegessen. Dazu nimmt man Knöterich-, Brennnessel-, Löwenzahn- und Frauenmantelblätter zu gleichen Teilen, zerhackt sie und kocht alles zusammen 10 min auf. Anschließend werden Eier und Gewürze dazugegeben. Da das Ei gerinnt, wird das Ganze dann ziemlich steif und so als Pudding gegessen.
Mit Preiselbeer-, Bärentraubenbeeren- oder Moltebeerenmarmelade kenne ich das als Wiesenomelett. Schmeckt einfach herrlich!

Schlangen-Knöterich (*Bistorta officinalis*)

Sammeln
Während der gesamten Wachstumszeit. Für Heilzwecke wird die Wurzel benötigt (Spätsommer).

Inhaltsstoffe
Vitamin C, Gerbstoffe, Kohlenhydrate, Oxalsäure.

Durchfall, Gurgelmittel
Einen Tee setzt man aus zwei Teelöffeln der getrockneten Wurzel und 1/4 l lauwarmen Wasser an, lässt die Flüssigkeit dann 5 h stehen und seiht dann ab. Oder aber man zermahlt die Wurzel und nimmt diese messerspitzenweise nach Bedarf zu sich.

GB **Knotgrass**
F **Renouée des oiseaux**
NL **Gewoon varkensgras**
S **Trampört**
SF **Pihatatar**

Acker-Vogelknöterich

Polygonum aviculare-Gruppe

Knöterichgewächse

Vorkommen
Weltweit.

Habitat
In Tritt- und Ackerfluren, an Wegen, auf Kies- und Pflasterplätzen, auf Schutt, in Äckern und Gärten, Ebene bis 1400 m.

Oft assoziiert mit folgenden essbaren Pflanzen
Beifuß, Braunelle, Brennnessel, Gänseblümchen, Gänse-Fingerkraut, Giersch, Gundermann, Huflattich, Klee, Labkraut, Löwenzahn, Margerite, Natternkopf, Pastinak, Sauer-Ampfer, Schafgarbe, Wegerich, Weidenröschen, Wilde Möhre, Wegwarte, Winterkresse.

Beschreibung
Einjährig. Juni bis November, 10–60 cm. Formenreich. Vielgestaltig, niederliegend oder aufrecht und ästig. Blätter elliptisch bis lanzettlich, wechselständig. Am Grund eine den Stängel umgebende, tütenförmige, silberne oder rostrote, farbige Scheide (Ochrea). Blüten rosa oder weißlich in lockeren Blütenständen.

Verwechslungsmöglichkeiten
Mit anderen Knötericharten, schmeckt die Pflanze pfeffrig, ist es der Wasserpfeffer-Knöterich (Seite 190). Diesen nur als Gewürz verwenden!

Essbare Teile
Die jungen Triebe, Blätter und der Stängel.

Sammeln
Während der gesamten Saison.

Inhaltsstoffe
Harz, Schleim, Kieselsäure, Flavonoide, ätherische Öle.

hautreinigend, harntreibend, wundheilend
Ein Tee wird mit zwei Teelöffeln (bei frischen vier) des getrockneten Vogelknöterichkrautes in 1/4 l kaltem Wasser angesetzt und zum Sieden erhitzt, dann abgeseiht. Zwei bis drei Tassen pro Tag über mehrere Wochen als „Hautkur" trinken. Äußerlich können mit dem Tee als Umschlag (z.B. eine ausgekochte Socke oder ein T-Shirt) schlecht heilende Wunden behandelt werden.

Verwendung **4**

Die frischen grünen, jungen Blätter und der Stängel lassen sich gut für einem Salat verwenden oder auch mit Eiern und vielleicht etwas Lauch in einem Omelett verarbeiten.

Die frischen grünen, jungen Blätter und der Stängel können aber auch fein zerhackt zusammen mit Löwenzahn, Wegerich, Thymian, Lauch, Öl, Essig, Salz und Pfeffer einen Fisch beim Dünsten unter sich verstecken. Wird der Fisch gebraten, so füllt man ihn besser mit den Zutaten und verschließt den Fisch mit angespitzten Stöckchen, damit die Füllung beim Umdrehen nicht herausfällt. Man kann natürlich auch Alufolie verwenden. Die zerkleinerten Pflanzenteile lassen sich mit gehacktem Lauch, Öl, Pfeffer, Salz und Essig zu einem Püree verarbeiten und dienen dann als Bannockaufstrich oder zu Wurzelgemüse, Kartoffeln, Reis oder als „Pesto".

Eine Kombination mit besonderer Note ist ein „Pesto" aus Knöterich und Knoblauch oder Laucharten (z.B. Bärlauch). Vögelknöterichmus wird mit Brennnesselblättern im Verhältnis 1:1 kurz aufgekocht und dann püriert. Dazu eignen sich Frühkartoffeln und gebratener Hering hervorragend, einfach lecker. Aus diesem Mus kann dann auch noch unter Zugabe von Mehl (auch die hier im Buch beschriebenen) ein vegetarischer Bratling hergestellt werden.

Acker-Vogelknöterich (*Polygonum aviculare*)

GB **Common Sorrel**
F **Rumex oseille**
NL **Veldzuring**
S **Ängssyra**
SF **Nii-ttysuolaheinä**

Großer Sauer-Ampfer

Rumex acetosa

Knöterichgewächse

Vorkommen
Nordeuropa, Nordasien, gemäßigte Zonen, nicht in Amerika.

Habitat
Wiesen, Weiden, an Ufern und Wegen, Ebene bis Gebirge bis 1700 m.

Oft assoziiert mit folgenden essbaren Pflanzen
Braunelle, Brennnessel, Gänseblümchen, Gänse-Fingerkraut, Giersch, Huflattich, Klee, Labkraut, Löwenzahn, Margerite, Natternkopf, Pastinak, Schafgarbe, Wegerich, Weidenröschen, Wilde Möhre.

Beschreibung
Staude. Mai bis Juni, 30 –100 cm. Wechselständige Blätter mit tütenförmiger Scheide am Stängel. Blätter elliptisch-pfeilförmig, zwei- bis sechsmal so lang wie breit, obere stängelumfassend. Äste der Blütenstände einfach geästelt, Blüten anfangs grün, dann rot überlaufen.

Verwechslungsmöglichkeiten
Mit anderen Ampferarten und dem Säuerling (*Oxyria digyna*), was unbedenklich ist, da sie alle gleich verwendet werden können.
Säuerling: Staude. Juni bis August, 5–15 cm. Wächst in polaren Regionen und im Gebirge bis 2400 m, circumpolar. Blätter nierenförmig bis rund. Stängel blattlos.

Essbare Teile
Die Blätter als Spinat oder Salat, die Samen als Bannock.

Sammeln
Das Kraut der Pflanze über dem Boden vor der Blüte abschneiden. Die Früchte nach der Reife vom Stängel abstreifen. Die

Verwendung **5**

Im Bannock kann Sauer-Ampfer gleich roh unter den Teig gemischt werden. Die saure Note im Brot, frisch im Salat oder im Gemüsegericht. Allerdings kann aus den gemahlenen Samen (Mehl) ein körniger, ganz erträglich schmeckender Bannock oder Fladen hergestellt werden, der auch ganz bestimmt nicht sauer schmeckt.
Die Blätter würzen Salat, Suppen, Saucen, Omeletts, Fleisch, Fisch und Geflügel.
Zu gleichen Teilen mit jungen Brennnesselblättern und einigen Bärlauchblättern oder Zwiebeln, etwas Öl, Salz und Pfeffer vermusen und als Gemüsebratling herrichten. Ein Ei oder etwas Mehl in Wasser vermengt bindet das Ganze besser, es funktioniert aber auch ohne.
In einem Omelett sollten die klein zerschnittenen Ampferblätter nicht fehlen.
Für den späteren Verbrauch in Salz einlegen. Dazu schichtet man junge frische Blätter mit Salz (100 g Salz/kg) in große Gläser. Vor dem Verwenden sollte man die Blätter waschen, da sie sonst zu salzig sind. Oder aber man legt ihn genauso in Zucker oder Sirup ein, was ein wahres Wechselbad des Geschmacks ist.
Einfach Sauer-Ampferblätter mit etwas Öl dünsten und zu Kartoffeln, Reis oder Fleisch genießen. Zusammen mit gedünsteten Löwenzahnblättern auf Reis schmeckt das hervorragend und ist in unglaublichen Mengen leicht zu finden und schnell herzurichten.
Die grüne „Zitronensauce ohne Zitrone zu Fisch“ (Hornhecht, denn der hat leuchtend grüne Gräten. Das Auge isst mit!): Man püriert Ampfer und mischt etwas Zucker oder Sirup sowie Essig je nach Gusto unter und lässt das Ganze kurz aufwallen. Wunderbar!
Tipp: Sauer-Ampfersaft entfernt übrigens auch Tintenflecken und reinigt fleckiges Silber!

Sauer-Ampfer (*Rumex acetosa*)

Früchte werden zuerst getrocknet. Am besten kommt man an die Samen heran, indem man die Früchte zwischen zwei Brettchen so lange hin und her rollt, bis nur noch die kleinen, harten Samen übrig sind. Diese mahlt man dann zu Mehl.

Inhaltsstoffe
Eisen, Gerbstoff, Kaliumhydrogenoxalat, Oxalsäure, Vitamin C.
magenwirksam, blutreinigend, hautwirksam, entwässernd
Die Blätter sind durststillend, fiebersenkend und werden als Diuretikum angewandt. Als Breiumschlag helfen sie bei Hautleiden und Wundinfektionen. Sie lindern Brennnessel- und Insektenstiche.

Vorsicht
Die Pflanze ist aufgrund ihres hohen Oxalsäuregehalts als giftig eingestuft. Abgebrühte oder gekochte Blätter hingegen werden als unbedenklich bewertet. Wer zu Nierensteinen neigt, sollte bei rohem Genuss also nicht übertreiben. Bei Erbrechen, Durchfall und Schluckbeschwerden wurde zu viel roh gegessen.

Säuerling (*Oxyria digyna*)

GB **Mint**
F **Menthe**
NL **Munt**
S **Mynta**
SF **Minttu**

Minze

Mentha sp.

Lippenblütler

Vorkommen
Europa, weltweit.
Habitat
Vor allen an feuchten Orten, Ebene bis 2000 m.
Oft assoziiert mit folgenden essbaren Pflanzen
Bachbungen-Ehrenpreis, Birke, Braunelle, Brennnessel, Brombeere, Disteln, Eberesche, Feldsalat, Frauenmantel, Glockenblume, Löwenzahn, Nadelbäume, Nelkenwurz, Pfeilkraut, Preiselbeere, Sauer-Ampfer, Sauerklee, Schwanenblume, Sumpfdotterblume, Thymian, Wald-Engelwurz, Wasserlinse, Wegerich, Weidenröschen.

Verwendung **5**

Ein herrlicher Tee wird aus den frischen Blättern hergestellt, indem man fünf bis sieben Blätter auf eine Tasse aufbrüht und beliebig lange ziehen lässt, dann nach Bedarf süßen.
Minzen sind beliebte Beilagen bei Fischsuppen. Beispiel: Scholle. Nachdem der Plattfisch ausgenommen und filetiert worden ist, wird der Rest (also Gräten, Kopf usw.) zusammen mit den Kräutern der Umgebung und natürlich auch mit der Minze in einem Topf ca. 30 min gekocht. Schon ist die Fischsuppe fertig; nach Belieben mit Salz und Pfeffer würzen. Die Minze gibt dieser Gourmetfreude eine wirklich besondere Note. Die Filets und auch der dazugehörende Wildsalat müssen dann selbstverständlich auch mit zerhackter Minze überstreut werden.
Die frischen Blätter können alleine und roh als Erfrischung oder als „Mundwasser" gekaut werden. Vorher waschen, da in langsam fließenden Gewässern Gefahren der Natur in Form von Leberegeln lauern!
A.J. Retzius (1806, ur Försök til en Flora Oeconomica Sveciæ) legte Minze wieder einmal in Schnaps ein und war sehr mit dem Resultat zufrieden. Nur etwas für Leute, die Mintlikör mögen. Für andere ist das das schiere Grauen!

Beschreibung
Stauden. Juli bis September, 10–80 cm. Sehr formenreich. Minzen sind von einander sehr schwer zu unterscheiden, da sie häufig untereinander kreuzen. Unterteilt in zwei Gruppen: Minzen mit ährenförmigen Blütenständen und Minzen mit Blütenquirlen in der Achsel gestielter Blätter. Charakteristisch ist der typische Minzegeruch (Identifikationsmerkmal!). Mehr oder weniger behaart, oft rötlich überlaufen. Blätter eiförmig-elliptisch, gesägt-gekerbt. Blüten rosa, lila bis rötlich violett.
Verwechslungsmöglichkeiten
Keine. Identifikationsmerkmal sollte der Geruch sein!
Essbare Teile
Die gesamte Pflanze ohne Wurzel.
Sammeln
Blätter und blühende Triebe von Mai bis Oktober, auch getrocknet zu verwenden.

Inhaltsstoffe
Ätherische Öle mit Mentholverbindungen (bis zu 60 %), Gerbstoffe.
antiseptisch, schmerzlindernd, magenwirksam, entkrampfend, Mundwasser
Einen Teelöffel der getrockneten Pflanze oder frische Blätter mit 1/4 l kochendem Wasser übergießen und 10 min ziehen lassen. Beliebig oft verwenden.

Vorsicht
Die Polei-Minze (*Mentha pulegium*) ist mit Vorsicht zu genießen, da sie leicht giftig ist. Realistisch gesehen gibt es für Laien keine Chance der Identifikation, also bei Minzen nichts übertreiben!

Minze (*Mentha* sp.)

GB **Breckland Thyme**
F **Thym serpolet**
NL **Wilde tijm**
S **Back-timjan**
SF **Kangasajuruoho**

Sand-Thymian

Thymus serpyllum

Lippenblütler

Vorkommen
Europa.

Habitat
Auf Sandfluren, Trockenrasen, Dünen, in lichten Kiefernwäldern, Pionierpflanze, Ebene bis 3000 m.

Verwendung **5**

Thymiantee kann als Schwarztee-Ersatz, allerdings mit beruhigender Wirkung, benutzt werden, der unbedingt auch gegen einen Kater nach Genuss anderer „ethnobotanischer Besonderheiten" hilft.
Außerdem sollte Thymian in keinem Wildsalat oder Fleischgericht als unterstützender Aspekt fehlen. Dazu sammelt man sich zur richtigen Jahreszeit eine ausreichende Menge und trocknet sie.
Im Bannock gebacken verleiht Thymian dem Ganzen einen Geschmack, der an Kräuterbrot erinnert. Dann sollte das Kraut allerdings fein gemörsert werden, da es sich dann besser verteilt. Ungemörserte Blätter sind relativ hart und werden durch das Backen auch nicht zarter.
Das Thymianöl, gewonnen aus Blättern und Blüten, kann als wirksames Einreibemittel benutzt werden, das bei Muskelschmerzen und Erkältungen sowie als Mundwasser Verwendung findet. Allerdings artet die Gewinnung einer winzigen Menge, selbst mit Knoblauchpresse, in unglaubliche Arbeit aus. Wenn das Unwetter draußen mal wieder etwas länger dauert, geht das aber. Außerdem können die Pflanzenteile auch erst ausgekocht und nach einigen Stunden das Öl abgeseiht werden. Kompliziert, weil die Menge sehr gering ist.
Thymian als Duftkissenfüllung vertreibt den Geruch im Zelt während langer Zeiten ohne ausreichende Waschgelegenheiten.

Blütenstand

Oft assoziiert mit folgenden essbaren Pflanzen
Bärlauch und andere Laucharten, Braunelle, Brombeere, Disteln, Erz-Engelwurz, Fetthenne, Gänse-Fingerkraut, Glockenblume, Himbeere, Holunder, Kali-Salzkraut, Klee, Kümmel(kohl), Labkraut, Löffelkraut, Löwenzahn, Margerite, Mauerpfeffer, Nadelbäume, Nelkenwurz, Pestwurz, Rohrkolben, Rosenrot, Sauer-Ampfer, Schafgarbe, Schilf, Stranddistel, Strand-Wegerich, Sumpfdotterblume, Wald-Erdbeere, Wegerich, Wiesenknopf, Wilde Möhre, in Strandnähe eventuell (angespülte) Algen wie Meersalat (*Ulva* sp., *Enteromorpha* sp.), Rotalgen (*Porphyra* sp.), Zuckertang (*Laminaria* sp.).

Vorsicht
Nicht über längeren Zeitraum anwenden, da es sonst zu Reizungen des Magen-Darm-Trakts, verursacht durch das giftige Thymol, kommen kann.

Sand-Thymian (*Thymus serpyllum*)

Beschreibung
Zweijährig. Juni bis September, 2–10 cm. Rasenbildend, niederliegend oder kriechend. Stängel kantig. Blätter lineal bis elliptisch, bis ca. 1 cm lang, kurz gestielt. Blüten hellrosa bis dunkel purpurn, quirlig, oft in rundlichen Köpfchen. Ganze Pflanze riecht charakteristisch aromatisch.

Verwechslungsmöglichkeiten
Keine. Der typische Geruch dient als Identifikationsmerkmal!

Essbare Teile
Die Blätter und Blüten können frisch und getrocknet als Gewürz oder als Tee benutzt werden.

Sammeln
Die Pflanze duftet sehr stark aromatisch. Das blühende Kraut wird gesammelt und an der Luft getrocknet oder aber frisch verwendet.

Inhaltsstoffe
Ätherische Öle mit Cymol, Thymol, Carvacrol, Harz, Gerbstoffe.

fiebersenkend, beruhigend, hustenlösend, entkrampfend, antiseptisch
Als Tee einen Teelöffel mit 1/4 l Wasser überbrühen und 10 min ziehen lassen, Täglich zwei bis drei Tassen zu sich nehmen.

GB **Greater Burdock**
F **Bardane commune**
NL **grote klit**
S **Kardborre**
SF **Isotakiainen**

Große Klette

Arctium lappa

Korbblütler

Verwendung 5

Die Wurzel wird geschält ganz oder in Stückchen zunächst 20–30 min gekocht und anschließend scharf in (Nuss)öl gebraten. Sie ist ein herrliches Gemüse und erinnert im Geschmack an Schwarzwurzel und Karamell.
Wer jemals vorher in einem Buch über diese Delikatesse gelesen hat, und es war nicht erwähnt, welche Quälerei das Ausgraben der Wurzel, Waschen, Schälen und Zerschneiden war, der hat wohl irgendwo abgeschrieben... Viel Spaß beim Buddeln!
Wenn die Wurzel mal wieder etwas älter und härter ist, quer wie eine Salami schneiden! Einfach aus der Erde am Feuer gebraten schmeckt diese Delikatesse auch, wenn nach getaner Arbeit eigentlich gar nichts mehr geht!
Aus den jungen Trieben und Blättern kann ein Salat angerichtet werden, wobei es eine Verschwendung ist, denn die Triebe und Blattstiele machen sich wesentlich besser als „gekochter Spargel"! Zusammen mit der Wurzel ein köstliches Mahl.
Sollten die Triebe oder der Stängel schon älter sein, so schält man besser das Mark frei, auch wenn dann nicht mehr viel übrig bleibt – die Kaumuskeln freuen sich!
Püree aus 100 g Klettenblättern, 10 g Sauer-Ampferblättern, einigen Bärlauchblättern oder -zwiebeln, Salz und Pfeffer als „Pesto" für Teigwaren verwenden.
Aus den Samen kann ein fettes Öl gewonnen werden, indem man sie auspresst. Auch hier steht der Schweiß vor dem Erfolg. Eine Knoblauchpresse macht sich dafür ganz gut. Zusätzlich aufkochen, Stunden stehen lassen und später das Restöl abseihen.

Vorkommen
Nordeuropa, Nordasien.

Habitat
In Unkrautgesellschaften, in Waldschlägen, in Waldlichtungen, an Waldwegen, Ebene bis 1100 m.

Oft assoziiert mit folgenden essbaren Pflanzen
Bärlauch, Birke, Blaubeere, Brennnessel, Buche, Eiche, Erz-Engelwurz, Giersch, Gundermann, Haselnuss, Himbeere, Holunder, Linde, Nadelbäume, Nelkenwurz, Salomonssiegel, Scharbockskraut, Schlehe, Vogelbeere, Wald-Erdbeere, Waldmeister, Weidenröschen.

Beschreibung
Zweijährig. Juli bis September, 80–150 cm. Formenreich. Dornlos, aufrecht, behaart, sparrig verzweigt. 50–100 cm tief wurzelnd. Bis zu 30 cm große Blätter, ellipsoid, länger als breit. Stiele hohl. Blüten 1,5–3 cm im Durchmesser, nur Röhrenblüten, eiförmig, purpurrot. Hüllblätter an der Spitze hakig eingebogen.

Verwechslungsmöglichkeiten
Die giftige Tollkirsche (*Atropa belladonna*) könnte bei juvenilen Pflanzen wegen der Blattform zu Verwechslungen führen! Bei der Klette sind die Stängel hohl und riffelig, außerdem besitzen sie auf der Hauptstielseite eine tiefe Einkerbung.

Essbare Teile
Die Wurzeln, Blattstiele, Blätter und Samen.

Sammeln
Die Wurzel kann im Herbst ausgegraben, gut gereinigt, aufgespleißt und an der Luft ohne Sonneneinfluss getrocknet werden. Die Samen erntet man im Herbst, die Blätter und Blattstiele im Frühjahr.

Vorsicht
Nicht für Schwangere geeignet.

Inhaltsstoffe

Inulin, Schleime, Polyacetylene, ätherische Öle, Gerbstoff, Bitterstoffe, Sitosterin, antibiotisch wirkende Stoffe, fungizid wirkende Stoffe, möglicherweise tumorhemmende Substanzen.

blutreinigend, fördert die Gallensekretion, harntreibend (entschlackend)

Für einen Tee aus der Wurzel übergießt man zwei Teelöffel der geschnittenen Wurzel mit 1/4 l kaltem Wasser. Nach 5 h kurz zum Sieden erhitzen, 1 min im Sieden halten und dann abseihen. Dreimal täglich eine Tasse. Mit dem Tee können auch Hautunreinheiten durch Waschen behandelt werden.

Große Klette (*Arctium lappa*)

Die ähnlich aussehende Tollkirsche (*Atropa bella-donna*) ist giftig.

GB **Butterbur**
F **Pétasite hybride**
NL **Groot hoefblad**
S **Pestskråp**
SF **Etelänruttojuuri**

Gewöhnliche Pestwurz

Petasites hybridus

Korbblütler

Vorkommen
Europa, andere Arten weltweit.

Habitat
Auf nassen Wiesen, an Quellen, Bächen, Gräben, in Bruch- und Auenwäldern, Küste bis Gebirge bis 1500 m.

Oft assoziiert mit folgenden essbaren Pflanzen
Bachbungen-Ehrenpreis, Birke, Blut-Weiderich, Brunnenkresse, Gänseblümchen, Klee, Löwenzahn, Pfeilkraut, Rohrkolben, Schafgarbe, Schilf, Schwanenblume, Sumpfdotterblume, Wasserlinse, Wegerich, Wiesenschaumkraut, Winterkresse.

Verwendung 3

Die ganz jungen Blütenstände werden für 1–2 min scharf in einer winzigen Menge Sesamöl oder einem anderen Öl angebraten. Die absolut bittere Delikatesse.
In Japan werden diese Blütenstände im Frühling auf den Bauernmärkten zu horrenden Preisen verkauft. Diese scharf angebratene Delikatesse kann zusammen mit dünnsten Scheiben aus rohem Plattfisch und Reis gegessen werden.
Tipp: Die fette Fischhaut von Aal oder Scholle kann als „Ölersatz“ herhalten, indem die Pfanne oder das Kochutensil damit ausgerieben wird.
Die langen Blattstiele von *Petasites japonicus* sind unter dem Namen „Fuki“ bekannt und werden geschält und mariniert. Die in Europa gängigen Arten habe ich genauso benutzt oder als „Spargelersatz“ etwa 10 min gekocht und zu Reis gegessen,
Die sehr jungen, bitteren Blätter können dem Frühlingssalat beigemengt werden, je nach Gusto bitter oder noch bitterer. Durch Abbrühen soll der Geschmack weniger bitter werden, mir ist das nicht geglückt!
Tipp: Die riesigen Blätter können als Regenschirm oder als Abdeckung für den Rucksack benutzt werden, wenn das Zelt schon voll ist.

Beschreibung
Staude. März bis Mai, 20–100 cm. Behaart. Blätter riesig, bis zu 1 m im Durchmesser, herzförmig, gezähnt, unterseits wollig grau, lang gestielt, alle Blätter grundständig, erscheinen erst nach der Blüte. Blütenstände in vielköpfigen, traubigen, gedrängten Gesamtblütenständen, blasspurpurn, rosa und nicht duftend.

Verwechslungsmöglichkeiten
Die jungen Blätter ähneln sehr Huflattichblättern. Das stellt aber kein Problem dar, da diese auch essbar sind. Geschmacklich sind die Huflattichblätter nicht bitter, sondern eher harzig.

Essbare Teile
Die Blütenknospentrauben und die jungen Blätter. Der Geschmack ist teilweise sehr bitter.

Sammeln
Im Frühjahr werden die noch ungeöffneten Blütenknospentrauben vor der Blüte und die kurz danach erscheinenden, noch kleinen, jungen Blätter gesammelt.

Inhaltsstoffe
Ätherisches Öl, Harz, Schleimstoffe, Gerbstoff, Inulin.

hautreizend, Rheumatismus, Raucherentwöhnung
Wenn die an der Luft getrockneten Blätter direkt auf die Haut gelegt werden, rufen sie lokal Hautreizungen hervor, die zur Linderung rheumatischer Schmerzen führen können. Außerdem hilft das Auflegen bei den Druckstellen des Rucksacks, die man sich bei den ersten Frühlingswanderungen holt. Die getrockneten Blätter als Tabakersatz können bei einer Raucherentwöhnung verwendet werden.

Gewöhnliche Pestwurz (*Petasites hybridus*)

GB **Flowering Rush**
F **Jonc fleuri**
NL **Zwanebloem**
S **Blomvass**
SF **Sarjarimpi**

Schwanenblume

Butomus umbellatus

Schwanenblumengewächse

Vorkommen
Eurasischer und mediterraner Raum.

Habitat
An Ufern von langsam fließenden oder stehenden Gewässer, besonders bei stark schwankendem Wasserstand, Pionierpflanze auf sandigen Schlammböden.

Oft assoziiert mit folgenden essbaren Pflanzen
Bachbungen-Ehrenpreis, Birke, Blut-Weiderich, Brunnenkresse, Gänseblümchen, Klee, Löwenzahn, Pfeilkraut, Rohrkolben, Schafgarbe, Schilf, Sumpfdotterblume, Wasserlinse, Wegerich, Wiesenschaumkraut, Winterkresse.

Beschreibung
Staude. Mai bis August, 50–150 cm. Blätter linealisch, dreikantig, rinnig, grundständig. Doldiger Blütenstand mit rötlich weißen, dunkel geäderten Blüten (drei Blütenblattblätter), sitzt endständig auf einem langen Stiel.

Verwechslungsmöglichkeiten
Mit Froschlöffelgewächsen, deren Blüten jedoch weiß sind und einen gelben oder roten Mittelfleck besitzen, außerdem haben die Blätter keine dreikantige, lineale Form.

Essbare Teile
Der Wurzelstock.

Sammeln
Die Wurzelstöcke im späten Herbst oder zeitig im Frühling aus dem Boden des Gewässers ziehen.

Inhaltsstoffe
Bis zu 60 % Stärke, 14 % Eiweiß und 4 % Fett!

Blütenstand

Verwendung **2**

Die Wurzeln werden gewaschen, in etwa 3 cm lange Stückchen geschnitten und in Salzwasser 30 min gekocht. Sie können dann heiß oder kalt gegessen werden. Teilweise eine schleimige Angelegenheit, und die Wurzeln riechen roh fischig und moderig! Die Konsistenz ist mit der von Sellerie vergleichbar, der Geschmack liegt irgendwo zwischen Kartoffel und Sellerie.
Für ein Püree werden die bereits gekochten Wurzeln zusammen mit Bärlauchzwiebeln (übrig gebliebene vom letzten Frühling oder schon neue!) zerkleinert und mit jungen Sauer-Ampferblättern, Salz, Pfeffer und etwas Öl angemacht. Das kann man dann mit frischen, gut durchgebratenen Spiegeleiern genießen. Harte Arbeit, aber gut.
Aus den getrockneten Wurzeln kann ein Mehl gemahlen werden, welches geröstet als Kaffee-Ersatz verwendet werden kann. Der Geschmack ist malzig und je nach Röstung mehr oder weniger bitter.
Oder man backt gleich Bannocks daraus! Aus etwa 5 kg der frischen Wurzeln gewinnt man 1 kg Mehl!
Die Wurzeln können auch sofort am Feuer gebraten oder gegrillt werden! Das ist dann geschmacklich eher Ansichtssache. Mir war es zu schleimig.

Schwanenblume (*Butomus umbellatus*)

/urzelstöcke

GB **Chives**
F **Ciboulette**
NL **Bieslook**
S **Graslök**
SF **Ruoholaukka**

Schnittlauch und andere A

Allium schoenoprasum

Liliengewächse

Vorkommen
Eurasien.
Habitat
S. Beschreibung der einzelnen Arten.
Alle oft assoziiert mit folgenden essbaren Pflanzen
Bärlauch und andere Laucharten, Braunelle, Brombeere, Disteln, Fetthenne, Himbeere, Holunder, Klee, Labkraut, Löwenzahn, Margerite, Mauerpfeffer, Nadelbäume, Nelkenwurz, Pestwurz, Rosenrot, Sauer-Ampfer, Schafgarbe, Thymian, Wegerich, Wiesenknopf, Wald-Erdbeere, Wilde Möhre.
Beschreibung
Stauden. Meist mit unterirdischer Zwiebel. Kahl, unverzweigt. Riechen nach Zwiebeln oder Knoblauch.
Schnittlauch (*Allium schoenoprasum*): Juni bis August, 15–50 cm. Sand und Kiesböden, an Ufern, auch salzliebend an Küsten bis 2100 m. Dicht wachsend. Blätter zylindrisch, hohl, grundständig. Blütenstände oft kugelig, Hüllblätter kurz. Blüten hellpurpurn bis lila mit dunklerem Streifen.

Verwendung 5
Die Schärfe oder Milde des Geschmacks ist von Art zu Art und von Standort zu Standort verschieden. In Skandinavien wurde Lauch mit Kohl gekocht, in Milch eingelegt oder auf Brot gegessen. Das Kochwasser kann getrunken werden. Es hat eine ähnlich entschlackende Wirkung wie Spargelwasser.
Als Gewürz oder Gemüse können Blätter, Blüten und Zwiebeln zu allen Gerichten hier im Buch verwendet werden, auf Brot gegessen oder im Bannock eingebacken werden.
Die Zwiebeln sind in der Regel länger haltbar und behalten auch ihr Aroma.

Gekielter Lauch (*Allium carinatum*): Juni bis Juli, 30–60 cm. Magerrasen oder Moorwiesen, auch Salz liebend an Küsten, bis 1500 m. Blätter unterseits bis zur Stängelmitte gekielt. Blütenstände locker doldenförmig, mit Brutzwiebeln, Hüllblätter lang. Blüten lilapurpurn.
Weinbergs-Lauch (*Allium vineale*): Juli bis August, 30–60 cm. Weinberge, Parkrasen, im Gebüsch und an Wegen, Ebene bis mittlere Gebirgslagen (650 m). Fast runde, schmalrinnige, hohle Blätter. Blüten purpurn oder grünlich oder nur ein dichter, rundlicher Kopf von Brutzwiebeln eingeschlossen im Hüllblatt.
Kugel-Lauch (*Allium sphaerocephalon*): Juni bis August, 30–60 cm. Trockene Rasen, Felsen, Dünen. Blätter halbstielrund, rinnig, hohl. Blütenstand kugelig ohne Brutzwiebeln, Hüllblätter kurz und häutig.
Verwechslungsmöglichkeiten
Keine.
Essbare Teile
Die Zwiebeln, die röhrenförmigen Blätter, die Blüten aller hier aufgeführten Arten.
Sammeln
Im Frühling vor und während der Blüte, in der übrigen Zeit können die Zwiebeln ausgegraben werden. Getrocknet verliert Lauch seine Wirkung.

Inhaltsstoffe
Schleime, Mineralsalze, schwefelhaltig.
antiseptisch, magenwirksam, abführend, entschlackend

Vorsicht
Zu viel davon und der Erfolg ist meist „durchschlagend“ oder es drohen heftige Blähungen. Gegen Durchfall hilft dann die weiße Asche eines Laubholzfeuers, die mit Wasser verrührt getrunken wird.

Schnittlauch (*Allium schoenoprasum*)

GB **Sea Holly**
F **Panicaut**
NL **Blauwe zeedistel**
S **Martorn**
SF **Strand-Mandstro**

Stranddistel

Eryngium maritimum

Doldenblütler

Vorkommen
Nordeuropa.

Habitat
In lückig bewachsenen Dünen, auf Sandböden der Küsten.

Oft assoziiert mit folgenden essbaren Pflanzen
Bärlauch und andere Laucharten, Braunelle, Brombeere, Disteln, Erz-Engelwurz, Fetthenne, Gänse-Fingerkraut, Himbeere, Holunder, Kali-Salzkraut, Klee, Kümmel(kohl), Labkraut, Löffelkraut, Löwenzahn, Margerite, Mauerpfeffer, Nadelbäume, Nelkenwurz, Pestwurz, Rohrkolben, Rosenrot, Sauer-Ampfer, Schafgarbe, Schilf, Strand-Wegerich, Sumpfdotterblume, Wald-Erdbeere, Wegerich, Wiesenknopf, Wilde Möhre. In Strandnähe eventuell (angespülte) Algen wie Meersalat (*Ulva* sp., *Enteromorpha* sp.), Rotalgen (*Porphyra* sp.), Zuckertang (Laminarien).

Beschreibung
Zweijährig. Juni bis September, 20–60 cm. Stängel und Blätter meergrün oder bläulich grau überlaufen. Blätter ledrig-derb, mit Dornen besetzt, die unteren herzförmig gestielt. Dolden zunächst grünlich gelb, dann blau und fast kugelig. Hüllblätter mit Dornen, den Laubblättern ähnlich. Mannstreu (*Eryngium campestre*): Staude. Juli bis September, 15–60 cm. Mittel- und Südeuropa. Auf sonnigen Kalk-Magerrasen, an Wegrainen und Dämmen, Ebene bis 1000 m. Blätter eher handförmig-fiederschnittig. Hüllblätter lanzettlich. Blüten weißlich oder graugrün.

Verwechslungsmöglichkeiten
Keine.

Essbare Teile
Die Blätter, Blattknospen, Schösslinge und die Wurzeln.

Sammeln
Die Wurzel kann im Frühjahr, Sommer und Herbst ausgezogen oder gegraben werden. Sie wird bis zu 2 m lang und ist im weichen Strandboden relativ einfach herauszubekommen, auf Kalk-Magerrasen muss man meist auf den größten Teil verzichten, da sie leicht abreißt. Die Blätter erntet man im Sommer und Herbst, die Knospen entsprechend im Frühling.

Verwendung **4**
Die Wurzel wird nach dem Reinigen kurz abgebrüht und geschält, anschließend in Scheiben geschnitten und mit Zucker oder Sirup als Süßspeise eingekocht, die zunächst süß schmeckt, dann allerdings ganz schön scharf nachbrennen kann, so ähnlich wie Ingwerbier.
Die Wurzel kann in alle Gemüsegerichte geschnitten werden.
Die jungen Blätter und Knospen werden in Marinade (Seite 17) kurz aufgekocht, darin wie Gurken eingelegt aufbewahrt und sofort oder je nach Bedarf gegessen.
Die ganz jungen, zarten Schösslinge können klein geschnitten einen jeden Salat bereichern.
Darüber hinaus machen sie sich ebenfalls sehr gut in etwas Öl scharf und sehr kurz (2–3 min) angebraten. Man kann sie auch rösten, muss dann allerdings aufpassen, dass die Triebe nicht trocken werden.

Inhaltsstoffe
Ätherische Öle, Saponine, Gerbstoff, Fruchtsäuren, Spuren eines Alkaloids.
magenwirksam, wasserausscheidend, hustenlösend, entkrampfend, Frühjahrskur
Die Wurzel wird bei *Eryngium campestre* als Droge benutzt, indem 40 g getrocknete Wurzel auf 1 l Wasser für 5 min aufgekocht werden. Abseihen, täglich vier Tassen zwischen den Mahlzeiten.

Blütenstand

Stranddistel (*Eryngium maritimum*)

GB **Sweet Violet**
F **Violette odorante**
NL **Maarts viooltje**
S **Luktviol**
SF **Tuoksuorvokki**

März-Veilchen

Viola odorata

Veilchengewächse

Vorkommen
Eurasien.

Habitat
Auf sonnigen Unkrautfluren, an Wegen, auf Dämmen, an Waldrändern, an Gebüschen, Ebene bis 1000 m.

Oft assoziiert mit folgenden essbaren Pflanzen
Adlerfarn, Bärlauch, Birke, Blaubeere, Brennnessel, Buche, Eiche, Erz-Engelwurz, Gänseblümchen, Giersch, Gundermann, Haselnuss, Himbeere, Holunder, Linde, Löwenzahn, Lungenkraut, Nadelbäume, Nelkenwurz, Primel, Salomonssiegel, Scharbockskraut, Schlehe, Vogelbeere, Wald-Erdbeere, Waldmeister, Wegerich, Weidenröschen.

Beschreibung
Staude. März bis Mai, 5–10 cm. Wurzelnde Ausläufer. Bis 250 cm tief wurzelnd. Kurz behaart. Blätter in Rosette, breiteiförmig, später vergrößert. Blüten bis zu 25 mm groß, dunkelviolett, charakteristisch nach „Veilchen" duftend.

Verwechslungsmöglichkeiten
Sehr leicht mit anderen Veilchen, aber nur dieses hat den charakteristischen Veilchenduft!

Essbare Teile
Die Blüten.

Sammeln
Die Blüten während der Blüte.

Inhaltsstoffe
Saponine, Bitterstoffe, ein Glykosid, Salizylsäuremethylesther, Odoratin.

magenwirksam, hustenlösend
Die medizinischen Eigenschaften der Pflanze sind hauptsächlich auf die Salizylsäure zurückzuführen.
Ein Hustentee entsteht, wenn man zwei Teelöffel der frischen oder einen Teelöffel der getrockneten Blüten mit kochendem Wasser für 5 min aufbrüht. Die extrem blaue Flüssigkeit wird mit Zucker oder Sirup gesüßt und bis zu dreimal täglich eingenommen. Die Wirkung ist allerdings gering.

Verwendung **5**

Gänseblümchen, Lungenkraut, Scharbockskraut, Löwenzahn, Wegerich zusammen mit Veilchen- und Huflattichblüten in einer Salatkreation haben einen interessanten, exotischen, charakteristisch bitteren (Huflattich) und fruchtigen Veilchen-Geschmack. Eine Sauce aus Öl, Essig, Salz und Pfeffer mindert das kaum.
Veilchenlikör: 250 g Veilchenblüten – das ist eine riesige Menge – auf eine Flasche Korn oder Wodka werden einige Wochen (sechs) stehen gelassen. Schmeckt wie Parfüm, kann aber auf gar keinen Fall so benutzt werden!
Veilchensirup: Man sammelt eine Tasse voll Veilchenblüten, füllt diese in eine Schale oder ein Glas und gießt kochendes Wasser darüber. Sofort löst sich der türkisfarbene bis violette Farbstoff aus den Blüten, und es duftet typisch nach Veilchen. Diesen Ansatz lässt man einen Tag stehen. Dann wird abgeseiht. Die abgeseihte Flüssigkeit erhitzt man bis zum Sieden, dann wird sie über eine neue Portion, also noch eine Tasse, Veilchenblüten gegossen. Diesen Ansatz versetzt man nach der üblichen Prozedur (24 h stehen lassen, abseihen, aufkochen) mit der gleichen Menge Honig, also zwei Tassen, und fertig. Allein schon dieser Duft...!
Milchreis zusammen mit Veilchenblüten aufgekocht ist auch nicht zu verachten. 10 g Veilchenblüten auf 250 g Reis reichen vollkommen aus.

März-Veilchen (*Viola odorata*)

GB **Alkanet**
F **Buglosse officinale**
NL **Gewone ossentong**
S **Oxtunga**
SF **Rohtorasti**

Gewöhnliche Ochsenzunge

Anchusa officinalis

Raublattgewächse

Vorkommen
Europa, Asien.

Habitat
Auf sonnigen Unkrautfluren, an Wegen, auf Dämmen, Schuttplätzen, sonnigen Sand- und Kiesböden bis 1800 m.

Oft assoziiert mit folgenden essbaren Pflanzen
Beifuß, Borretsch, Brennnessel, Disteln, Gänseblümchen, Labkraut, Löwenzahn, Malve, Natternkopf, Pastinak, Schafgarbe, Schlehe, Steinklee, Taubnessel, Vogelbeere, Wegerich, Wegwarte, Wermut, Wiesenknopf, Wilde Möhre.

Beschreibung
Zweijährig bis Staude. April bis Oktober, 30–80 cm. Weich behaart, im oberen Stängelbereich ästig. Blätter lanzettlich, im unteren Bereich gestielt. Blüten dunkelviolett, etwa 10 mm im Durchmesser, in zunächst eingerollten Blütenständen.

Verwechslungsmöglichkeiten
Mit anderen Raublattgewächsen (Borretsch, Natternkopf). Diese sind jedoch hell- bis dunkelblau und nicht dunkelviolett. Für Farbenblinde kann die Form der Blüten und der eingerollte Blütenstand als Erkennungsmerkmal gelten.

Essbare Teile
Die ganze Pflanze ohne Wurzel schmeckt gurkenähnlich.

Sammeln
Blätter und Blüten für Tee (Juni bis Juli), ansonsten wenn es beliebt während der gesamten Wachstumszeit.

Inhaltsstoffe
Schleimstoffe, Gerbstoff, Cholin, Spuren von Alkaloiden, Kaliumnitrat, Allantonin.

magenwirksam, harnausscheidend, blutreinigend, bei Grippe
Bei einer Nierenentzündung sollte ein Tee aus 20 g getrockneter Blüten auf 1 l siedendes Wasser helfen. 10 min ziehen lassen, abseihen, drei Tassen täglich. Bei einer Sommergrippe helfen 30 g der blühenden Stängel und Blätter auf 1 l siedendes Wasser, die man 10 min ziehen lässt. Dreimal täglich eine Tasse trinken. Das wirkt schweißtreibend.

Verwendung 4

Im Salat oder roh direkt von der Pflanze genascht, erinnert der Geschmack an süße, saftige Gurken und ist sehr gut durstlöschend. Die Anspielung des deutschen Namens „Ochsenzunge“ (runzelig und rau) macht sich bei dieser Pflanze bemerkbar, wenn man sie alleine als Salat isst. Und es braucht dann sehr viel Salatsauce, um diesen „Pelz“ herunterzuschlucken! Es schmeckt jedoch hervorragend. Als Spinat gekocht erinnert die Ochsenzunge eher an Gurkensalat als an Spinat. Sehr gut passen dazu Brennnesselblätter im Verhältnis 1:1; dieses Gericht ist dann auf der Geschmacksskala ganz oben anzusiedeln.

Eine andere Variante kann es sein, die Pflanze zusammen mit Lauch zuerst leicht in etwas Salzwasser zu blanchieren und später in wenig Öl scharf anzubraten, um sie dann zusammen mit Reis zu essen.

Wer auf den Kriegspfad gehen will, kann aus der zerstoßenen Wurzel (Wurzelrinde) eine rote Farbe gewinnen, die sich als intensives Rouge benutzen lässt. Mit diesem Extrakt können auch die Haare gefärbt werden, ähnlich wie mit Henna. Wenn die Reise einmal wieder etwas länger dauert, können die leicht nach Moschus riechenden Blätter getrocknet als Duftkissen herhalten.

Gewöhnliche Ochsenzunge (*Anchusa officinalis*)

GB **Borage**
F **Bourrache officinale**
NL **Bernagie**
S **Gurkört**
SF **Purasruoho**

Borretsch

Borago officinalis

Raublattgewächse

Vorkommen
Südeuropa, heute ganz Europa.

Habitat
In Gärten, auf Schutthalden, verwildert, Ebene bis 2000 m.

Oft assoziiert mit folgenden essbaren Pflanzen
Beifuß, Bocksbart, Brennnessel, Disteln, Labkraut, Löwenzahn, Malve, Natternkopf, Ochsenzunge, Pastinak, Schafgarbe, Schlehe, Steinklee, Taubnessel, Vogelbeere, Wegerich, Wegwarte, Wermut, Wiesenknopf, Wilde Möhre.

Beschreibung
Einjährig. Mai bis September, 15–60 cm. Rauhaarig überzogen. Pflanzensaft nach Gurken riechend. Blätter eiförmig, zugespitzt, mehr oder weniger gebuchteter Rand, untere gestielt. Blüten leuchtend blau, bis 25 mm lang, in lockeren, beblätterten Blütenständen. Staubbeutel manchmal eine schwarz-violette, herausragende Säule bildend.

Verwechslungsmöglichkeiten
Mit anderen Raublattgewächsen wie Natternkopf oder Ochsenzunge. Diese werden genauso verwendet, eine Verwechslung wäre also unproblematisch.

Essbare Teile
Die Blüten und die jungen Blätter können in Salaten Verwendung finden. Auch als Suppengewürz eignet sich die Pflanze.

Sammeln
Die Pflanze ohne Wurzeln von Juni bis September.

Verwendung **4**

Die Blätter der Pflanze können zu einem guten „Gurkensalat“ angemacht werden. Man schneidet sie in schmale Streifen, etwas Öl, Essig, Pfeffer und Salz dazu. Fertig. Der „Pelzeffekt“ durch die rauen Pflanzenteile kann durch vermehrte Salatsauce wettgemacht werden.
Ein Presssaft hat die gleiche gurkenartige durstlöschende Wirkung wie der Salat, allerdings ohne den „Pelzeffekt“.
Als Suppe oder Gemüse können die in schmale Streifen geschnittenen Blätter alleine oder mit anderen Pflanzen zusammen gekocht werden. Der Geschmack erinnert an gurkiges Zucchinigemüse. Tipp: Besser nur 10 min kochen, da ein Zerkochen eine etwas matschige, schleimige Masse bewirkt.
Wie in einem Wok scharf für 2–3 min in etwas Öl angebraten und mit Pfeffer (Wasserpfeffer-Knöterich) gewürzt, ist Borretsch auf Reis oder Kartoffeln ein geschmacklicher Hochgenuss.
Im Bannockteig sollten nur die blauen Blüten untergemengt werden. Hier isst das Auge einmal ausnahmsweise mit. Bitte nur die blauen Kronblätter benutzen, sonst bleibt das Ganze durch die borstige Behaarung im Hals stecken! Die „gurkig“ schmeckenden anderen essbaren Pflanzenteile mag ich nicht besonders gerne. Geschmackssache.

Inhaltsstoffe
Schleimstoffe, Gerbstoffe, Harz, Saponin, Kaliumnitrat, Provitamin A, Vitamin C.

wasserausscheidend, blutreinigend, schweißtreibend
Die Verwendung der Pflanze als Salat reicht aus, um eine heilende Wirkung zu erzielen. Allerdings hilft ein Tee getrockneter Blätter gegen Kater, Depressionen und bei Stress. Zwei (vier) Teelöffel getrocknete (frische) Blätter aufbrühen, 10 min ziehen lassen.

Vorsicht
Es sollte darauf geachtet werden, dass die Kelchblätter nicht mit verwendet werden, da die kurzen borstigen Haare im Rachenraum extrem lästig werden.

Borretsch (*Borago officinalis*)

GB **Viper's Bugloss**
F **Vipérine**
NL **Slangekriud**
S **Blåeld**
SF **Piennarneidonkieli**

Natternkopf

Echium vulgare

Raublattgewächse

Vorkommen
Eurasien.

Habitat
Auf sonnigen Unkrautfluren, an Wegen, auf Dämmen, in Steinbrüchen, auf Felsfluren, Pionierpflanze, auch Salz liebend an Küsten, Ebene bis 1000 m.

Oft assoziiert mit folgenden essbaren Pflanzen
Beifuß, Borretsch, Brennnessel, Disteln, Fetthenne, Gänseblümchen, Labkraut, Löwenzahn, Malve, Mauerpfeffer, Ochsenzunge, Pastinak, Schafgarbe, Steinklee, Taubnessel, Wegerich, Wegwarte, Wermut, Wilde Möhre, Schlehe, Vogelbeere.

Verwendung 3

Die Natternkopfblüten werden aus dem Kelch gezupft, da dieser nicht mitverwendet werden sollte. Dieser ist einfach zu borstig und könnte im Halse stecken bleiben. Die Blüten und die Blätter werden klein gehackt und mit Öl, Essig, Pfeffer und Salz angemacht, schon ist der „Gurkensalat“ fertig.
Natternkopfblätter mit Gänseblümchen und Löwenzahn machen sich als Salat sehr gut zusammen. Und mit einer Senfsoße aus den Samen des Knoblauchrauke wird daraus ein wahres Erlebnis.
Die Blüten können ausgezupft und wie Kleeblüten als Süßteile unter den Salat gemischt werden oder als „Augenschmaus“ für die mit den ersten Früchten (Wald-Erdbeere, Himbeere) gefüllten Bannocks dienen.
Außerdem lassen sich die Blüten ohne Kelch in Zuckerwasser so lange einkochen, bis die Zuckermasse mit den Blüten sämig wird. Danach werden sie für einige Stunden auf einem Teller zum Aushärten liegen gelassen, und schon sind die Süßigkeiten fertig.

Beschreibung
Zweijährig. Mai bis Oktober, 25–100 cm. Bis 250 cm tief wurzelnd. Rau behaart. Blätter lineal-lanzettlich, einnervig, die oberen sitzend. Blüten erst rosa, dann leuchtend blau, bis 25 mm lang. Staubbeutel daraus hervorragend.

Verwechslungsmöglichkeiten
Mit anderen Raublattgewächsen wie Borretsch und Ochsenzunge, diese werden genauso verwendet, daher ist das völlig unproblematisch.

Essbare Teile
Die Blüten der Pflanze können kandiert oder in Salat geschnitten werden, die Blätter als Spinat.

Sammeln
Die Blätter vor der Blüte und die Blüten während der Blüte.

Inhaltsstoffe
Wahrscheinlich Pyrrolizidinalkaloide (Heliosupin, Consolidin).

wasserausscheidend, schweißtreibend, entzündungshemmend
Für diesen Ansatz sind besonders die Blätter in der Nähe der Wurzel geeignet. 40 g der getrockneten Blätter werden mit 1 l kochendem Wasser aufgesetzt. Glasweise nach Bedarf trinken.
Natternkopf, so die Überlieferung, hilft gegen Schlangenbisse und Skorpionstiche, indem die Samen in Wein ausgezogen werden. Leider gibt die Quelle kein Verhältnis von Wein und Samen an.

Vorsicht
Einige Quellen sprechen von Stoffen in der Pflanze, die bei Überdosierung Lähmungen ähnlich wie bei Curare hervorrufen sollen. Leider nennen diese Quellen keine Mengen, daher den Tee bzw. alle verwendeten Pflanzenteile nicht in größeren Mengen verwenden.

Natternkopf (*Echium vulgare*)

GB **Lungwort**
F **Pulmonaire officinale**
NL **Gevlekt longkruid**
S **Fläcklungört**
SF **Imikkä**

Geflecktes Lungenkraut

Pulmonaria officinalis

Raublattgewächse

Vorkommen
Europa.

Habitat
In Laubmischwäldern, Ebene bis 1300 m.

Oft assoziiert mit folgenden essbaren Pflanzen
Adlerfarn, Bärlauch, Birke, Blaubeere, Brennnessel, Buche, Eiche, Erz-Engelwurz, Giersch, Gundermann, Haselnuss, Himbeere, Holunder, Linde, Nadelbäume, Nelkenwurz, Primel, Salomonssiegel, Scharbockskraut, Schlehe, Teufelskralle, Vogelbeere, Wald-Erdbeere, Waldmeister.

Beschreibung
Staude. März bis Mai, 15–30 cm. Oben borstig behaart. Grundblätter herzförmig, weiß gefleckt. Blüten erst rot, dann dunkelviolett.

Verwechslungsmöglichkeiten
Mit anderen Raublattgewächsen, aber nicht zu der Jahreszeit! Mit anderen Lungenkräutern; dies ist jedoch unproblematisch, da sie alle gleich verwendet werden. Die Primel sieht von der Anordnung der Blüten ähnlich aus, daher auf die Blütenfarbe achten. Farbenblinde achten eher auf die Borsten, die der Primel fehlen!

Essbare Teile
Pflanze ohne Wurzel.

Sammeln
Blätter und Blüten über dem Boden abschneiden. Nicht ausreißen!

Inhaltsstoffe
Schleimstoffe, Allantoin, Flavonoide, Kieselsäure, Mineralstoffe, Provitamin A, Vitamin C.

magenwirksam, bei Husten, bci Halsschmerzen
Zwei Teelöffel des getrockneten Krautes (vier bei frischem) werden mit 1/4 l kochendem Wasser aufgebrüht, 10 min ausgezogen und abgeseiht. Dreimal täglich eine Tasse trinken oder als Halsschmerzmittel zum Gurgeln je nach Bedarf benutzen.

Verwendung **4**

Eine der ersten Pflanzen zusammen mit Scharbockskraut, Huflattich, März-Veilchen, Gänseblümchen, Primeln im Jahr; so sollte flugs ein Salat aus Lungenkraut mit dem sicherlich in der Nähe stehenden Milzkraut und Bärlauch mit etwas Essig, Öl, Salz und Pfeffer angemacht werden. Alleine genascht erinnert der Geschmack entfernt an süße, saftige Gurken und ist sehr gut durstlöschend. Allerdings sind die der Pflanze eigenen borstigen Haare typisch für Raublattwächse, so dass sie geschmacklich eher an einen durstlöschenden Teppich oder Pelz erinnert. Eine andere Variante ist es, das Lungenkraut zusammen mit Lauch in etwas Salzwasser und wenig Öl zu blanchieren und auf Reis zu essen. Nach kurzem Blanchieren und anschließendem scharfen Anbraten ist die Pflanze auch nicht zu verachten.

Man kann den gekochten Reis und die blanchierten Pflanzen vermischen, daraus Klopse formen oder Gemüsebratlinge machen, diese sofort genießen oder aber für den nächsten Tag als Wegzehrung mitnehmen.

Für mariniertes Lungenkraut wird dieses in ein großes Glas geschichtet und die bereits vorher für 10 min aufgekochte Marinade, bestehend aus 1 l Essig, 50 g Sirup, 50 g Salz, drei Esslöffeln Senfkörner (Knoblauchsraukensamen) und fünf Wacholderbeeren, darüber gegossen. Einige Tage stehen lassen und anschließend als „sauer Eingelegtes“ genießen.

Geflecktes Lungenkraut (*Pulmonaria officinalis*)

GB **Common Comfrey**
F **Consoude officinale**
NL **Gewone smeerwortel**
S **Äkta vallört**
SF **Rohtoraunioyrtti**

Arznei-Beinwell

Symphytum officinale

Raublattgewächse

Vorkommen
Ganz Europa.

Habitat
In Nasswiesen, an Ufern, in Moorwiesen, Auen- und Bruchwäldern. Ebene bis 1000 m.

Oft assoziiert mit folgenden essbaren Pflanzen
Bachbungen-Ehrenpreis, Birke, Blut-Weiderich, Brunnenkresse, Klee, Löwenzahn, Rohrkolben, Schafgarbe, Schilf, Schwanenblume, Sumpfdotterblume.

Beschreibung
Staude. Mai bis Juni, 30–100 cm. Blätter breit-lanzettlich, am Stängel herablaufend. Grundblätter am größten, über 30 cm lang. Stängel ästig, steif behaart, geflügelt wirkend. Eingerollte Blütenstände hellviolett bis gelblich weiß, glockig und nickend.

Verwechslungsmöglichkeiten
Mit anderen Raublattgewächsen, jedoch sind diese auch essbar. Wer nicht ganz sicher ist, einen nicht blühenden Beinwell erwischt zu haben, sollte besser immer auf die ersten Blüten warten! Denn es könnte auch ein nicht blühendes Exemplar des giftigen Roten Fingerhuts (*Digitalis purpurea*) sein. Junge Blatter ähneln sich!

Essbare Teile
Die jungen Sprosse, die Blätter.

Sammeln
Die Pflanze von März bis Herbst (Wurzel).

Inhaltsstoffe
Allantonin, Gerbstoffe, Flavonoide, Vitamin B_{12}, Schleim, Stärke, Pyrrolizidinalkaloide, Triterpene.

gegen Verstauchungen, Brüche, Zerrungen
Ein Tee wird aus 25 g der frischen Wurzel auf 1/4 l Wasser hergestellt, etwa 10 min aufkochen lassen. Mit der Flüssigkeit ein Tuch (Handtuch, Socke) tränken und als Umschlag an der betroffenen Stelle verwenden. Nicht trinken!

Verwendung 4

Die jungen Sprossen können wie Spargel gekocht, scharf in etwas Öl angebraten, blanchiert oder roh als Salat zubereitet werden. Roh ist die Pflanze aufgrund ihrer Zugehörigkeit zu den Raublattgewächsen allerdings leicht mit einen Stück Stoff, das nach Gurke schmeckt, zu verwechseln. Tipp: Mehr Salatsauce machen und etwas länger ziehen lassen.
Aus den jungen Blättern kann ein Gemüse gedünstet werden, das zusammen mit älterem Giersch hervorragend schmeckt, sofern es mit etwas Öl, Salz und Pfeffer abgeschmeckt wurde. Etwas weiter eingekocht wird es zu einem wunderbaren Mus. Gehackt und scharf in etwas Öl angebraten ist diese Pflanze allerdings auch nicht zu verachten. Erinnert an gebratene Gurken, entfernt zucchiniartig. Sollte man die Möglichkeit besitzen, einen schönen dünnflüssigen Teig herzustellen, können die Beinwellblätter durch diesen gezogen und anschließend kross gebraten werden. Das ergibt Tempura, ein portugiesisch-japanisches Gericht mit weichem Kern und harter Kruste.
Die Größe der Blätter fordert es geradezu heraus, daraus Rouladen herzustellen. Füllung? Vollkommen egal. Hackfleisch oder eine vegetarische Kräutermischung aus der Gegend! Da diese Pflanze oft und gerne in Wassernähe wächst, sollte über eine Füllung mit Hechtfilets nachgedacht werden! Geradezu göttlich! Aal und Karpfen eignen sich dagegen eher nichz als Füllung.

Arznei-Beinwell (*Symphytum officinale*)

GB **Brooklime**
F **Cresson-de-cheval**
NL **Beekpunge**
S **Bäckveronika**
SF **Ojatädyke**

Bachbungen-Ehrenpreis

Veronica beccabunga

Rachenblütler

Vorkommen
Eurasien, in Skandinavien fehlend.

Habitat
In Gräben, Bächen, langsam fließenden Gewässern und Quellfluren bis teilweise 2 m unter Wasser (f. *submersa*), Gebirge bis 1860 m.

Oft assoziiert mit folgenden essbaren Pflanzen
Birke, Blut-Weiderich, Brunnenkresse, Buche, Gundermann, Günsel, Haselnuss, Klee, Löwenzahn, Milzkraut, Primeln, Schafgarbe, Scharbockskraut, Schilf, Schwanenblume, Sumpfdotterblume, Teufelskralle, Wasserkresse, Wasserlinse.

Verwendung 3

Die frischen Blätter und der Stängel können zerhackt in Salat mit vorzugsweise im gleichen Habitat wachsender Brunnenkresse und Bucheckern des letzten Jahres gemischt werden.
Vermust als Belag auf einem Bannock macht sich diese eher bittere Aufstrichvariante zusammen mit Salz und Pfeffer und etwas Öl recht gut. Der Geschmack ist mehr oder weniger bitter und/oder scharf und an Kresse erinnernd.
Der obligatorische Salzhering oder Matjes im Frühling, unter gehackter Brunnenkresse oder Bachbungen-Ehrenpreis versteckt, zusammen mit Frühkartoffeln lässt das Herz höher schlagen und die „Zwiebelfahne" nicht ganz so schlimm erscheinen.
Als Gemüse gekocht schmeckt der Bachbungen-Ehrenpreis bitter und sollte nicht allein verwendet werden, Löwenzahn und Wegerichkolben passen sehr gut dazu.
Aus gehacktem Bachbungen-Ehrenpreis und Eiern kann man ein hervorragendes Omelett braten, das mit einem Bannock genügend füllend wirkt.

Beschreibung
Mehrjährige Staude. Mai bis September, 20–60 cm. Blätter elliptisch bis kreisrundlich gestielt. Stängel fleischig, kahl, kriechend oder auch aufrecht. Blüten himmelblau gefärbt, in lockeren, gegenständigen, gestielten Trauben in den Winkeln der oberen Blätter.
Gauchheil-Ehrenpreis (*Veronica anagallis-aquatica*): Einjährig. Mai bis August, 15–50 cm. Ähnlich, im gleichen Habitat lebend, teilweise flutend. Zusätzlich auch in anderen Erdteilen, in gemäßigten Zonen bis 880 m. Blätter ungestielt, leicht gezähnt. Blüten himmelblau bis blassviolett, rötlich geädert.

Verwechslungsmöglichkeiten
Mit anderen Ehrenpreisarten, auf das Habitat Wasser achten!

Essbare Teile
Die ganze Pflanze ohne Wurzel. Der Geschmack ist mehr oder weniger bitter (meistens mehr).

Sammeln
Blätter und blühende Sprossspitzen zu Beginn der Blütezeit, im Schatten zur späteren Wiederbelebung trocknen oder sofort im Salat verarbeiten.

Inhaltsstoffe
Gerbstoff, Glykosid (Aucubin), Flavonoide, insgesamt wenig untersucht.

blutreinigend, harntreibend, stimulierend, Haut
Gegen Hautflechten und zum Reinigen der Haut kann ein Absud des Bachbungen-Ehrenpreis angesetzt werden. Dazu werden 50 g der Pflanze auf 1 l kaltes Wasser gegeben und zugedeckt 10 min köcheln lassen, so dass etwa 75 % der Flüssigkeit verdampft. Anschließend vor dem Abseihen 15 min ziehen lassen, einen Lappen in den „Tee" tunken und warm auf die Haut legen.

Bachbungen-Ehrenpreis (*Veronica beccabunga*)

GB **Pyramidal Bugle**
F **Bugle**
NL **Piramide zenegroen**
S **Blasuga**
SF **Kartioakankaali**

Pyramiden-Günsel

Ajuga pyramidalis

Lippenblütlern

Vorkommen
Nordeuropa, außer im hohen Norden.

Habitat
An Wegen, in artenreichen Wäldern, auf feuchten Wiesen, in Gebüschen, auf Rasen und Heiden. Ebene bis 2200 m.

Oft assoziiert mit folgenden essbaren Pflanzen
Bachbungen-Ehrenpreis, Bärlauch, Birke, Blaubeere, Brennnessel, Brombeere, Buche, Eiche, Erz-Engelwurz, Giersch, Gundermann, Haselnuss, Himbeere, Holunder, Löwenzahn, Nadelbäume, Nelkenwurz, Pfeilkraut, Rohrkolben, Salomonssiegel, Sauerampfer, Scharbockskraut, Schilf, Schlehe, Schwanenblume, Teichlinse, Vogelbeere, Wald-Erdbeere, Waldmeister, Wegerich, Weidenröschen, Wiesen-Schaumkraut.

Verwendung 2

Die jungen Triebe und Blätter können zusammen mit Öl, Essig, Salz und Pfeffer alleine als Rohkostsalat angemacht werden. Besonders toll ist diese Pflanze einzeln aber gewiss nicht. Sie schmeckt chicoréeartig, bitter, scharf, pilzig – eher unangenehm.
Besser gelingt ein Salat zusammen mit sicherlich in der Nähe zu findendem Löwenzahn, Wegerich, Sauer-Ampfer und anderen Pflanzen.
Zerhackter Günsel macht sich besser, wenn er in einem Omelett verarbeitet wird. Vermust und genügend gewürzt kann er auch als Bannock oder Brotaufstrich herhalten – zur Not jedenfalls.
Leicht blanchiert kann Günsel alleine auf Reis gegessen werden, aber als Delikatesse würde ich diese Pflanzen nicht bezeichnen.
Nur sehr wenig der frischen gehackten Blätter (10 g) auf etwa 100 g Bannock-Teig geben dem Brotklops eine erträgliche Note.

Beschreibung
Staude. April bis Juli, 7–30 cm. Blätter verkehrt-eiförmig, schwach gekerbt, untere gestielt. Meist viereckige Stängel und/oder wurzelnde Ausläufer, kriechend. Stängel oben stärker behaart. Blüten blau bis violett, seltener rosa oder gelegentlich auch weiß.
Kriech-Günsel (*Ajuga reptans*): Staude. Juni bis Juli, 7–20 cm. Lange überirdische Ausläufer. Kriech-Günsel ist genau so zu verwenden wie Pyramiden-Günsel.

Verwechslungsmöglichkeiten
Mit Gundermann (Seite 166); das ist unproblematisch, da diese Art auch essbar ist. Charakteristisch für Günsel ist der viereckige Stängel.

Essbare Teile
Die jungen Sprosse und auch die Ausläufer, weiterhin können die Blätter in Salaten verwendet werden. Der Geschmack ist muffig bis bitter.

Sammeln
Die jungen Sprosse sollten vor der Blüte (April bis Juni) gesammelt und frisch verwendet werden. Für den Tee kann die ganze Pflanze während der gesamtem Wachstumsperiode ohne Wurzeln benutzt werden.

Inhaltsstoffe
Gerbstoff, Saponin, Cholin, Glykoside, Mineralsalze.

wundheilend, adstringierend, Mundwasser
Werden rohe, zerstoßene Blätter auf eine offene Wunde gelegt, lindern sie den Schmerz und beschleunigen die Heilung. Als Gurgelwasser hilft ein Auszug aus 12 g getrockneter Pflanze, 6 h ziehen lassen. Danach je nach Bedarf zum Gurgeln verwenden.

Pyramiden-Günsel (*Ajuga pyramidalis*)

GB **Ground Ivy**
F **Gléchome faux lierre**
NL **Hondsdraf**
S **Jordrev**
SF **Maahumala**

Gundermann

Glechoma hederacea

Lippenblütler

Vorkommen
Nordeuropa, Nordasien, Nordamerika.
Habitat
Auf Wiesen, in Wäldern, an Wegrändern, Ufern, Wald- und Heckenrändern, Ebene bis Gebirge bis 1380 m.
Oft assoziiert mit folgenden essbaren Pflanzen
Augentrost, Bachbungen-Ehrenpreis, Bärlauch, Engelwurz, Giersch, Gundermann, Günsel, Knoblauchsrauke, Linde, Nelkenwurz, Salomonssiegel, Sauerklee, Waldmeister, Weg-Rauke, Weißdorn, Wiesenknopf.
Beschreibung
Staude. März bis Juni, 10–15 cm. Formenreich. Kriechend. Bisweilen rötlich überlaufen. Blätter gestielt, rundlich, nierenförmig, an den Seiten gekerbt. Blüten hellblau bis hellviolett.

Verwechslungsmöglichkeiten
Mit Taubnessel (Seite 62), Günsel (Seite 164) und der Braunelle (Seite 168), aber da diese auch essbar sind, stellt das nur ein geschmackliches Problem dar. Weiterhin mit Thymian, Oregano und Minze, die charakteristisch riechen. Allerdings ist die Polei-Minze (*Mentha pulegium*) leicht giftig. Ihre Blätter sind eiförmig-elliptisch, die des Gundermann rundlich!
Essbare Teile
Die jungen Blätter und die gesamte Pflanze ohne Wurzel. Roh ist der Geschmack eher scharf bis minzig, je nach Standort.
Sammeln
Die (blühende) Pflanze (ohne Wurzeln) kann während der gesamten Wachszeit gesammelt und sofort frisch oder getrocknet verwendet werden. Die beste Zeit ist allerdings im Frühling vor der Blüte.

Verwendung **5**

Der obligatorische Frühlingssalat im März besteht aus Gundermann, Schafgarbe, Brunnenkresse, Gänseblümchen, Brennnessel, Löwenzahn, Scharbockskraut, Birkenblättern, der ersten Pressung neuen Olivenöls, Meersalz und grob gemahlenem, frischem Szechuan-Pfeffer. Das ist einfach herrlich!
Nur zusammen mit Löwenzahn ist der Salat nicht minder gut und viel einfacher zusammenzustellen. Olivenöl, Pfeffer und Salz tun es dann selbstverständlich auch.
Die Pflanze wird als Spinat zubereitet, indem man sie nach dem Sammeln wäscht und grob schneidet. Danach wird sie 10–20 min eingekocht und entsprechend gewürzt. Der Geschmack erinnert nur entfernt an Spinat und hat eine heuartige Note mit minziger, leicht scharfer Grundierung.
Der volkstümliche Name aus dem „Dreißigjährigen Krieg" (1618–48) – „Soldatenpetersilie" – kennzeichnet die wahre Bestimmung dieser Pflanze: Würze umsonst! So animiert dieser minzige, leicht scharfe Geschmack dazu, die klein geschnittenen Blätter auf ein Butterbrot oder mit Quark zu essen, Schnaps (sehr gut!) oder was auch immer damit zu würzen. Die dabei verwendete Menge ist proportional zur Geschmacksintensität.
Aus dieser Zeit stammt dann wohl auch das Rezept von Hildegard von Bingen, die die Pflanze als Heilkraut empfiehlt: „... zum Baden im Gundermannsud, wenn der Mensch infolge fleischlicher Begierde und Unenthaltsamkeit aussätzig wird" – wirkt allerdings nicht immer und erst recht nicht auf langen Reisen.
Allerdings ist das „heiße Bad" auch als „Pfefferminztee" sehr wohlschmeckend.

Gundermann (*Glechoma hederacea*)

Inhaltsstoffe
ätherische Öle, Bitterstoffe, Gerbstoffe, Kohlenhydrate, Kalium, Vitamin C, Saponin.
magenwirksam, harntreibend, blutreinigend, schleimlösend

Zwei Teelöffel mit 1/4 l Wasser überbrühen, 5 min ziehen lassen, abseihen, zwei Tassen pro Tag. Gegen Entzündungen der Luftwege kann auch mit Gundermanntee inhaliert werden (100 g Pflanze auf 1 l siedendes Wasser).

GB **Selfheal**
F **Prunelle commune**
NL **Gewone brunel**
S **Brunört**
SF **Niittyhumala**

Braunelle

Prunella vulgaris

Lippenblütler

Vorkommen
Weltweit.
Habitat
Auf Parkrasen, Fettweiden, Moorwiesen, an Ufern, auf Waldwegen, Ebene bis 2200 m.
Oft assoziiert mit folgenden essbaren Pflanzen
Augentrost, Birke, Buche, Fichte, Frauenmantel, Gänseblümchen,Gänse-Fingerkraut, Gundermann, Günsel, Huflattich, Kerbel, Klee, Labkraut, Laucharten, Löwenzahn, Nelkenwurz, Sauer-Ampfer, Taubnessel, Wegerich, Weißdorn, Wiesen-Schaumkraut.
Beschreibung
Staude. Juni bis September, 10–20 cm (30 cm). Kriechend. Blätter länglich-eiförmig, leicht kerbig-gezähnt, untere gestielt. Blüten in Scheinähren, blauviolett, selten rötlich oder weiß.

Verwendung 4

Hervorragend eignet sich diese Pflanze zusammen mit Löwenzahn, Wegerich, Sauer-Ampfer und Gänseblümchen als Frühlingssalat angemacht.
Fisch kann in einem Sud aus Braunelle, Huflattich, Sauer-Ampfer und Wegerich gegart werden, desgleichen wird daraus gern eine Füllung für Fisch bereitet. Bei einer Füllung sollte der Fisch mit kleinen, angespitzten Stöckchen verschlossen werden, damit diese nicht beim Wenden herausfällt.
Zusammen mit Salz, Pfeffer und etwas Öl kann die Pflanze vermust als Bannockaufstrich herhalten.
Fein zerhackt und unter den Teig geknetet, gibt diese Pflanze dem Bannock eine eigene Note. Tipp: Kurz vorher aufkochen (1 min), dann fügt diese sich besser in den Teig ein.

Verwechslungsmöglichkeiten
Die Braunelle wird gelegentlich mit Gundermann (Seite 166) und/oder Günsel (Seite 164) verwechselt. Dies ist unproblematisch, da beide ebenfalls essbar sind.
Essbare Teile
Die ganze junge Pflanze ohne Wurzeln und die Triebe als Salat.
Sammeln
Die ganze Pflanze ohne Wurzeln (Mai bis Oktober).

Inhaltsstoffe
Bitterstoffe, Gerbstoffe, Harze, Provitamin A, Vitamin C.
leberanregend, Hals-, Mundentzündungen, Zahnfleischbluten
Die Pflanze als Salat gegessen regt die Lebertätigkeit an. Eine Zubereitung als Tee hilft bei Halsentzündungen und Zahnfleischbluten, indem mit dem Tee bzw. Absud gegurgelt wird. 50 g der getrockneten Pflanze auf 1 l siedendes Wasser, 5 min ziehen lassen und abseihen. Mit der Flüssigkeit viermal täglich gurgeln, jedoch nicht trinken.

Blühende Pflanze

Braunelle (*Prunella vulgaris*)

GB **Bluebell**
F **Campanule**
NL **Klokje**
S **Blåklockor**
SF **Kissankello**

Glockenblume

Campanula sp.

Glockenblumengewächse

Vorkommen
Mitteleuropa.

Habitat
Auf mageren Wiesen, Halbtrockenrasen, an Böschungen, Wegrainen, Waldrändern, Ebene bis 1000 m.

Oft assoziiert mit folgenden essbaren Pflanzen
Bärlauch und andere Laucharten, Braunelle, Brombeere, Disteln, Fetthenne, Himbeere, Holunder, Klee, Labkraut, Löwenzahn, Margerite, Mauerpfeffer, Nadelbäume, Nelkenwurz, Oregano, Pestwurz, Rosenrot, Sauer-Ampfer, Schafgarbe, Thymian, Wald-Erdbeere, Wegerich, Wiesenknopf, Wilder Majoran, Wilde Möhre.

Beschreibung
Staude. Mai bis September, 10–80 cm. Blätter ungeteilt, wechselständig. Kronblätter oft glockenförmig zusammengewachsen, fünfzipflig. Hier sind die hellblau bis blauvioletten Arten gemeint.

Verwechslungsmöglichkeiten
Mit blau blühenden Enzianarten.

Essbare Teile
Aus der ganzen Pflanze ohne Wurzeln kann ein wohlschmeckender Salat zubereitet werden. Die Wurzel kann ebenfalls gegessen werden.

Sammeln
Die Wurzel und die Blätter können zwischen Mai und August (September) gesammelt werden. Frisch verwenden. Das Ernten der Wurzel ist wieder einmal viel Arbeit, da sie ausgegraben werden muss. Einfach aus dem Boden ziehen funktioniert leider nicht, denn sonst reißen sie ab. Man braucht Geduld beim späteren Waschen, es lohnt sich aber.

Verwendung 4

Die Wurzeln wurden von den nordamerikanischen Ureinwohnern bei Mattigkeit gekaut. Der Geschmack ähnelt dem der Zuckererbse und ist erfrischend, die Mattigkeit blieb bei mir allerdings weiterhin bestehen.

Die Blätter (und die Stängel) ergeben eine ausgezeichnete Salatzutat, allerdings verlieren sich die relativ winzigen Blätter einiger Glockenblumenarten im Gewirr des Salats.

Die Wurzeln, die je nach Art recht filigran (Rundblättrige Glockenblume, *Campanula rotundifolia*) oder „möhriger“ (Rapunzel-Glockenblume, *Campanula rapunculus*) sind, können süß-sauer eingelegt oder gekocht unter den Salat oder unter anderes Wurzelgemüse (wie das der Wilden Möhre) gemischt werden. Der Geschmack nach Zuckererbsen ist toll, aber teilweise mit viel Arbeit verbunden!

Inhaltsstoffe
Inulin, Vitamin C.

Glockenblumen

Glockenblumen weisen ganz typische Blüten auf.

GB **Black Rampion**
F **Raiponce noire**
NL **Zwartblauwe rapunzel**
S **Blårapunkel**
SF **Tummatähkämunkki**

Teufelskralle

Phyteuma nigrum

Glockenblumengewächse

Vorkommen
Nordhalbkugel.

Habitat
Auf Bergwiesen, in Laubmisch- oder Nadelwäldern an und in Gebüschen, Wäldern, Schlägen. Ebene 1400, *Phyteuma spicatum* bis 2200 m.

Verwendung 2

Die Wurzel ist manchmal sehr scharf und kann roh oder getrocknet geknabbert werden, am besten schmeckt sie allerdings frisch gewaschen (eventuell geschält) und leicht in Öl angedünstet oder in Scheiben geschnitten und in Öl angebraten.
Tipp: Sollte sie zu alt erscheinen, kann sie vor dem Braten etwa 10 min aufgekocht werden.
Die holzige Wurzel kann zur Not auch noch geraspelt und nach Trocknung wie ein Mehl verwendet oder gekocht und als Möhrengemüse gegessen werden.
Ein „Spinat“ aus den jungen Blättern gekocht schmeckt etwas bitter, ist dafür aber in 10 min fertig.
Die jungen, frischen Blätter sollten mit der meistens in der Nähe wachsenden Kresse und dem Bachbungen-Ehrenpreis sowie mit den frisch sauer schmeckenden Buchenblättern zusammen mit Essig, Öl, Salz und Pfeffer für einen Frühlingssalat angemacht werden.
Die Wurzel könnte dann gedünstet der Nachtisch sein. Das nahe Gewässer enthält vielleicht den einen oder anderen Fisch, Krebse oder Muscheln.
Tipp: Süßwasserfische, -muscheln und -krebse nie ungekocht essen (Bandwürmer!). Da in Deutschland das Angeln ohne Schein nicht erlaubt ist, sollten die geltenden Gesetze zur Kenntnis genommen werden!

Oft assoziiert mit folgenden essbaren Pflanzen
Adlerfarn, Bärlauch, Birke, Blaubeere, Brennnessel, Buche, Eiche, Erz-Engelwurz, Giersch, Gundermann, Haselnuss, Himbeere, Holunder, Linde, Nadelbäume, Nelkenwurz, Primel, Salomonssiegel, Scharbockskraut, Schlehe, Vogelbeere, Wald-Erdbeere, Waldmeister, Weidenröschen.

Beschreibung
Staude. Mai bis August, 20–50 cm. Grundblätter eiförmig, einfach gekerbt. Stängelblätter keilförmig verschmälert. Hüllblätter lineal, kürzer als Blütenkopf. Stängel fast kahl, unverzweigt. Blüten violettschwarz, bei der Ährigen Teufelskralle (*Phyteuma spicatum*) weißlich.

Verwechslungsmöglichkeiten
Keine.

Essbare Teile
Die Blätter sowie die möhrenförmige Wurzel.

Sammeln
Die Blätter bis zur Blüte im Frühjahr und die Wurzel im Herbst oder zur Not von Frühjahr bis in den Herbst. Die Wurzel wird am besten ausgegraben, da sonst die Pflanze beim Herausziehen abreißt.

Inhaltsstoffe
Bisher nicht bekannt.

Gesamtpflanze

Teufelskralle (*Phyteuma nigrum*)

GB **Chicory**
F **Chicorée sauvage**
NL **Wilde cichorei**
S **Cikoria**
SF **Sikuri**

Wegwarte

Cichorium intybus

Korbblütler

Vorkommen
In gemäßigten Zonen heute weltweit.

Habitat
In Unkraut- und Trittgesellschaften, an Wegrändern, Schuttstellen, in Äckern, Brachen, auch Salz ertragende Pionierpflanze, Kulturbegleiter. Ebene bis 900 m.

Oft assoziiert mit folgenden essbaren Pflanzen
Braunelle, Brennnessel, Gänseblümchen, Gänse-Fingerkraut, Giersch, Huflattich, Klee, Labkraut, Löwenzahn, Margerite, Natternkopf, Pastinak, Sauer-Ampfer, Schafgarbe, Schlehe, Wegerich, Wilde Möhre, Winterkresse.

Beschreibung
Staude. Juni bis September, 30–150 cm. Untere Blätter buchtig-fiederlappig, obere lanzettlich. Stängel steif, verzweigt, ohne Milchsaft. Blütenstände in einem beblätterten, ährenförmigen Gesamtblütenstand, hellblau, 2,5–4 cm groß, nur morgens zwischen 6 und 11 Uhr geöffnet.

Verwechslungsmöglichkeiten
Mit dem Milchlattich (*Cicerbita* sp.), doch sind seine Blüten eher dunkelblau bis violett gefärbt, und das Habitat sind eher die Gebirge, Dünen und sandige Flusstäler. Dort wächst die Wegwarte allerdings ebenfalls.

Essbare Teile
Die jungen Knospen, die Blätter, die Keimlinge und die Wurzeln.

Sammeln
Die Blätter werden am besten von Juni bis September vor der Blüte gesammelt, die Wurzel im Herbst, die dann gereinigt und halbiert zum Trocknen ausgelegt wird. Die noch nicht geöffneten Blüten (Knospen) entsprechend vor der Blüte.

Inhaltsstoffe
Eisen, Kalzium, Kupfer, Inulin, den Bitterstoff Intybin, Glykoside, Kautschuk, Fettsubstanzen, Eiweiß, Mineralsalze, Vitamine B, C, P, K, Aminosäuren, Kohlenhydrate.

magenwirksam, leberwirksam, gallenwirksam, blutreinigend, blutzuckersenkend
Einen Teelöffel eines Blüten-, Blätter-, Wurzelgemisches (oder auch je einzeln) kalt mit Wasser ansetzen und zum Sieden bringen. Einmal aufwallen lassen. Davon drei bis vier Tassen über den Tag verteilt trinken.

Verwendung 5

Die jungen Blätter schmecken im Salat und auf oder im Bannock phantastisch, jedoch werden sie mit zunehmenden Alter sehr schnell sehr bitter. Vor dem Verzehr kurz aufkochen hilft oft, aber leider nicht immer.
Das Mehl der gerösteten Wurzel dient seit der Kontinentalsperre Napoleons immer wieder in Kriegs- und Notzeiten als Kaffee-Ersatz (Zichorienkaffee). In einem Kriegstagebuch aus dem Jahr 1722 wird ein Hofgärtner Timme in Thüringen als Erfinder genannt. Die Wurzel wird zerkleinert, getrocknet und gemahlen.
Die jungen Blätter werden in schmale Streifen geschnitten und in Öl, Salz und Pfeffer leicht angedünstet. Schon fertig. Etwas bitter ist es schon!
Die jungen Knospen können mariniert werden (Marinade Seite 17).
Die Wurzeln besitzen einen weißen, sehr bitter schmeckenden Milchsaft, doch nach dem Auslaugen (1–2 h) des Bitterstoffs in Wasser können die Wurzeln gekocht als Gemüse gegessen werden.
Junge Blätter und Triebe werden etwa 15 min gekocht, vermust und zusammen mit eingeweichten Körnern (Müsli) in Öl anbraten. Das ist geradezu die geschmackliche Erleuchtung.

Wegwarte (*Cichorium intybus*)

GB **Hop**
F **Houblon grimpant**
NL **Hop**
S **Humle**
SF **Humulat**

Hopfen

Humulus lupulus

Hanfgewächse

Vorkommen
Eurasien.
Habitat
Häufig in Auenwäldern, an Waldrändern, im Gebüsch, Ebene bis 1500 m.
Oft assoziiert mit folgenden essbaren Pflanzen
Birke, Brennnessel, Brombeere, Buche, Eberesche, Engelwurz, Gänse-Fingerkraut, Himbeere, Holunder, Linde, Löwenzahn, Nelkenwurz, Sauer-Ampfer, Sauerklee, Schlehe, Sumpfdotterblume, Vogelbeere, Wegerich.
Beschreibung
Staude. Mai bis September, 2–6 m. Blätter tief handförmig, drei- bis siebenlappig, grob gesägt. Stängel bis zu 6 m lang, windend, rau behaart. Männliche Blüten gründlich, in Büscheln, weibliche auf anderen Pflanzen, kätzchenähnlich.
Verwechslungsmöglichkeiten
Keine.
Essbare Teile
Die jungen Sprosse und die Wurzeln.
Sammeln
Die jungen Triebe können bis Mai geerntet werden. Die Kätzchen werden im Septem-

Verwendung 4

Die sehr jungen Stängelspitzen werden mit anderen Kräutern zu einem Salat zubereitet, indem man sie in kurze Stückchen schneidet. Wenn sie schon etwas älter und somit hart sind können sie für etwa 5 min weicher gekocht werden.
Als Gemüse eingekocht werden sie in bis zu 5 cm lange Stücke geschnitten und alleine als eine Art „Spargel" zubereitet; oder kürzer geschnitten zusammen mit anderen Errungenschaften als Frühlingseintopf oder Kräutersuppe.
Hopfensprossen in ca. 5 cm lange Stücke schneiden und in Salzwasser ca. 10 min kochen, dann zusammen mit Maipilzen leicht in Öl anbraten, pfeffern! Das schmeckt umwerfend.
Hopfensprosse wie Spargel ausstechen und auch genau wie Spargel zubereiten; also eventuell schälen, wenn die Schale schon zu hart ist, und für 5–10 min aufkochen. Das Kochwasser dient als Basis für die nächste Suppe. Ohne Bechamelsoße und Butter schmecken diese zarten Sprossspitzen, indem man sie mit Pfeffer, Salz und etwas Öl anmacht. Eventuell noch Essig oder Zitrone dazu tun.
Die Wurzeln werden gewaschen und/oder geschält, entsprechend klein geschnitten und weich gekocht bzw. gebraten und als Hauptgericht serviert. Pfeffer und Salz reichen aus.
Die Wurzeln werden in Stückchen geschnitten und zusammen mit eingeweichten Körnern oder Müsli und Sauer-Ampfer-Blättern etwa 20 min eingekocht und als Gemüsegericht gegessen. Würzen muss nicht unbedingt sein, da der Eigengeschmack und die saure Ampferbeilage ausreichen.
Selbstverständlich kann Hopfen auch im Bier zu sich genommen werden. Nur die reifen weiblichen Kätzchen werden für das Bierbrauen benötigt.

Vorsicht

Die Pflanze gehört nicht umsonst zu den Hanfgewächsen, geraucht hat sie eine ähnliche Wirkung wie Cannabis, jedoch auch mit möglichen Nebenwirkungen. Die Verwendung der Pflanze kann Allergien hervorrufen. Außerdem kann man vom „Gebrauch" der Pflanze Kopfschmerzen bekommen.

Hopfen (*Humulus lupulus*)

ber gesammelt. Geruch stark aromatisch, Geschmack eher bitter.

Inhaltsstoffe
Ätherische Öle, Bitterstoffe (Lupulon, Humulon), Gerbstoffe, Cholin, Harzsubstanzen, Mineralstoffe, Flavonoide.

magenwirksam, entkrampfend, Schlaflosigkeit, beruhigend, harntreibend, antibakteriell
Zwei Teelöffel der Kätzchen (weibliche Pflanze) mit 1/4 l kochendem Wasser überbrühen, 15 min ziehen lassen, zwei Tassen pro Tag.

GB **Common Nettle**
F **Ortie dioïque**
NL **Grote brandnetel**
S **Brännässla**
SF **Nokkonen**

Große Brennnessel

Urtica dioica

Brennnesselgewächse

Verwendung 5

Die Blätter ergeben eine hervorragende Salatbeimengung zusammen mit Löwenzahn und Birkenblättern. Die Blätter zuvor abbrühen.
Tipp: Kochen, trocknen oder Wasser zerstört die Brennhaare!
In Suppen oder als Spinat zubereitet sind Brennnesseln ein extrem nahrhaftes und schmackhaftes Gemüse.
Die jungen 15 cm langen Triebe werden etwa 10 min gekocht, gehackt und mit etwas Öl und Lauch gedünstet. Mit Salz und Pfeffer verfeinern. Schmeckt wie (d)herber Spargel.
Natürlich können die Blätter, kurz in Öl blanchiert, in Bannocks eingebacken werden. Die schmecken dann einfach nur göttlich.
Brennnesseln mit Eiern als Omelett sind auch nicht zu verachten. Die Brennnesseln werden dann zuerst 3–4 min im heißen Öl angebraten, bevor die Eier dazukommen.
Zerkleinerte Brennesselblätter in Schichten mit Salz (50 g Salz/kg) eingelegt halten sich lange und können zu Reis oder als Beilage zu den hier im Buch beschriebenen „Gourmet-Highlights“ gegessen werden.
Tipp: Fisch kann mit Brennnesseln umwickelt werden, damit er nicht so schnell verdirbt (ähnlich wie Rainfarn, Seite 108).
In Schweden wurden die Wurzeln früher (vor 1790) in Wasser gekocht, um mit dem entstandenen Absud zu Ostern Eier goldgelb zu färben. Funktioniert immer noch, auch das ganze Jahr über.
Vor der Einführung der Baumwollstoffe wurden die Brennnesselfasern zur Herstellung von sehr grobem Nesseltuch benutzt.

Vorkommen
Nordeurasien.

Habitat
An Wegen, auf Schuttplätzen, im Umkreis dörflicher Siedlungen, an Gräben und Zäunen, an Waldsäumen, auf Wiesen, ursprünglich Ufersaum- und Auenlichtungspflanze, Ebene bis 2400 m.

Oft assoziiert mit folgenden essbaren Pflanzen
Bärlauch, Birke, Blaubeere, Buche, Eiche, Erz-Engelwurz, Giersch, Gundermann, Haselnuss, Himbeere, Holunder, Linde, Nadelbäume, Nelkenwurz, Salomonssiegel, Scharbockskraut, Schlehe, Vogelbeere, Wald-Erdbeere, Waldmeister, Weidenröschen.

Beschreibung
Staude. Juni bis September, 60–150 cm. „Brennhaare“. Blätter eiförmig länglich, gesägt, gegenständig, dunkelgrün. Blüten grüngelb, kätzchenartig hängend.

Verwechslungsmöglichkeiten
Keine.

Essbare Teile
Junge Blätter, Sprosse und Früchte.

Sammeln
Die jungen Sprosse und Blätter sollten von Mai bis August gesammelt werden. Die ganze Pflanze über dem Boden abschneiden und unter Wasser waschen, so werden die histaminhaltigen Brennhaare zerstört. Sind Handschuhe vorhanden, die

Vorsicht
Bei (Mit-)Verwendung der Früchte sollten nicht zu große Mengen genommen werden, da der Genuss laut einigen Quellen angeblich nicht immer ganz harmlos sein soll. Das wird allerdings ziemlich kontrovers diskutiert. Auch wird in diesem Zusammenhang mehr und mehr von einem „Kräftigungsmittel für alte Männer“ gesprochen!

Brennnesseln

Blätter einfach vom Stängel streifen und unter Wasser waschen. Die Wurzel als Heilmittel oder Färbemittel gräbt man im Frühjahr oder Herbst aus, säubert und trocknet sie. Für Tee die gesamte Pflanze zerkleinern.

Tipp: Beim „Verbrennen" durch die Nessel hilft der Saft des meist in der Nähe wachsenden Spitz-Wegerichs gegen die Quaddeln. Einfach zwischen zwei Fingern zerreiben und auf die rote Stelle schmieren.

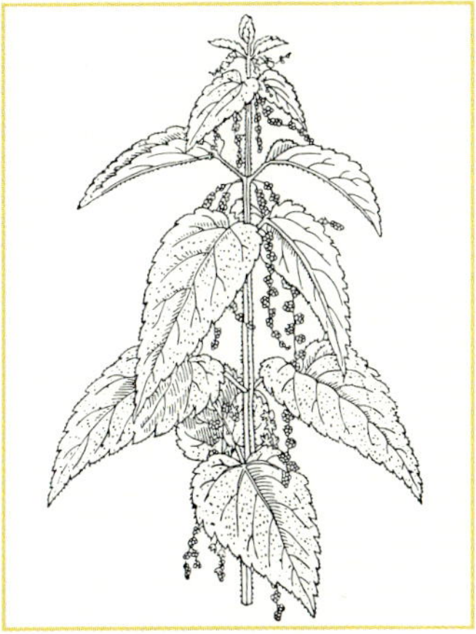

Große Brennnessel (*Urtica dioica*)

Inhaltsstoffe

Flavonoide, Acetylcholin, relativ hoher Chlorophyll -, Vitamin C- und Eisengehalt, Gerbstoffe, Mineralsalze (Magnesium!), Provitamin A, Sterole, Sterylglucoside, in den Brennhaaren Histamin.

harntreibend, verdauungsfördernd, blutreinigend

Zwei Teelöffel der Teemischung (Blätter und Wurzel) mit 1/4 l kochendem Wasser übergießen, 5 min kochen, abseihen. Zwei Tassen morgens und abends über sechs Wochen.

GB **Lady's mantle**
F **Alchémille**
NL **Vrouwenmantel**
S **Kåpa**
SF **Laidunpoimulehti**

Frauenmantel

Alchemilla sp.

Rosengewächse

Vorkommen
Fast in ganz Europa.

Verwendung 5
Einen frischen Salat kann man aus Frauenmantelblätter zusammen mit Bärlauch, Löwenzahn, Wiesenknopf, Wiesen-Schaumkraut sowie Öl, Essig, Salz und Pfeffer anmachen. Damit die steifen Blätter zarter werden, kann man sie mit kochendem Wasser überbrühen. Das Ganze wird dann aber auch etwas labberiger! Besser ist da schon das alt bewährte Mittel, nämlich sehr dünne Streifen zu schneiden.
Als gedünstetes „Gemüse" werden die klein geschnittenen Blätter zusammen mit Brennnesseln, Sauer-Ampfer, Bärlauch (oder anderen Pflanzen, die in der Nähe wachsen) mit ein bis zwei Esslöffeln Öl, Wasser und Salz entweder 5 min aufgekocht oder 2–3 min sehr scharf angebraten. Schmeckt herrlich auf Reis oder vorgedünstet und eingeknetet im Bannock.
Tipp: Eine häufig zu beobachtende Erscheinung am Frauenmantel sind die Wassertropfen, die man morgens an den Blätter findet. Sie entstehen durch Guttation, also durch das aktive Abscheiden von Wasser aus der Pflanze durch bestimmte Leitbahnen. Die Wassertropfen waren einst von den Alchimisten für die Herstellung des „Himmlischen Wassers" geschätzt, das sie, neben anderen Bestandteilen, auf ihrer Suche nach dem Stein der Weisen gebrauchten. Abgesehen davon können die Tropfen getrunken werden, wenn einem der nahe Bach nicht sauber genug erscheint.
In der Renaissance glaubte man, der Frauenmantel könnte die Jungfräulichkeit zurückbringen.

Habitat
Auf Wiesen, an Wegen, an Waldrändern, Ebene bis 2600 m.

Oft assoziiert mit folgenden essbaren Pflanzen
Augentrost, Beifuß, Bocksbart, Braunelle, Disteln, Früh blühende Margerite, Gänseblümchen, Glockenblume, Klee, Löwenzahn, Pastinak, Sauer-Ampfer, Schafgarbe, Wegerich, Wiesenknopf, Wiesen-Knöterich, Wiesen-Schaumkraut.

Beschreibung
Staude. Mai bis September, 3–30 cm. Sehr formenreich. Meist behaart. Blätter handförmig gelappt, beiderseits grün, untere lang gestielt, obere am Stängel sitzend. Blüten grüngelb, nur 3–5 mm groß, in lockeren Knäueln, ohne Kronblätter, Staubblätter gelb.

Verwechslungsmöglichkeiten
Mit dem Alpen-Frauenmantel (*Alchemilla alpina*), welcher unterseits silbergrau behaart ist und genauso verwendet werden kann.

Essbare Teile
Die frischen Blätter. Geschmack säuerlich herb.

Sammeln
Das nicht blühende sowie das blühende Kraut oder die Blätter allein von Frühling bis Sommer.

Inhaltsstoffe
Organische Säuren, Gerbstoffe, Fettsubstanzen, Harz, Saponin, Kohlenhydrate.

magenwirksam, hustenlösend, entkrampfend, Blutreinigungskur und zur Wundbehandlung
Ein Teelöffel getrocknetes Frauenmantelkraut wird mit 1/4 l kaltem Wasser übergossen und bis zum Sieden erhitzt, 10–15 min ziehen lassen, abseihen. Eine bis drei Tassen täglich. Dieser Tee kann auch zur Wundauswaschung benutzt werden.

Blühender Frauenmantel

Blätter mit Guttationstropfen („Himmlisches Wasser“)

GB **Garden Angelica**
F **Angélique**
NL **Grote engelwortel**
S **Kvanne**
SF **Meriputki**

Arznei-Engelwurz

Angelica archangelica

Doldenblütler

Vorkommen
Nordeuropa, Nordasien, Nord- und Ostseeküste.

Habitat
An Gräben, Ufern, in feuchten, nassen Wiesen, Wäldern und Mooren, Salz liebend an Küsten, Ebene bis 3000 m.

Oft assoziiert mit folgenden essbaren Pflanzen
Birke, Braunelle, Brennnessel, Brombeere, Disteln, Eberesche, Feldsalat, Frauenmantel, Glockenblume, Löwenzahn, Nadelbäume, Nelkenwurz, Preiselbeere, Sauer-Ampfer, Sauerklee, Sumpfdotterblume, Thymian, Wald-Engelwurz, Wegerich, Weidenröschen.

Beschreibung
Staude. Juni bis August, 100–250 cm. Formenreich. Sehr charakteristischer, aromatischer Geruch. Bis 100 cm tief wurzelnd. Blätter drei- bis mehrfach gefiedert, oft rot überlaufen. Blattstängel rundlich oder oval. Stängel scharfkantig gefurcht. Blütenstände mit charakteristischer Kugelform. Blüten grünlich.

Verwechslungsmöglichkeiten
Pflanzen dieser Art werden besser nicht mit dem sehr giftigen Wasserschierling (*Cicuta virosa*, Seite 39) verwechselt. Der Wasserschierling ist weißblütig, sein Blattstängel rautenartig oder eckig. Die Blätter selbst sind lanzettlich. Die Wald-Engelwurz (*Angelica sylvestris*) sieht ähnlich aus, eine Verwechslung ist unproblematisch, da sie genauso verwendet werden kann wie die Arznei-Engelwurz.

Essbare Teile
Die Pflanze duftet sehr aromatisch nach Moschus und kann vollständig als Nahrungsmittel verwertet werden, also Wurzeln, Stängel, Blätter, Samen und Früchte.

Sammeln
Die Wurzel ist am besten im Herbst oder Frühling auszugraben. Sie wird dann mit

Verwendung **5**

Die Früchte verleihen dem schwedischen Tunn Bröd (dünnes Fladenbrot, Bannock) ein ausgezeichnetes, typisches Engelwurz-Aroma. Sie können aber selbstverständlich auch in anderen eigenen „Brotwaren" oder als Gewürz zu Fleisch verwendet werden.
Die Wurzeln und der Stängel ohne die derbe Haut sind roh gezuckert oder gekocht verzehrt ein unvergleichliches „Obst" (Rhabarber) oder Gemüse. Die Blätter können sogar als Spinat gekocht oder mit Obst eingekocht werden.
Eine wahre Delikatesse sind die noch nicht aufgegangenen, dicken Knospen, die roh, in Salzwasser gekocht, angebraten oder kandiert serviert werden.
Der Saft der Pflanze ist gelb-grünlich und teilweise dermaßen scharf, dass die Pflanze schwer als essbar vorstellbar ist – aber sie ist es! Schon ein Esslöffel des gehackten Stängels oder der Blätter geben dem Essen das charakteristische Aroma, das man nie mehr vergisst.
Die Samen enthalten ein Öl, das in alkoholischen Getränken (z.B. Gin, Wermut) Verwendung findet. Einen süffigen Likör erhält man, indem man etwa 40 g der frischen Stängel fünf Tage in 1 l Schnaps, Rotwein oder Rentiermilch einlegt.

Vorsicht

Der Saft der Pflanze kann Hautreizungen hervorrufen.
Die Verwendung der Pflanze in großen Mengen ist nicht immer ganz harmlos, da die ätherischen Öle auf das zentrale Nervensystem wirken und die Cumarine eine phototoxische Reaktion hervorrufen können (Lichtüberempfindlichkeit, Hautreaktion).

Arznei-Angelika (*Angelica archangelica*)

einer Bürste gereinigt, aufgespleißt und an der Luft getrocknet oder gleich frisch zubereitet. Die Blätter erntet man am besten im Mai oder Juni. Die Früchte nach der vollständigen Reife von Juni bis August.

Inhaltsstoffe
Ätherische Öle (hauptsächlich Phellandren), Cumarin, Fruchtsäuren, Bitterstoffe (Sesquiterpene), Harz, Wachs, Kohlenhydrate, Pektin, Vitamin C, Eiweiß.
magenwirksam, harntreibend, hustenlösend, entkrampfend
Generell hilft die Pflanze als Lebensmittel genutzt oder als Tee zubereitet als entgiftendes Heilkraut gegen Erkältungen und bei Hautinfektionen. Ein Tee der getrockneten Blätter (Mai bis Juni) hilft bei Magen-Darm-Problemen sowie bei Rheuma und Husten (auswurffördernd). Zwei Teelöffel der zerkleinerten, getrockneten Wurzel werden auf 1/4 l Wasser für 10 h kalt angesetzt und dann kurz aufgekocht. Drei Tassen täglich. Die getrocknete Hauptwurzel, eingelegt in Branntwein, stärkt die Leber und den Kreislauf. Dazu werden 40 g der Wurzeln acht Tage lang auf 1 l Rotwein oder Branntwein angesetzt, ein kleines Glas vor jeder Mahlzeit.

Guter Heinrich

Chenopodium bonus-henricus

Gänsefußgewächse

GB **Good King Henry**
F **Chénopode bon-henri**
NL **Brave hendrik**
S **Lungrot**
SF **Hyvänheikinsavikka**

Exemplarisch für alle genießbaren Gänsefuß- (*Chenopodium* sp.) und Meldearten (*Atriplex* sp.)

Vorkommen
Subatlantisch, mediterran.

Habitat
An Siedlungen, Straßen, Wegen, Zäunen, auf Höfen, Kulturpflanze, Ebene bis Gebirge 2200 m.

Oft assoziiert mit folgenden essbaren Pflanzen
Beifuß, Brennnessel, Disteln, Gänseblümchen, Gänsedistel, Giersch, Gundermann, Huflattich, Klee, Klette, Knoblauchsrauke, Löwenzahn, Malve, Nachtkerze, Natternkopf, Pastinak, Sauer-Ampfer, Schafgarbe, Taubnessel, Vogelmiere, Wegerich, Weidenröschen, Wermut, Wilde Möhre, Ziest.

Beschreibung
Staude. Juni bis August, 15–60 cm. Blätter wechselständig, ganzrandig, bis über 10 cm groß, jung mehlig bestaubt, dreieckig, spießförmig. Blüten grünlich, in fast blattlosen Scheinähren.

Verwechslungsmöglichkeiten
Mit anderen Gänsefuß- und Meldearten. Jedoch sind diese für den Laien ohne entsprechende Literatur (Rothmaler, Oberdorfer, s. Seite 12) sehr schwer zu unterscheiden. Die Blätter aller Gänsefuß- und Meldearten können als der „klassische Spinat“ verwendet werden. Die Strand-Melde (*Atriplex littoralis*) schmeckt salzig, also vorher nicht zu sehr salzen.
Tipp: Die ungenießbaren Melde- und Gänsefußarten riechen widerlich, teilweise nach Heringslake, wenn man die Blätter zwischen den Fingern reibt.

Essbare Teile
Die jungen, eisenhaltigen Blätter können als Spinat, Suppe oder Salat zubereitet werden. Die Sprosse und Ähren werden ebenfalls als Gemüse (Spargel) gegessen. Die Samen können zu Mehl gemahlen werden.

Sammeln
Die ganze Pflanze von Mai bis August.

Inhaltsstoffe
Saponine, Mineralsalz (Eisen), Vitamin C.

blutreinigend, abführend
Der Verzehr reicht aus.

Vorsicht
Bei Gicht und Nierenleiden diese Pflanze besser meiden.

Verwendung **5**

Die Pflanze ist auch als „Wilder Spinat“ bekannt und wurde früher oft in Siedlungen kultiviert, wo sie noch heute häufig gefunden wird. Deshalb sollte diese Pflanze auch genauso wie Spinat zubereitet werden. Die Blätter werden gepflückt, gewaschen, eventuell klein geschnitten und mit etwas Öl, Salz, Pfeffer und Lauch geköchelt. „Spinat“ kann alleine, mit Kartoffeln oder anderen Wurzelknollen und mit Spiegeleiern gegessen werden.
Gänsefußblätter, Lauch, Sauer-Ampfer, Gundermann und Gänseblümchen als Salat mit Öl, Essig, Salz und Pfeffer anmachen, und schon befindet man sich im geschmacklichen Labyrinth.
Fisch schmeckt hervorragend, wenn er mit einer Kreation von Gänsefuß-, Huflattich-, Wegerichblättern und Gundermann gedünstet wird. Oder man richtet zum Fisch ein Stängelmus an. Dazu Stängel sammeln, waschen, klein schneiden, kochen, würzen und zerstampfen.
Die Samen aller genießbaren Arten können gemahlen und wie Mehl benutzt werden. Bannocks backen und mit komplizierten Füllungen versehen funktioniert mit dem Mehl tatsächlich auch.

Guter Heinrich (*Chenopodium bonus-henricus*)

GB **Glasswort**
F **Salicorne d'Europe**
NL **Kortarige zeekraal**
S **Glasört**
SF **Suolayrtti**

Queller

Salicornia europea

Gänsefußgewächse

Vorkommen
Schlickböden, Meeresküsten, Nordamerika, Eurasien.

Verwendung **5**

Zusammen mit einer simplen Salatsauce aus Balsamico-Essig, frischem Olivenöl, Meersalz und frischem, grob gemahlenem, gemischtem Pfeffer macht sich junger Queller als knackiger „Gemüsesalat" hervorragend.
In einschlägigen Delikatessläden wird diese Blütenpflanze als Algensalat für ca. 4 €/100 g angeboten. Der schmeckt nicht minder schlecht, ist bloß leider kein Algensalat!
Die gesamte Pflanze kann im Frühling frei weg vom Watt mit oder ohne Salzkruste (Salzausblühungen) roh gegessen werden.
Direkt in der Pfanne mit Olivenöl oder Butter als „Spargel" angebraten oder 10 min in Salzwasser gekocht ist der Geschmack nicht minder schlecht.
Zusammen mit frisch gefangenem Fisch und einem Salat aus den meistens in der Nähe assoziierten Pflanzen ist dies ein phantastisches Mahl komplett aus der Natur.
Tipp: Wenn die Pflanze schon zu alt und die „Außenhaut" zu hart ist, kann man das weiche Fleisch aus der Pflanze saugen, oder man zieht sie einfach durch die Zähne, wobei das weiche Fleisch im Mund bleibt. Üben!
Diese Pflanze lässt sich auch hervorragend sauer einlegen (Marinade Seite 17)!
Queller mit dem Rest des filetieren Fischs (Gräten) und dem vielleicht in der Nähe wachsenden Löwenzahn(wurzeln), Strand-Dreizack und Strand-Wegerich sollte unbedingt in einer Fischsuppe Verwendung finden.

Habitat
Queller ist ein Erstbesiedler offener Salzschlickböden an Nord- und Ostsee im Überflutungsbereich, auch an Salzstellen des Binnenlandes.

Oft assoziiert mit folgenden essbaren Pflanzen
Erz-Engelwurz, Gänse-Fingerkraut, Kali-Salzkraut, Klee, Kümmel(kohl), Löffelkraut, Löwenzahn, Rohrkolben, Schilf, Strand-Dreizack, Strand-Wegerich, Sumpfdotterblume. Eventuell (angespülte) Algen wie Meersalat (*Ulva* sp., *Enteromorpha* sp.), Rotalgen (*Porphyra* sp.), Zuckertang (*Laminaria* sp.).

Beschreibung
Einjährig. August bis Oktober, 5–30 cm. Formenreich. Dickfleischig, sehr vielgestaltig, armleuchterartig verzweigt. Je nach Jahreszeit grün, graugrün, rot oder gelblich. Keine Blätter in eigentlichem Sinne. Blüten unscheinbar an der Pflanze, Schuppen oder winzigen Kugeln ähnlich. Pflanze sieht eher wie ein Kaktus aus. Blüten winzig und grünlich.

Verwechslungsmöglichkeiten
Keine.

Essbare Teile
Der Stängel und die Blätter. Die Samen sind gemahlen als Mehlersatz zu nutzen.

Sammeln
Die Pflanze kann ganzjährig geerntet werden und sollte über dem „Boden" abgeschnitten werden, da sonst Schlick mitgerissen wird. Und den muss man dann wieder mühsam abwaschen. Die verholzten Wurzeln sind nicht zu genießen. An der Pflanze können bei Hitze so genannte Salzausblühungen (eine weiße Kruste) auftreten. Diese sollten abgewaschen werden, da es reines Meersalz ist. Abgekratzt dient es als Würzsalz. Die winzigen Samen können im Herbst von der Pflanze abgestreift werden.

Zwei Quellerpflanzen, vorne eine ältere, hinten eine junge

Junge Pflanzen sind grün, ältere schmutzig rot. Beide schmecken aber gleich!

Inhaltsstoffe
Mineralstoffe, in der Asche verstärkt Natriumkarbonat.

harntreibend, magenwirksam
Die Asche ist gut gegen Sodbrennen zu gebrauchen. Dazu gibt man eine Messerspitze der Asche auf ein Glas Wasser (Soda = Natriumkarbonat) und trinkt dieses aus.

GB **Prickly Saltwort**
F **Saude brûlée**
NL **Loogkruid**
S **Sodaört**
SF **Otakilokki**

Kali-Salzkraut

Salsola kali

Gänsefußgewächse

Vorkommen
Europa, USA.

Habitat
Pionierpflanze auf Sandböden, in Unkrautfluren und am Spülsaum der Küsten, Salz liebend.

Oft assoziiert mit folgenden essbaren Pflanzen
Erz-Engelwurz, Gänse-Fingerkraut, Kali-Salzkraut, Klee, Kümmel(kohl), Löffelkraut, Löwenzahn, Rohrkolben, Schilf, Strand-Dreizack, Strand-Wegerich, Sumpfdotterblume. Eventuell (angespülte) Algen wie Meersalat (*Ulva* sp., *Enteromorpha* sp.), Rotalgen (*Porphyra* sp.), Zuckertang (*Laminaria* sp.)

Beschreibung
Einjährig. Juli bis Oktober, 5–60 cm. Formenreich. Sehr vielgestaltig, oft ausgebreitet ästig, behaart oder kahl. Blätter pfriemlich, sitzend, fleischig, an der Spitze meist dornig. Blüten grünlich, meist einzeln in den Blattachseln sitzend.

Verwechslungsmöglichkeiten
Mit Dornmelde (*Bassia hirsuta*), Strand-Sode (*Suaeda maritima*) und Großblättrigem Wanzensamen (*Corispermum leptopterum*). Erkennungszeichen des Kali-Salzkrauts sind die stacheligen Verhärtungen an den Blattspitzen und den Blütenhüllblättern.

Essbare Teile
Die jungen, mineralreichen Triebe oder das ganze Kraut ohne Wurzeln.

Sammeln
Im Juni/Juli am besten (bis September) über dem Boden abschneiden. Auf die dornenähnlichen Blattspitzen achten. Wenn sie zu hart sind, sollten sie vor dem Kochen entfernt werden! Am einfachsten gelingt dies mit einer Schere.

Inhaltsstoffe
Proteine, Carotin, Provitamin A, Phosphor, Kalzium.

Verwendung **5**

Die jungen Triebe werden mit Vinaigrette als Salat gegessen, zusammen mit Queller und Meersalat (*Ulva* sp.) in der Nähe macht sich das ausgezeichnet. Wenn die Pflanze schon etwas älter ist, sollten die harten Spitzen der Blätter vorzugsweise mit einer Schere abgeschnitten werden, da diese sonst im Hals stecken bleiben könnten.
Für Spinat lässt man die Pflanze etwa 10 min köcheln und isst sie dann mit einer gebratenen Scholle. Das schmeckt geradezu unwirklich gut.
Mit dem Salzkraut kann natürlich auch ein Fisch gefüllt werden. Dazu wird das Kraut zunächst kurz abgebrüht, damit es sich besser in die Bauchhöhle des Fisches stopfen lässt. Dieser wird dann mit kleinen Holzstückchen verschlossen.
Verbrannt dient die Pflanzenasche als Soda (Natriumkarbonat), das zum Backen oder bei nervösem Magen hilft.

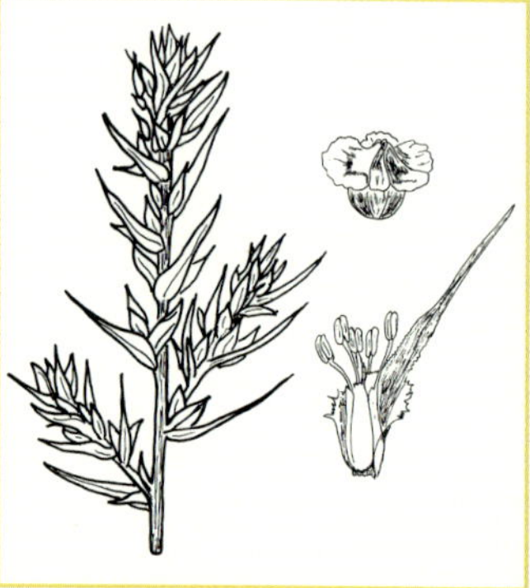

Blütenstand, aufgeschnittene Blüte mit fünf Staubgefäßen sowie „fast reife Blüte" mit Samen (oben)

Kali-Salzkraut (*Salsola kali*)

GB **Water Pepper**
F **Renouée poivre d'eau**
NL **Waterpeper**
S **Bitterpilört**
SF **Katkeratatar**

Wasserpfeffer-Knöterich

Persicaria hydropiper

Knöterichgewächse

Vorkommen
Weltweit, Ebene bis Gebirge bis 1130 m.

Habitat
In Schlamm- und Unkrautfluren, an Gräben, Ufern, auf feuchten, nassen Wiesen und Wegen.

Oft assoziiert mit folgenden essbaren Pflanzen
Bachbungen-Ehrenpreis, Birke, Blut-Weiderich, Brunnenkresse, Klee, Löwenzahn, Rohrkolben, Schafgarbe, Schilf, Schwanenblume, Sumpfdotterblume, Wasserlinse.

Beschreibung
Einjährig. Juni bis September, 25–60 cm. Blätter wechselständig, am Grund charakteristische, Stängel umgebende, tütenförmige Scheide (Ochrea). Blätter lanzettlich, Ochrea der oberen Blätter fast unbehaart. Blüten grün bis rötlich, in lockeren Blütenständen.

Verwechslungsmöglichkeiten
Mit anderen Knötericharten wie beispielsweise dem Windenknöterich (*Fallopia convolvulus*), der nicht diesen scharfen Geschmack aufweist. Daher immer den pfefferartigen scharfen Geschmack beachten, den alle Pflanzenteile beim Zerkauen auf der Zunge hinterlassen.

Essbare Teile
Die ganze Pflanze ohne Wurzel, die reifen Samen können getrocknet und zerpulvert als ausgezeichneter Pfefferersatz genutzt werden.

Blütenstand, Blütenknospe und aufgeschnittene Blüte

Sammeln
Kraut der Pflanze möglichst frisch (Sommer) im Schatten trocknen.

Verwendung 4

Diese Pflanze dient als Pfefferersatz, und somit können sämtliche frischen, zerkleinerten Teile der Pflanze als frischer Pfeffer verwendet werden. Oder man sammelt später im Jahr die Samen und bewahrt diese getrocknet als Pfeffer auf. Auch die frische, noch samenlose Pflanze lässt sich trocknen, zermahlen und als Pfefferersatz benutzen.

Inhaltsstoffe
Gerbstoffe, Gallussäure, Flavonglykoside, ätherische Öle, Eisen.

blutreinigend, blutgerinnend, hautreizend, harntreibend
Für einen Tee einen Teelöffel getrockneten Wasserpfeffer-Knöterich mit 1/4 l kochendem Wasser übergießen, 10 min ziehen lassen und dann abseihen. Eine bis zwei Tassen pro Tag.
Bei Verkühlungen und Rheuma das frische, zerstampfte Kraut auf die schmerzende Stelle legen, die sofort heiß wird.

Vorsicht
Bei innerlicher Anwendung als Tee die Dosierung beachten.

Wasserpfeffer-Knöterich (*Persicaria hydropiper*)

GB **Ribwort Plantain**
F **Plantain lancéolé**
NL **Smalle weegbree**
S **Svartkämpar**
SF **Heinäratamo**

Spitz-Wegerich

Plantago lanceolata

Wegerichgewächse

Verwendung 5

Alle Wegericharten sind in Mischsalaten zu verwenden oder sogar alleine. Dabei gilt: Je feiner die Blätter nach dem Waschen geschnitten werden, desto höher ist der Genuss, da sie oft hart und zäh sind.

Spitz-Wegerich aus hohem Gras ist nicht ganz so bitter und erheblich zarter, außerdem entfällt hier auch aufwändiges Waschen.

Strand-Wegerichblätter und Fruchtstände (aller Arten) sind in Öl leicht oder scharf angebraten eine Delikatesse, auf Reis oder zu Fisch, und sie haben einen herrlichen nussigen oder pilzigen Geschmack.

Wegerichblütenstände können nach kurzem Aufkochen auch in Essig als „saures Gemüse" eingelegt werden, welches später dann auf Reis einfach hervorragend schmeckt.

Natürlich können die Blätter und Fruchtstände (ohne Stängel und vor dem Aufblühen) aller Arten gedünstet als Gemüse zubereitet werden.

Ein erfrischendes, bitteres Getränk bekommt man durch das Zermörsern der frischen Blätter; mit Wasser verdünnen bzw. auffüllen.

Ein Sirup wird hergestellt, indem die Blätter abwechselnd mit Zucker in ein Glas geschichtet werden und dieses dann etwa sechs bis acht Wochen dunkel und kühl vor sich hin gären kann. Danach kurz erhitzen und abseihen. Der Geschmack ist karamellartig, fruchtig, herrlich.

Nach Abziehen der zähen unterseitigen Fäden, ähnlich wie bei Bohnen, können mit den zermörserten Blättern Brote bestrichen werden, zusammen mit Lauch oder Bärlauch geradezu die Erleuchtung.

Vorkommen

Weltweit.

Habitat

Auf Fettwiesen, -weiden, Parkrasen, an Wegen, in Äckern, Küste bis 2340 m, Pionierpflanze auch im Binnenland auf Salz-, Gips- oder Mergelböden, sonst an Küsten.

Oft assoziiert mit folgenden essbaren Pflanzen

Gänseblümchen, Gundermann, Günsel, Klee, Löwenzahn, Queller, Strand-Dreizack, Wiesen-Kümmel, Wiesen-Schaumkraut und allen anderen hier im Buch genannten Arten.

Beschreibung

Staude. Mai bis September, 10–50 cm. Blättern meist parallelnervig, in Grundrosette stehend, breit elliptisch (Breit-Wegerich), lanzettlich (Spitz-Wegerich) oder lineal fleischig (Strand-Wegerich). Blüten klein, in dichten, walzenartigen Ähren oder Köpfchen (aus denen die Staubbeutel hervorragen) auf langen blattlosen Stielen. Staubbeutel gelb, Krone bräunlich.

Verwechslungsmöglichkeiten

Strand-Wegerich wird oft mit dem Strand-Dreizack (*Triglochin maritimum*) verwechselt (Seite 242). Das ist unproblematisch, da dieser ebenfalls essbar ist. Unterscheidungsmerkmal: Wenn man die Wegerichblätter an der Basis abreißt, hängen die Blattnerven als Fäden heraus, beim Strand-Dreizack nicht.

Essbare Teile

Alle Wegericharten! Die möglichst frischen Blätter als Salat, Presssaft oder als Gemüse. Die noch nicht aufgeblüten Blütenstände aller Arten. Der Geschmack der Blätter ist je nach Alter und Jahreszeit mehr oder weniger bitter bis würzig, die der Fruchtstände eher pilzig.

Sammeln

Wegericharten können das ganze Jahr geerntet werden. Am besten sind jedoch

Strand-Wegerich (*Plantago maritima*)

die frischen Blätter vor der Blütezeit im Frühling. Die Fruchtstände sollten vor dem Aufblühen geerntet werden. Die Samen nach der Reife.

Inhaltsstoffe
Schleim, Bitterstoffe, Flavonoide, Kieselsäure, Glykosid (Aucubin), Gerbstoffe, Mineralstoffe.

Insektenstiche, Schwellungen, Augen, Verstauchung
Aufgelegte zerquetschte Wegerichblätter helfen gegen Insektenstiche, Schwellungen und Juckreiz.
Der Tee als Waschlotion hilft auch gegen Bindehautentzündung. Die Samen enthalten einen Schleim, der in Wasser enorm quillt. So erhält man ein kühlendes Gel, welches schmerzlindernd wirkt – das hilft auf Stirn und Schläfen gelegt sogar auch gegen einen grausamen Kater.

Spitz-Wegerich (*Plantago lanceolata*)

GB **Greater Duckweed**
F **Spirodèle à plusieurs racines**
NL **Veelwortelig kroos**
S **Stor andmat**
SF **Isolimaska**

Teichlinse

Spirodela polyrhiza

Wasserlinsengewächse

Vorkommen
Nordhalbkugel, circumpolar.

Habitat
Auf langsam fließenden oder geschützten, nährstoffreichen Gewässern, Altgewässern, Buchten, Küste, leicht Salz liebend bis 600 m.

Oft assoziiert mit folgenden essbaren Pflanzen
Bachbungen-Ehrenpreis, Birke, Blut-Weiderich, Brunnenkresse, Gundermann, Günsel, Klee, Löwenzahn, Pfeilkraut, Schafgarbe, Schilf, Schwanenblume, Sumpfdotterblume, Wasserlinse.

Beschreibung
Staude. Mai bis Juli, 0,01–0,1 cm. Blattspreiten klein, schwimmend, unter Wasser, aber nicht im Grund wurzelnd, linsenförmig, auf der Wasseroberfläche oft grüne Decken bildend, abgeflacht mit mehreren weißen, kurzen, in das Wasser hängenden Wurzeln. Blüten meistens fehlend. Manchmal unterseits rötlich.

Verwechslungsmöglichkeiten
Mit der Wasserlinse (*Lemna* sp.), die gleich genutzt werden kann, und mit dem Algenfarn (*Azolla filiculoides*), der jedoch schuppig, größer und oberseits später im Jahr rot bis rotbraun überlaufen ist.

Essbare Teile
Die gesamte Pflanze. Der Geschmack ist eher wässrig, wie es teilweise vom Blattsalat bekannt ist. Manchmal auch etwas nussig oder moorig, je nach Gewässer.

Sammeln
Die Linsen werden einfach von der Wasseroberfläche gesammelt, gewaschen und sofort weiterverwendet.

Inhaltsstoffe
Eiweiße, Fett, Zellulose, Mineralstoffe.

Verwendung 4

Die Teichlinse, die oft und immer noch gern in teilweise riesigen Mengen auf geeigneten Gewässern entsprechender Qualität vorkommt, kann mit etwas Öl, Salz, Pfeffer und einer Gabel zu einer Paste verarbeitet werden. Diese dient als Bannockaufstrich oder Kartoffelbeilage. Das Ganze mit Pinienkernen oder/und Lauch oder Knoblauch vermust und mit Öl, Pfeffer, etwas Thymian oder Oregano und Salz abgeschmeckt, steht dem Originalpesto in kaum etwas nach.

Ein einfacher Salat kann aus Wasserlinsen, Sauer-Ampfer, Löwenzahn, Lauch und was sich sonst noch um das Gewässer befindet kreiert werden.

Als Gemüse gekocht und entsprechend gewürzt füllt sie jeden Topf und Magen, da teilweise Unmengen von ihr vorhanden sind.

Tipp: Da es sich in der europäischen Kulturlandschaft bei stehenden und langsam fließenden Gewässern (oligotroph bis eutroph) meist um Gewässer nicht gerade hoher Qualität handelt, hat es sich bewährt, die Teichlinsen vor dem Benutzen aureichend lange zu wässern, um moorige oder humose Stoffe abzuwaschen.

Da mit dem Vorhandensein vor Leberegeln, besonders in der Nähe von Viehweiden, gerechnet werden kann, sollte das Ganze kurz mit kochendem Wasser abgebrüht oder gleich verkocht werden. Betrachte man jedoch die Inhaltsstoffe, so lohnt sich der Aufwand allemal.

Vorsicht

Diese Art Pflanzen akkumuliert Schadstoffe wie Schwermetalle und Pflanzenvernichtungsmittel aus verunreinigten Gewässern. Auf die Gewässergüte und Leberegel achten und nie aus Straßenentwässerungsgräben verwenden!

Teichlinse (*Spirodela polyrhiza*)

GB **Conifer**
F **Conifère**
NL **Naaldboom**
S **Barrväxter**
SF **Havupuu**

Nadelbäume

Fichte, Weiß-Tanne, Kiefer

Kieferngewächse

Fichte (*Picea abies*)
Vorkommen
Nördliche Halbkugel.
Habitat
Bestandsbildend in höheren Lagen, Pionierpflanze auf Magerweiden, Ebene bis 1900 m.
Beschreibung
Nadelbaum. April bis Mai, bis 60 m. Bis zu 300 Jahre alt. Flachwurzler. Kerzengerade wachsend, spitz zulaufende Krone. Äste quirlständig. Nadeln auf kleinen, braunen, verlängerten Nadelkissen der Zweige. Männliche, zunächst rötliche Blüten über ganze Krone verteilt, walzenförmig, 1,5 –3 cm lang. Hängende Zäpfchen,

Fichte (*Picea abies*)

nur im Wipfelbereich 2–5 cm lang, aufrecht, sonst hängend 10–16 cm lang, im Ganzen vom Baum abfallend (September bis Oktober).

Weiß-Tanne (*Abies alba*)
Habitat
Bestandsbildend eher in Osteuropa, Pionierpflanze auch auf Dünen, Ebene bis 2000 m.
Beschreibung
Nadelbaum. April bis Mai, bis 60 m. Bis zu 600 Jahre alt. Tiefwurzler. Kerzengerade wachsend, später abgeflachte Krone.

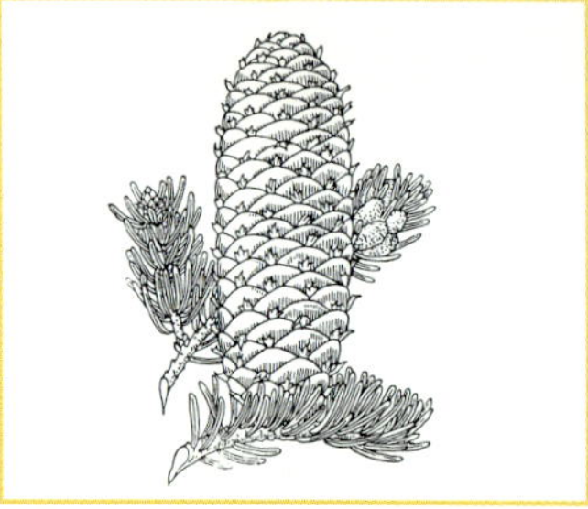

Weiß-Tanne (*Abies alba*)

Triebe graubraun behaart. Knospen eiförmig, nicht harzend. Nadeln mit scheibenförmiger Basis am Zweig, unterseits zwei weiße Längsstreifen. Männliche Blüten 2–3 cm lang, walzenförmig, gelblich, Zapfen aufrecht, 10–15 cm lang, am Baum zerfallend, Zapfenspindel zurücklassend.

Kiefer (*Pinus sylvestris*)
Habitat
Bestandsbildend in höheren Lagen, Pionierpflanze auf Magerweiden, Ebene bis 1900 m.
Beschreibung
Nadelbaum. April bis Mai, bis 40 m. Bis zu 300 Jahre alt. Flachwurzler. Vielgestaltig, unregelmäßig grobastig wachsend. Nadeln paarweise an Kurztrieben, 3–7 cm lang. Männliche Blüten dicht gedrängt am Grunde diesjähriger Langtriebe, walzenförmig, 5–8 cm, gelblich. Weibliche Blütenzäpfchen aufrecht, einzeln oder zu zweit endständig, bis 5 mm lang, dunkelrot oder violett. Zapfen eiförmig, 3–7 cm lang. Samen fallen aus dem am Zweig sitzenden Zapfen, der später selbst abfällt.

Oft assoziiert mit folgenden essbaren Pflanzen
Åkerbeere, Bärentraube, Birke, Blaubeere,

Brennnessel, Brombeere, Eberesche, Himbeere, Holunder, Linde, Moltebeere, Moosbeere, Nelkenwurz, Preiselbeere, Sauer-Ampfer, Sauerklee, Sumpfdotterblume, Wald-Engelwurz, Weidenröschen, Ziest.

Verwechslungsmöglichkeiten

Mit anderen Nadelbäumen. Die Eibe (*Taxus baccata*) ist sehr giftig. Ihre Nadeln sind glatt glänzend und weich im Gegensatz zu den vorher genannten, außerdem hat sie einen roten Samenmantel und keine Zapfen. Der Wacholder (*Juniperus communis*) hat blauschwarze Zapfen (Früchte) (Seite 198).

Essbare Teile

Die ganz jungen, ein- bis zweijährigen, 10–15 cm großen Schösslinge und die jungen Triebe und Knospen der älteren Bäume. Dies gilt auch für alle anderen Fichten- und Tannenarten der nördlichen Halbkugel. Außerdem lässt sich aus den Trieben ein Sirup kochen. Die Samen der Kiefern, Fichten und Tannen können roh, geröstet oder gesalzen gegessen werden.

Sammeln

Die jungen Triebe und Knospen werden im Frühjahr abgeschnitten und frisch verarbeitet. Die geschlossenen Zapfen der Kiefern werden im Winter gesammelt und im Frühjahr in die Sonne (Backofen, Feuer) gelegt. Nach dem Öffnen fallen die Samen heraus. Die schwarze Schale der Samen kann, muss aber nicht entfernt werden.

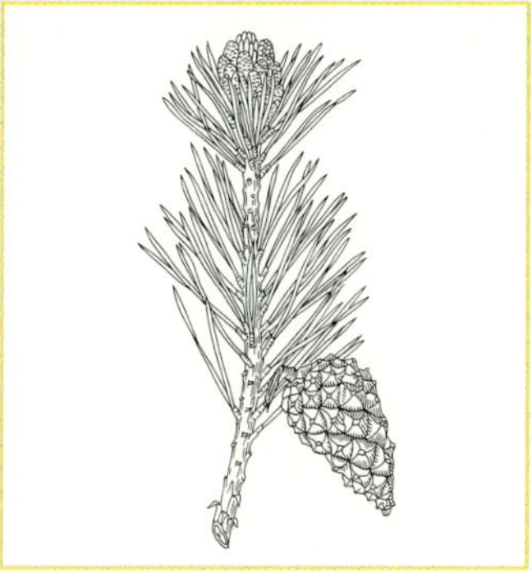

Kiefer (*Pinus sylvestris*)

Inhaltsstoffe

Provitamin A, Vitamin C, ätherisches Öl, Teer.

hustenlösend, Blutreinigungsmittel, Frühjahrsmüdigkeit

Ein bis zwei Teelöffel der frischen Knospen oder Triebe mit heißem Wasser überbrühen, ziehen lassen und so oft verwenden, wie man will.

Verwendung **4**

Die jungen Triebe roh vom Baum sind sehr erfrischend, da sie wegen des Vitamin C säuerlich schmecken und viel Wasser gespeichert haben. Es bleibt ein leicht harzig nachwirkender Geschmack, der mit zunehmendem Alter der Triebe stärker wird und sie dann später im Jahr relativ ungenießbar macht.

Die „Pinienkerne“ können roh geknabbert, im Müsli und in allen anderen Gerichten gegessen werden – vom Rohkostsalat über Bannock zum Fleischgericht und Eintopf.

Marmelade oder Sirup wird aus den fein zerkleinerten jungen, hellgrünen Trieben hergestellt, indem sie zusammen mit Wasser etwa 30 min ausgekocht werden. Durch ein Sieb gegossen und zusammen mit Zucker zu einem Gelee oder Sirup einkochen. Das funktioniert auch ohne Sieben. Eine grünbraune, leicht harzig schmeckende Marmelade für den Bannock danach. Exotisch!

Tipp: Sämtliche Nadelbäume bluten bei Verletzungen Harz aus, das als Klebstoff verwendet werden kann!

GB **Common Juniper**
F **Genévier commun**
NL **Jeneverbes**
S **En**
SF **Kotikataja**

Wacholder

Juniperus sp.

Zypressengewächse

Vorkommen
Nord-Eurasien.

Habitat
Auf sonnige Magerweiden, Zwergstrauchgesellschaften, Wacholderheiden, Küsten bis 2300 m.

Oft assoziiert mit folgenden essbaren Pflanzen
Adlerfarn, Bärlauch, Birke, Blaubeere, Brennnessel, Buche, Eiche, Erz-Engelwurz, Giersch, Gundermann, Haselnuss, Himbeere, Holunder, Linde, Nadelbäume, Nelkenwurz, Primel, Salomonssiegel, Scharbockskraut, Schlehe, Vogelbeere, Wald-Erdbeere, Waldmeister, Weidenröschen.
In Skandinavien bis ans Meer wachsend, also hier oft assoziiert mit folgenden essbaren Pflanzen:
Bärlauch und andere Laucharten, Braunelle, Brombeere, Disteln, Erz-Engelwurz, Fetthenne, Gänse-Fingerkraut, Himbeere, Kali-Salzkraut, Klee, Kümmel(kohl), Labkraut, Löffelkraut, Löwenzahn, Margerite, Mauerpfeffer, Nelkenwurz, Pestwurz, Rohrkolben, Rosenrot, Sauer-Ampfer, Schafgarbe, Schilf, Strand-Wegerich, Sumpfdotterblume, Wald-Erdbeere, Wegerich, Wiesenknopf, Wilde Möhre sowie in Strandnähe eventuell (angespülte) Algen wie Meersalat (*Ulva* sp., *Enteromorpha* sp.), Rotalgen (*Porphyra* sp.), Zuckertang (*Laminaria* sp.).

Beschreibung
Immergrüner Strauch oder Baum. April bis Juni, bis 12 m. Säulenförmig aufrecht oder niederliegend. Blätter blaugrün, zu zweit bis viert wirtelig, dornspitzig, 7–22 mm. Blüten gelblich. Beerenzapfen vorerst grün, im zweiten Jahr schwarz, blau bereift.

Verwechslungsmöglichkeiten
Keine.

Essbare Teile
Die schwarzen Beeren.

Sammeln
Die schwarzen Beeren direkt vom Strauch/Baum pflücken und trocknen.

Inhaltsstoffe
Ätherische Öle.

Verwendung 5
Laut einschlägiger Literatur sollen die Beeren roh vom Baum gegessen gegen den Hunger helfen. Hilft nur bedingt; wenn die Beeren aufgegessen sind, kommt auch der Hunger wieder. Roh helfen sie allerdings gegen fürchterliche Blähungen nach zu viel Bärlauch (Selbstversuch!).
Das Gewürz bei Wild, gefüllt mit Bärentraube, Preiselbeeren und Maronen. 10–15 Beeren reichen.
Die zerdrückten Beeren mit ein paar Nadeln leicht über dem Kocher erhitzt, schlägt den lästigsten Geruch im Zelt für eine Weile in die Flucht.
Eine Handvoll der reifen Beeren auf eine Flasche Schnaps geben und diese eine bis zwei Wochen ziehen lassen. Gilt als Gin-Ersatz.

Wacholderbeeren

Wacholder (*Juniperus* sp.) in Kulturlandschaft

GB **Beech**
F **Hetre**
NL **Beuk**
S **Bok**
SF **Pyökki**

Rot-Buche

Fagus sylvatica

Buchengewächse

Vorkommen
Nördliche Erdhalbkugel.

Habitat
Bestandsbildend in Wäldern, im subalpinen Gebüsch, auf Weiden, in kühlhumider Klimalage auf lehmigen, sandigen Böden, Ebene bis in Höhen von 1700 m.

Oft assoziiert mit folgenden essbaren Pflanzen
Augentrost, Bachbungen-Ehrenpreis, Bärlauch, Engelwurz, Giersch, Gundermann, Günsel, Knoblauchsrauke, Linde, Nelkenwurz, Salomonssiegel, Sauerklee, Waldmeister, Weg-Rauke, Weißdorn, Wiesenknopf.

Beschreibung
Laubbaum. April bis Mai, bis zu 40 m. Bis zu 300 (900) Jahre alt. Als Solitärbaum kurzstämmig mit ausladender Krone, bestandsbildend dagegen mit langem astfreiem Stamm (kaum Borkenbildung). Blätter wechselständig, zweizeilig angeordnet, 1–2 cm gestielt. Spreite eiförmig bis elliptisch, spitz, 5–10 cm lang. Blattrand leicht wellig, im Frühjahr noch seidig behaart. Früchte je zwei scharf dreikantige, 1–2 cm lange Nüsschen (Bucheckern), in brauner, weichstacheliger Hülle (Kupula), zur Reifezeit öffnend. Männliche Blütenstände lang gestielt, hängend, weibliche aufrecht, beide leicht rötlich braun.

Verwechslungsmöglichkeiten
Mit der Hainbuche (*Carpinus betulus*, Birkengewächse) möglich. Unterscheidungsmerkmale sind gefurchte Rinde und gesägtes Blatt. Die Rot-Buche hat eine glatte Rinde und einen welligen Blattrand.

Essbare Teile
Die Bucheckern und die jungen Blätter.

Verwendung **5**
Der Geschmack der jungen Blätter ist leicht säuerlich. Sie schmecken als bzw. im Salat und direkt vom Baum. Die hellbraunen Hüllblätter eventuell entfernen. Ältere Blätter schmecken nicht mehr ganz so gut und sind zäh, sättigen aber auch. Die Bucheckern als Kaffee-Ersatz werden einfach geröstet, gemahlen und anschließend 1 min aufgekocht. Ist keine Filtertüte zur Hand, geht auch ein Tuch oder man lässt den Satz einfach absinken (skandinavischer Kokkaffee). Der Geschmack ist je nach Röstung mild bis sehr bitter. Das Öl auf der Oberfläche lässt einen Hauch von tibetanischem Buttertee aufkommen.
Mit jungen, frischen Blättern kann Schnaps grün gefärbt werden. Zu Midsommar in Schweden wird dies noch mit Selbstgebranntem (Hembryggd) praktiziert. Einen brilliantgrünen Likör stellt man her, indem eine Flasche zunächst zu 3/4 mit den jungen Blättern gefüllt und dann mit Schnaps aufgegossen wird. Dieser Ansatz bleibt zehn Tage stehen. Anschließend wird er abgegossen, und man füllt, je nachdem wie zähflüssig das Ganze werden soll, Zucker oder Sirup dazu. Das Resultat ist ein Sake ähnlicher, milder „Cocktail“ mit öligem Geschmack und verheerender Wirkung.
Das Öl gewinnt man durch einfaches Auspressen. Wer das nicht zwischen zwei Fingern schafft, benutzt am besten ein Gefäß und einen flachen Stein bzw. ein Stück Holz. Das Restöl entfernt man von den Geräten, indem man den Auftrieb des Öls nutzt: (Heißes) Wasser in ein Gefäß geben, „Ölsand“/Stein/Holz dazu und nach einigen Stunden abseihen. Sehr mühsam, aber, wenn das Öl fehlt, durchaus machbar!
Buchenasche färbt die Haare blond.

Rot-Buche (*Fagus sylvatica*)

Zweig mit Blüten und Fruchtstand

Sammeln
Die jungen, hellgrünen Blätter werden im Frühjahr geerntet, indem sie von den Zweigen abgestreift oder gepflückt werden. Die Früchte nach dem Herunterfallen im Spätherbst, Winter oder mit Glück noch im Frühling.

Inhaltsstoffe
Gerbstoff in der Rinde, Kreosotum im Holz.

im Mundraum wirksam
Mit 30 g der Rinde, die 15 min gekocht wird, kann ein desinfizierendes Mundwasser zubereitet werden. Den Mund damit ausspülen, nicht schlucken.

Vorsicht
Die Bucheckern in Maßen genießen, da schon Vergiftungen vorgekommen sind!

GB **Birch**
F **Bouleau**
NL **Berk**
S **Björk**
SF **Koivu**

Birke

Betula sp.

Birkengewächse

Vorkommen
Nordeuropa, Nordasien.

Habitat
In Moor- und Bruchwäldern, andere Birken (Hänge-Birke, *Betula pendula*) bevölkern auch sandige oder (Zwerg-Birke, *Betula nana*) gebirgige und arktische Standorte, Ebene bis 1600 m.

Oft assoziiert mit folgenden essbaren Pflanzen
Augentrost, Bachbungen-Ehrenpreis, Blut-Weiderich, Gänseblümchen, Giersch, Glockenblume, Gundermann, Günsel, Klee, Knoblauchsrauke, Labkraut, Lauch, Löwenzahn, Minze, Pfeilkraut, Primel, Rohrkolben, Sauer-Ampfer, Schilf, Schwanenblume, Sumpfdotterblume, Taubnessel, Wiesen-Kerbel, Wiesen-Schaumkraut.

Beschreibung
Laubbaum. April bis Mai (Juni), 0,3–30 m. Schnell wachsend. Stamm weiß oder rotbraun (juvenil). Zweigspitzen herabhängend (nicht bei *Betula nana*). Triebe kahl, rotbraun, teilweise mit warzigen Drüsen. Blätter dreieckig bis rautenförmig (bei *Betula nana* fast rund), im Frühling oft klebrig. Weibliche, walzenförmige, hängende Kätzchen erscheinen zusammen mit den Blättern. Weibliche Blüte hell bräunlich gelb, männliche grün.

Verwechslungsmöglichkeiten
Zur Not nur den charakteristisch weißen Stamm als Entscheidungskriterium benutzen.

Essbare Teile
Roh sind die Blätter als Salat essbar. Aus dem Saft des Stamms wird Sirup, Essig und Wein hergestellt. Weiterhin sind Teile der Rinde essbar.

Sammeln
Die Blätter können von März bis September gepflückt werden. Der Saft ist im Frühling vor dem Treiben der Blätter am ergiebigsten. An den Saft kommt man wie

Gewinnung von Birkensaft

folgt: Man bohrt mit einem Taschenmesser, einem scharfen Stein oder einem Stück Hartholz (Eiche, Buche) ein 1–2 cm tiefes Loch in den Stamm. In dies wird ein Stück Schlauch, Strohhalm oder einfach das Stück eines Halmes (Schilf) gesteckt. Natürlich kann man den Baum auch fällen und leer laufen lassen! Über Nacht hat man dann je nach Klima eine entsprechende Menge Birkensaft. Nach meinen Erfahrungen ergab das zwischen 1/2 und 3 l pro 24 h. An die grüne „Rinde“ kommt man, indem man die weiße, glatte Rinde mit einem Taschenmesser oder einfach an den sich aufrollenden Enden der Rinde (Breitenwachstum des Stammes) abzieht und die grüne, darunter liegende abpellt.

Inhaltsstoffe
Saponine, Flavonoide, Gerbstoffe, ätherisches Öl, Harz, Glykoside, Vitamin C, Zucker.

cholesterinsenkend, harntreibend, blutreinigend

Vorsicht
Den Saft sieht wie naturtrüber Apfelsaft aus und ist geruchlos, nicht pur und unverdünnt trinken.

Birke

Zwerg-Birke (*Betula nana*)

Ein Tee aus 25 g getrockneter Blätter auf 1 l siedendes Wasser senkt den Cholesterinspiegel im Blut. Vor dem Filtrieren abkühlen lassen. Für verstärkte Harnausscheidung kann ein Tee aus 30 g getrockneter Blätter auf 1 l siedendes Wasser gefertigt werden, 10 min ziehen lassen. Täglich drei Tassen.
Aus den frischen (fünf Stück/Tasse) oder getrockneten Blättern (zwei Teelöffel/Tasse) kann ein blutreinigender Tee gebrüht werden, je nach gewünschter Geschmacksintensität ziehen lassen. Wer abends zu viel davon trinkt, rennt die ganze Nacht!

„Grüne Birkenrinde"

Ein Salat aus Birkenblättern oder zusätzlich mit Löwenzahn, Kresse und Spitz-Wegerich schmeckt umwerfend. Je jünger die Blätter, desto besser ist der Geschmack. Ältere Blätter schmecken leicht muffig, bitter und sind hart. Sättigen aber auch!

Um Sirup herzustellen, kocht man den gewonnenen Birkensaft entsprechend ein. Aus 1 l Birkensaft können je nach Saftqualität (Zuckergehalt) 5–15 (30) g Sirup gewonnen werden. Dieser hat die Farbe von Waldhonig und schmeckt leicht karamellartig.

Die obere weiße oder glänzend rotbraune Rinde wird zunächst entfernt. Die unmittelbar darunter liegende zartgrüne oder hellgelbe faserige, bastartige Schicht wird entfernt und kann roh oder gekocht verzehrt werden. Sie ist sehr nahrhaft und enthält viel Vitamin C, besonders gut schmeckt sie allerdings nicht. Zäh, faserig und teilweise bitter, aber da es satt macht, geht das schon.

Der Birkenwein wird aus dem unverdünnten Birkensaft gewonnen und ist aufgrund seines geringen Zuckergehalts ein sehr leichter Wein. Er schmeckt eher neutral ohne großes Aroma (Mostgewicht ca. 4° Öchsle, Zucker ca. 11 g/l und Säure ca. 0,4 g/l). Im Birkensaft sind durchschnittlich ca. 7 g/l Invertzucker enthalten (Invertzucker ist ein Gemisch aus Fruchtzucker und Traubenzucker). Der Zuckergehalt kann dadurch erhöht werden, dass der Saft zu 50 % eingekocht wird.

Zur Weinherstellung wird der Birkensaft mit Weinhefe aus der Apotheke versetzt. Dabei kann auf das Maischen und Fermentieren verzichtet werden, da der Saft der Birke pur schon vorhanden ist. Die Vergärung (= ohne Sauerstoff!) mit der Reinzuchthefe aus der Apotheke wird nach dem jeweiligen beiliegenden Rezept durchgeführt.

Ich habe die Heferasse „Portwein“ benutzt und alternativ die Fruchthefen verwendet, die an den Rispendolden vom Schwarzen Holunder haften. Diese Blüten wurden einfach für drei bis vier Tage in den eingedickten Birkensaft getaucht. Das funktioniert, wenn auch nicht gleich beim ersten Mal.

Das Ganze dauert bei diesem leichten Birkenwein (bei 50 % eingedicktem Saft) vier bis sechs Wochen.

Die „Weinbehandlung“ sollte sofort durchgeführt werden, wenn der Saft da ist – die der Gärung eigene einsetzende Kohlensäureentwicklung schützt vor Schimmel und Essigstich. Sollte keine Öchslewaage vorhanden sein, kann man durch das Absetzen der Hefe und Trübteilchen vom Ende der Kohlensäurebildung (Gärung) ausgehen. Der Wein ist dann ruhig und kühl zu stellen. Einige Wochen später kann der erste Abstich erfolgen, indem man den teilgeklärten Wein mit einem Schlauch in ein tiefer gestelltes Gefäß fließen lässt.

Weiterhin kann jetzt auch mit einer ersten Schwefelung mit 1 g Kaliumpyrosulfid/l begonnen werden). Diese Behandlung soll farbliche und geschmackliche Veränderungen genauso verhindern wie Weinkrankheiten.

Gleich austrinken geht allerdings auch!

Der dadurch gewonnene feste Teil kann verworfen werden (Dekantieren = vorsichtig abgießen). Dann kann der Wein mit Gäraufsatz seiner vollkommenen Reife entgegengehen.

Für die Essigherstellung lässt man den Wein einfach eine Weile offen stehen. Je nach Klima riecht man den typischen Essiggeruch (Essigsäure) nach einigen Tagen. Essigbakterien sind auch in Apotheken zu erstehen. Der Geschmack lässt meiner Meinung nach allerdings eher zu wünschen übrig.

GB **Hazel**
F **Noisetier**
NL **Hazelaar**
S **Hassel**
SF **Pähkinäpensas**

Haselnuss

Corylus avellana

Birkengewächse

Vorkommen
Eurasien.

Habitat
An und in Gebüschen, Wäldern, Schlägen, bestandsbildend in Hecken, oft als Pioniergehölz, an sonnigen Dämmen und Böschungen, Ebene bis 1400 m.

Oft assoziiert mit folgenden essbaren Pflanzen
Brombeere, Himbeere, Holunder, Pastinak, Pestwurz, Pflaume, Schachtelhalm, Schlehe, Stachelbeere, Vogelbeere, Wald-Erdbeere, Wegwarte, Weißdorn, Wilde Möhre.

Beschreibung
Strauch bis Baum. Januar bis April, bis 6 m. Borke rötlich braun. Blätter rundlich herzförmig zugespitzt, doppelt gesägt. Gelbliche, hängende Kätzchen im Januar, Februar charakteristisch. Weibliche Blüten aufrecht, unscheinbar, knospenähnlich, Narben leuchtend rot. Frucht ist eine Nuss, in becherförmiger, geschlitzter Hülle wachsend.

Verwechslungsmöglichkeiten
Keine.

Essbare Teile
Die Nüsse von September bis März.

Verwendung 5

Die Nüsse liefern ein erträgliches Öl, das unter Mühen ausgepresst werden kann. Die zerquetschen Nüsse kocht man dann noch einmal kurz auf und lässt das Ganze einen Tag stehen. Das Restöl schwimmt dann an der Wasseroberfläche. Mit diesem Öl kann gebraten und Salat angemacht werden. Allerdings hat es einen recht charakteristischen Haselgeschmack.
Die Nüsse halten sich lange und können als eine sehr kalorienreiche Reisebegleitung genutzt werden. Sie dienen roh, im Müsli oder im Salat als eine willkommene Bereicherung.
Gemahlen kann aus ihnen zusammen mit anderem Mehl und „herbstlichen“ Beeren (Preiselbeere, Brombeere oder sogar den aufbereiten Beeren der Vogelbeere (Eberesche)) ein einfach göttlicher Bannock gebacken werden.

Blätter und Nuss

Sammeln
Die Nüsse können je nach Lage im Spätsommer, Herbst oder Winter gesammelt werden. Selbst im Frühling, sollte man gegen die Eichhörnchen gewinnen, findet man noch brauchbare Nüsse. Die Sträucher erkennt man an den alten, vertrockneten, becherförmigen Hüllen, die noch an den Sträuchern überwintert haben. Oder im Frühling an den teilweise schon im Januar blühenden, hängenden gelblichen Kätzchen.

Inhaltsstoffe
Gerbstoffe, Flavonoide, Chlorogensäure, Taraxasterol, β-Sitosterol, ätherisches Öl.

Vorsicht
Hasel wird leider auch häufig als Allergen mit Atembeschwerden genannt.

Haselnuss (*Corylus avellana*)

GB **Gooseberry**
F **Groseillier à maquereau**
NL **Kruisbes**
S **Krusbär**
SF **Karviainen**

Stachelbeere

Ribes uva-crispa

Stachelbeergewächse

Vorkommen
Eurasien.

Habitat
An und in Gebüschen, Wäldern, Schlägen oder im Umkreis alter Burgen, Küste bis 1000 m.

Oft assoziiert mit folgenden essbaren Pflanzen
Brombeere, Himbeere, Holunder, Löwenzahn, Pastinak, Pestwurz, Pflaume, Schachtelhalm, Thymian, Vogelbeere, Wald-Erdbeere, Wegerich, Wegwarte, Weißdorn, Wilde Kirsche, Wilde Möhre, Wilder Apfel.

Beschreibung
Strauch. März bis Mai, bis 150 cm. Zweige stachelig. Blätter wechselständig, handförmig gelappt. Blüten fünfzählig, grünlich gelb, oft rotrandig zu einer bis zu dritt, Kronblätter zurückgeschlagen. Frucht kugelig oder eiförmig grün, rötlich oder gelb, borstig behaart, manchmal nach Moschus duftend.

Verwechslungsmöglichkeiten
Keine.

Essbare Teile
Die Früchte von April bis Juni, die Blätter für einen Tee.

Sammeln
Die Beeren werden einfach von den Büschen gepflückt, wenn sie reif sind. Die Blätter für den Tee während der Wachstumsperiode.

Verwendung 5

Nur ganz weiche, reife Stachelbeeren als Bannockfüllung verwenden. Der Bannockteig wird alleine geknetet, anschließend werden die Früchte wie bei einer Apfeltasche in den Teig eingeschlossen. Oder man knetet den Teig zusammen mit den zerschnittenen Früchten und bäckt ihn dann in einem Topf oder am Feuer. Vorher den Topf leicht mit Öl ausreiben, dann klebt der Teig nicht fest. Unglaublich gut.
Kompott: Zucker oder Sirup in heißem Wasser auflösen, die Stachelbeeren zerdrückt dazugeben und etwa 1 h ziehen lassen. Fertig. Geradezu die Erleuchtung, funktioniert auch ohne Süße, wer es denn sauer mag.
Marmelade: 800 g Zucker oder Sirup und ein Glas Wasser auf 1 kg frisch gepflückte, zerdrückte Früchte. Einen Tag stehen lassen und dann 20 min aufkochen, erkalten lassen. Fertig.
Saft: Die Stachelbeeren zusammen mit Wasser aufkochen und durch ein Sieb schlagen. Mehr, weniger oder gar nicht süßen.
Ein etwas ungewöhnliches Küstenrezept: Die Stachelbeeren werden in wenig Wasser so lange gekocht, bis sie zerfallen sind. Das dauert etwa 10 min. Dann werden sie durch ein Sieb gerieben, damit die Kerne und die Schalen zurückbleiben (schmeckt auch ohne diesen Arbeitsschritt) und mit ein wenig Schmalz oder Butter und Honig umgerührt. Diese Masse, eine saure grüne Sauce, kann sehr gut zu frisch gebratener Makrele gegessen werden.
Bei einer anderen Variante macht man unter Rühren aus der grünen Masse und frischen Eiern ein riesiges Eier-Stachelbeer-Omelett. Das schmeckt auf jeden Fall besser als ein Kaiserschmarrn.

Vorsicht
Die Stacheln piksen. Nur die reifen Beeren essen, da sonst vom Durchfall bis hin zum Tod alles passieren kann! Das ist kein Witz!

Früchte

Inhaltsstoffe
Provitamin A, Vitamin B, C, organische Säure, Mineralsalze sowie Kohlenhydrate.

magenwirksam
Zwei Teelöffel zerhackte, getrocknete (bei frischen vier) Blätter werden mit 1/4 l Wasser aufgebrüht und 15 min ziehen gelassen, abseihen. Fertig. Drei Tassen täglich.

Stachelbeerstrauch

GB **Hawthorn**
F **Aubépine monogyne**
NL **Eenstijlige meidoorn**
S **Trubbhagtorn**
SF **Tylppäliuskaorapihlaja**

Eingriffliger Weißdorn

Crataegus monogyna

Rosengewächse

Vorkommen
Europa, Nordafrika, Indien.

Habitat
In sonnigem Gebüsch, in Hecken, an Wegen, an Waldrändern, an Felsen, in Laubmischwäldern, Ebene bis 1600 m.

Oft assoziiert mit folgenden essbaren Pflanzen
Birke, Blaubeere, Brennnessel, Brombeere, Buche, Eberesche, Giersch, Glockenblume, Gundermann, Klee, Linde, Löwenzahn, Nelkenwurz, Primel, Rose, Sauerklee, Schlehe, Schwedische Mehlbeere, Waldmeister, Wegerich, Weidenröschen.

Beschreibung
Strauch oder bis zu 10 m hoher Baum. Mai bis Juni, 10 m. Bis zu 600 Jahre alt. Dornen. Blätter wechselständig, ei- oder rautenförmig, 3–6 cm lang, tief eingebuchtet. Blüten nach Aas riechend, weiß in endständigen Doldenrispen, 8–15 mm breit. Apfelfrüchtchen rot, bis 1 cm groß, roh essbar, mehlig.

Verwechslungsmöglichkeiten
Zweigriffliger Weißdorn (*Crataegus laevigata*), Schlehe (Seite 212), Eberesche (Seite 220), Schwedische Mehlbeere. Es sind jedoch keine Probleme zu befürchten, da sie ähnlich genutzt werden. Auf die Dornen achten.

Essbare Teile
Die Blätter gelten als Tee- und Tabakersatz. Die Samen werden gemahlen und anstelle von Kaffee getrunken. In Notzeiten wurde das Fruchtfleisch sogar gegessen (auch Zweigriffliger Weißdorn, *Crataegus laevigata*). Geschmack süßlich.

Sammeln
Die Blüten und Blätter können während der Blütezeit im Frühling gesammelt werden. Die Früchte etwa von September bis in den Dezember hinein.

Inhaltsstoffe
Flavonoide, oligomere Procyanidine, biogene Amine, Äthylamin, Crataegussäure,

Verwendung 2

Das Fruchtfleisch der getrockneten Beeren lässt sich zu einem Mehl verarbeiten, aus dem Bannocks gebacken werden können. Bei frischen Beeren ist das Entkernen einfach, bei alten, trockenen macht das viel Arbeit. Geschmack: Na ja, wenn es denn satt macht!

Weißdornmus: Die Früchte mit Kernen 5–10 min aufkochen und durch ein Sieb passieren. Süßen nach Bedarf, da das Mus manchmal bitter ist.

Die zerdrückten Früchte werden einfach in kaltem Wasser für einen Tag eingelegt. Es entsteht erst ein herrlicher süßer, fruchtiger Saft, später ein Gelee (ohne Zusatz von Geliermittel!).

Kaffee wird durch Mahlen und Rösten der Samen hergestellt. Je nach Röstung schmeckt dieser mehr oder weniger bitter. Das Herauspulen der Kerne aus den Früchten ist allerdings viel Arbeit (s.u.).

Ein Tee aus den Blättern hat eine Farbe wie Honig und entsprechend gesüßt schmeckt er auch, ansonsten streng.

Schnaps: Eine Flasche Korn, Wodka oder beides wird mit den Früchten gefüllt, mit etwa 100 g Zucker (Honig, Sirup) veredelt und etwa vier bis sechs Monate ziehen gelassen. Dies sollte als Herzmedizin genutzt werden. Dosierung beachten! Es ist eher nicht für ein Gelage geeignet, da diese Pflanze sogar von Medizinern als Herzmedizin verschrieben wird!

Beim Benutzen als Tabak sollte wohl eher der Genuss des Rauchens selbst im Vordergrund stehen.

Früchte

Thiamin, Terpenderivate, Histamin, Gerbstoffe, Vitamin C.
herzwirksam, hustenreizlindernd, harntreibend
Zwei Teelöffel der Blüten und Blätter werden mit 1/4 l heißem Wasser überbrüht und 20 min ausgezogen. Zwei bis drei Tassen täglich.

Blüten

GB **Blackthorn**
F **Prunellier**
NL **Sleedoorn**
S **Slån**
SF **Oratuomi**

Schlehe, Schwarzdorn

Prunus spinosa

Rosengewächse

Vorkommen
Eurasien bis hoch zum 60. Breitengrad.

Habitat
An und in Gebüschen, Wäldern, Schlägen, in Hecken, oft als Pioniergehölz, an sonnigen Dämmen, Ebene bis 1000 m.

Oft assoziiert mit folgenden essbaren Pflanzen
Brombeere, Himbeere, Holunder, Pastinak, Pestwurz, Pflaume, Schachtelhalm, Stachelbeere, Wald-Erdbeere, Wegwarte, Weißdorn, Wilde Möhre.

Beschreibung
Strauch. März bis Mai, bis 4,5 m. Sehr vielgestaltig, stark verzweigt, Zweige schwarz oder dunkelbraun, dornig. Blätter bis 40 mm lang, oval, gezähnt. Blüten reinweiß, bis 15 mm groß, einzeln oder in kleinen Büscheln, oft vor den Blätter erscheinend. Steinfrucht blau-schwarz.

Verwechslungsmöglichkeiten
Keine. Auf die Dornen achten!

Essbare Teile
Die Steinfrüchte von Juli bis September.

Sammeln
Blüten sammelt man am besten ganz früh morgens, bevor die Bienen sich damit beschäftigen. Beeren werden einfach von den Sträuchern gepflückt, wenn sie reif sind. Am besten nach den ersten Frösten.

Inhaltsstoffe
Vitamin C, Gerbstoffe, organische Säuren, Spuren von Amygdalin (Blausäureglukosid).

magenwirksam, entkrampfend, mildes Abführmittel
Zwei Teelöffel der Blüten werden mit 1/4 l kaltem Wasser übergossen und langsam bis zum Sieden erhitzt, abseihen. Fertig. Zwei Tassen pro Tag.

Verwendung **4**

Schon der erste Biss (Vorsicht Steinfrucht!) in das grüne Fruchtfleisch lässt den Mundraum taub werden. Danach, sofern man mutig genug weiterkaut, stellt sich ein Geschmack ein, der einem wirklich alles zusammenzieht. Aber sauer macht ja bekanntlich lustig.
Tipp: Nach den ersten Frösten sind die Beeren milder!
Marmelade: Dafür sollten die gewaschenen Steinfrüchte über Nacht im Wasserbad liegen. Anschließend gießt man das Wasser ab und kocht die Schlehen dann mit etwa 1/4 l Wasser unter ständigem Rühren weich. Nach dem Erkalten werden sie durch ein Sieb passiert. Auf 1 kg Schlehenbrei kommen etwa 400 g Zucker oder Sirup, etwas Essig (100 ml) dazugeben und zu Marmelade dick einkochen.
Saft: Die gewaschenen Schlehen werden mit so viel kochendem Wasser übergossen, dass sie gerade bedeckt sind. Nach zwei Tagen gießt man den tiefroten Saft ab, gibt für 1 l Saft 500 g Zucker dazu und kocht mehrmals aufschäumend auf. Das schmeckt sauer-herb und gut.
Etwa 1 kg der gewaschenen Früchte zusammen mit 350 g Zucker, 200 ml Essig und 200 ml Wasser gar kochen und eine Woche kühl stellen. Danach das Fruchtwasser abgießen, aufkochen und kochend über die Früchte gießen. Geradezu ausgezeichnet zu Wild!
Aus 100 g (das ist eine Menge) Blüten, 200 g Zucker und 200 ml Wasser wird durch langsames Aufkochen ein wunderbarer Sirup hergestellt. Nach 30 min die Blüten abseihen und ausdrücken, die gesamte Flüssigkeit filtern und anschließend so lange einkochen, bis die gewünschte Konsistenz entsteht. Süß, fruchtig und kein bisschen sauer-herb!

Schlehe (*Prunus spinosa*)

GB	**Dog Rose**
F	**Rosier des chiens**
NL	**Hondsroos**
S	**Stenros**
SF	**Koiranruusu**

Hunds-Rose

Rosa canina

Rosengewächse

Vorkommen
Eurasien.

Habitat
In Hecken, an Wald- und Wegrändern, im Weidegebüsch, auch in lichten Laub- und Nadelwäldern, an Waldwegen, in Buschwäldern, Ebene bis 1330 m.

Oft assoziiert mit folgenden essbaren Pflanzen
Arznei-Engelwurz, Bocksbart, Braunelle, Disteln, Laucharten, Mannstreu, Pastinak, Primel, Schnittlauch, Silberdistel, Wegerich, Wegwarte.

Beschreibung
Strauch. Juni bis Juli, 1–3 m. Formenreich. Zweige mit gekrümmten Stacheln. Blätter mit zwei bis drei Paar gezähnten Blättchen, kahl. Blüten blassrosa, bis zu 5 cm.

Verwechslungsmöglichkeiten
Mit anderen Rosenarten.

Essbare Teile
Scheinfrüchte (Hagebutten) nach dem Entfernen der Haare im Innern. Geschmack säuerlich. Blütenblattblätter als „Süßigkeit". Die Blüten und Blätter sind auch als Tee nutzbar.

Sammeln
Die Blüten werden direkt vom Busch gezupft. Im Herbst bis Winter sammelt man die vollreifen, roten Hagebutten. Zum Trocknen schneidet man sie auf; die Kerne werden entfernt. Das Trocknen sollte sehr schnell gehen.

Inhaltsstoffe
Provitamin A, Vitamin B, C, E, PP, K, Gerbstoff, Pektin, Zucker.

magenwirksam, harntreibend, gegen Skorbut
Ein Tee aus den entkernten Hagebutten wird mit zwei Teelöffeln auf 1/4 l Wasser angesetzt, bis zum Sieden erhitzt und 10 min lang gekocht. Oder man lässt sie mit siedendem Wasser übergossen 15 min

Verwendung 4

Sirup wird aus etwa 30 g Blütenblattblätter (sind eine Menge), 350 g Zucker und 1/4 l Wasser hergestellt. Wasser und Zucker erhitzen, etwas einkochen und mit der Masse Blütenblattblätter übergießen, weiter einkochen, erkalten lassen. Schmeckt parfümiert.
Für eine Marmelade aus den entkernten Scheinfrüchten werden diese zunächst weich gekocht und durch ein Sieb passiert. Das Püree zum Kochen bringen (kann auch sofort gegessen werden – schwedische Nyponsoppa) und mit Zucker zur richtigen Konsistenz einkochen.
Frische Rosenblätter würzen süße und pikante Gerichte. Schmeckt parfümiert. Geschmackssache.
Direkt vom Busch können die Blütenblattblätter als süßer Nachtisch genascht werden. Schmeckt ganz gut, ist aber gewöhnungsbedürftig.
Die Blütenblattblätter als Tee schmecken dann wieder parfümiert. Das ist Geschmackssache.
Die haarigen Samen („Juckpulver") ergeben zusammen mit Klettenwurzel im Verhältnis 1:2 getrocknet, zermahlen und geröstet ein kaffeeähnliches Getränk. Zuvor müssen die Rosensamen gut gewaschen werden, damit die „Juckhaare" von ihnen verschwinden, denn die kratzen im Hals. Auch hier gilt: Je stärker geröstet, desto bitterer wird der „Kaffee". Geschmacklich mal nicht parfümiert.
Wenn die Reise wieder etwas länger dauert, können die getrockneten Blütenblattblätter als Füllungsergänzung für ein Duftkissen herhalten.sreichend entschädigt.

Hunds-Rose (*Rosa canina*)

lang ziehen. Die Hagebutten können auch zerstoßen oder einfach mit Samen durch die Kaffeemühle gedreht werden. Gut filtern. Ganze Hagebutten für 10 min kochen und dann einen Tag stehen lassen funktioniert auch.

GB **Blackberry**
F **Mures**
NL **Gewone braam**
S **Björnbär**
SF **Oimuvatukka**

Brombeere

Rubus fructicosus

Rosengewächse

Vorkommen
Nordhalbkugel, Nordasien.
Habitat
An und in Gebüschen, in Wäldern, auf Schlägen, recht häufig als Pioniergehölze auf Trockenrasen oder in Steinbrüchen, an Dämmen und Böschungen, Küste bis 1650 m.
Oft assoziiert mit folgenden essbaren Pflanzen
Brombeeren können mit allen hier im Buch genannten Pflanzen assoziiert vorkommen.
Beschreibung
Strauch mit etwa 100 Unterarten. Juni bis August, 1,0–4,5 m. Zweige rein stachelig, teilweise verholzend, kantig, aufrecht oder niederliegend. Blätter unpaarig drei- bis siebenzählig gefiedert. Blüten 2–3 cm groß und weiß, grünlich oder rosa. Frucht aus zahlreichen kleinen, schwarzen oder rötlichen Steinfrüchtchen.

Verwechslungsmöglichkeiten
Keine. Es gibt aber über 100 Unterarten, die alle verwendet werden können.
Essbare Teile
Die Steinfrüchte von Juni bis August. Die Blätter für einen Fruchttee fast das ganze Jahr.
Sammeln
Die Beeren werden einfach von den Büschen gepflückt, wenn sie reif sind. Die Blätter für den Tee während des gesamten Jahres.

Inhaltsstoffe
Provitamin A, Vitamin B_1, C, E, PP, K, Äpfel-, Wein-, Zitronensäure, Flavonoide, Gerbstoffe.
magenwirksam, entkrampfend
Zwei Teelöffel zerhackte, getrocknete (vier frische) Blätter werden mit 1/4 l Wasser aufgebrüht und 15 min ziehen gelassen, abseihen. Fertig. Nach Bedarf verwenden.

Verwendung 5

Brombeeren als Bannockfüllung: Der Bannockteig wird alleine geknetet. Anschließend schließt man die Früchte wie bei einer Apfeltasche in den Teig ein und bäckt das Ganze zusammen in einem Topf. Diesen vorher leicht mit Öl ausreiben, damit der Teig nicht festklebt. Eine andere Variante ist es, den Teig zusammen mit den Steinfrüchten zu kneten. Das gibt mächtig blaue Hände und schmeckt unwahrscheinlich gut. Erinnert an die berühmten Blaubeerpies aus Amerika.
Kompott: Zucker oder Sirup in heißem Wasser auflösen, die Brombeeren dazugeben und etwa 1 h ziehen lassen. Fertig. Geradezu die Erleuchtung, funktioniert auch ohne Süße!
Marmelade: 800 g Zucker oder Sirup und ein Glas Wasser auf 1 kg frisch gepflückte Früchte. Das Ganze wird einen Tag stehen gelassen und anschließend 20 min aufgekocht. Erkalten lassen. Fertig.
Saft: Die Brombeeren zusammen mit Wasser aufkochen und durch ein Sieb schlagen. Mehr, weniger oder auch gar nicht süßen.
Tee: Frische Brombeerblätter sammeln und mit einem Stück Holz zerdrücken. Das Ganze mit Wasser etwas anfeuchten und in ein Tuch (Socke, Handtuch) wickeln. Durch den Fermentierungsprozess der feuchten Blätter entsteht in zwei bis drei Tagen ein herrlicher rosenartiger Duft. Die Masse wird dann schnell an der Luft getrocknet und trocken aufbewahrt oder gleich als Tee aufgebrüht. Ein Früchtetee ohne jeden Zusatz, der herrlich schmeckt.

Brombeere (*Rubus fructicosus*)

GB **Raspberry**
F **Framboisier**
NL **Framboos**
S **Hallon**
SF **Vadelma**

Himbeere

Rubus idaeus

Rosengewächse

Vorkommen
Eurasien.

Habitat
An und in Gebüschen, Wäldern, Schlägen, oft als Pioniergehölze auf Trockenrasen oder in Steinbrüchen, an Dämmen und Böschungen. Küste bis 1850 m.

Oft assoziiert mit folgenden essbaren Pflanzen
Mit allen im Buch genannten Pflanzen.

Beschreibung
Strauch. Mai bis August, 1–2 m. Zweige violett, schwach bestachelt, aufrecht. Blätter mit drei bis sieben Blättchen. Blüten kleiner als bei Brombeere, immer weiß. Frucht zur Reife rot.

Verwechslungsmöglichkeiten
Keine.

Essbare Teile
Die Früchte von Juni bis August. Die Blätter für einen Fruchttee. Die jungen, von der festen Schale befreiten Triebe.

Sammeln
Die Beeren werden von den Büschen gepflückt, wenn sie reif sind. Die Blätter während des gesamten Jahres. Die jungen Triebe während des Frühling abschneiden.

Inhaltsstoffe
Vitamin B_1, B_2, C, PP.

magenwirksam, entkrampfend
Bei Bedarf die rohen Beeren essen.

Verwendung 5

Himbeere als Bannockfüllung. Der Bannockteig wird alleine geknetet. Anschließend schließt man die Früchte wie bei einer Apfeltasche in den Teig ein und bäckt das Ganze zusammen in einem Topf. Diesen vorher leicht mit Öl ausreiben, damit der Teig nicht festklebt. Eine andere Variante ist es, den Teig zusammen mit den Steinfrüchten zu kneten. Das schmeckt unwahrscheinlich gut. Erinnert sehr an die berühmten Blaubeerpies aus Amerika.
Kompott: Zucker oder Sirup in heißem Wasser auflösen, die Himbeeren dazugeben und etwa 1 h ziehen lassen. Fertig. Geradezu die Erleuchtung, funktioniert auch ohne Süße!
Marmelade: 800 g Zucker oder Sirup auf 1 kg frisch gepflückte Früchte und ein Glas Wasser. Einen Tag stehen lassen und dann 20 min aufkochen, erkalten lassen. Fertig.
Saft: Die Himbeere zusammen mit Wasser aufkochen und durch ein Sieb schlagen. Mehr, weniger oder gar nicht süßen!
Tee: Frische Himbeerblätter sammeln und mit einem Stück Holz zerdrücken, mit Wasser etwas anfeuchten und in ein Tuch wickeln. Durch den Fermentierungsprozess entsteht in zwei bis drei Tagen ein herrlicher rosenartiger Duft. Das Ganze dann schnell trocknen und trocken aufbewahren oder gleich als Tee aufbrühen.
Die jungen Triebe können bei Zeitmangel unterwegs geschält und gekaut werden. Wenn mehr Zeit bleibt, werden sie zerkleinert und mit weiteren beliebigen Zutaten zusammen eingekocht. Nur das Mark verwenden.
Himbeeren als Füllung eines Vogels ist einfach unbeschreiblich. Dazu nimmt man einen Vogel, rupft ihn, nimmt ihn aus und füllt ihn mit Himbeeren. Verschließen kann man den Vogel einfach mit kurzen Stöckchen, damit die göttliche Füllung beim Garen nicht herausfällt. Grillen oder braten. Einfach sättigend! Alternativ kann man auch Brombeeren verwenden. Eigentlich lässt sich ein Vogel mit allem füllen, also Gans mit Ente gefüllt schmeckt auch.

Himbeere (*Rubus idaeus*)

GB **Rowan**
F **Sorbier des oiseleurs**
NL **Wilde lijsterbes**
S **Rönn**
SF **Kotipihlaja**

Eberesche, Vogelbeere

Sorbus aucuparia

Rosengewächse

Vorkommen
Europa.
Habitat
In lichten Laub-, Moor- und Nadelwäldern und an deren Waldgrenze, Ebene bis 2400 m.
Oft assoziiert mit folgenden essbaren Pflanzen
Andere Beeren, Bärlauch, Birke, Buche, Eiche, Himbeere, Nadelbäume, Sauerklee, Traubenholunder, Waldmeister.

Beschreibung
Baum. Mai bis Juni, Fruchtreife September, 5–15 m. Oft mehrstämmig. Fiederblätter wechselständig, bis 20 cm lang, unpaarig, graugrün, mit 9–17 schmal lanzettlichen, am Rand scharf gesägten Blättern. Blüten in schirmförmigen Doldenrispen, weiß bis cremefarben, unangenehm riechend. Früchte bis 11 mm groß, apfelförmig, anfangs gelb, später dunkelrot, bleiben bis weit in den Winter am Baum!

Verwendung **3**

Die Früchte können ausgepresst als Saft sofort genossen werden, oder aber sie werden als Gelee, Kompott, Marmelade(nmus), Tee und sogar als Mehl verwendet. Zur Herstellung von Marmelade(nmus) werden die Beeren mit etwas Wasser ca. 10 min weich gekocht. Anschließend den Brei durch ein Tuch oder Sieb schlagen, damit die Kerne und Schalen getrennt werden. Der manchmal sehr bittere Saft mit „Kirsch“-Geschmack und „Erdbeergeruch“ kann getrunken oder aber mit etwa der gleichen Menge Birkensirup (Zucker) eingekocht werden. Um ein klares Gelee herzustellen, sollte der Saft einen Tag stehen, dann bilden sich eine trübe Phase unten und eine klare Flüssigkeit oben, aus der das Gelee nach dem Abgießen hergestellt werden kann. Das Abgießen hat übrigens nur einen ästhetischen Wert.
Einen Saft stellt man durch einfaches Auspressen her, genügend süßen, denn er ist sehr bitter.
Füllt man eine Flasche voll Beeren mit Schnaps auf, entwickelt sich ein dunkelroter bis dunkelbrauner, bitterer, fruchtiger Schnaps.
Um Mehl herzustellen, werden die Beeren (mit den Kernen) getrocknet und mehr oder weniger grob gemahlen. Mit etwas Hefe, Sirup (Zucker) und Wasser kann daraus ein Bannock von zweifelhaftem Geschmack gebacken werden. In der Literatur finden sich Quellen, die von leichten Vergiftungen sprechen. Das wird ebenfalls angezweifelt. Allen Zweiflern sei versichert, das der gallig bittere Geschmack jeden eigentlich daran hindert, übermäßig viel davon zu essen!
Ein Tee wird mit einem Esslöffel der zerkleinerten Beeren (mit den Kernen) und einer Tasse kochendem Wasser hergestellt. Ca. 8 min ziehen lassen. Soll gegen Magenverstimmung und Durchfall helfen, schmeckt aber auch sonst bitter gut. Wunderbar für Campari-Liebhaber.
Zur Essigherstellung lässt man den Saft nur lange genug stehen (s. Birkenessig) oder gibt Essigbakterien aus der Apotheke dazu. Das Resultat ist ein sehr zweifelhafter, sehr bitterer Essig.
Ein Püree kann hergestellt werden, indem man 0,5 kg der Früchte zusammen mit 20 g Salz in 1 l Wasser aufkocht, durch ein Sieb passiert und in Gläser abfüllt oder gleich zu Wild serviert. Ersetzt die Preiselbeermarmelade. Schmeckt erträglich bis gar nicht. Das hängt wohl von der Beerenqualität ab.

Früchte

Verwechslungsmöglichkeiten
Mit der Schwedischen Mehlbeere (*Sorbus intermedia*). Diese kann genauso verwendet werden.

Essbare Teile
Die reifen, roten Früchte nach dem ersten Frost.

Sammeln
Die Früchte nach dem ersten Frost sammeln, vorher sind sie schwer genießbar.

Inhaltsstoffe
Parasorbinsäure, Sorbin- und Apfelsäure, Zucker, Provitamin A, Vitamin C, Pektin.

Vorsicht
Egal wie die Beeren genutzt werden, es sollten immer die Samen (Kerne) entfernt werden, da sie vermutlich Parasorbinsäure enthalten. Durch Kochvorgänge wird die Parasorbinsäure weitestgehend eliminiert.

Skorbut, magenwirksam, harntreibend, bei Wassersucht
Hierzu wird der ausgepresste Frischsaft nach dem ersten Frost verwendet.

Blüten

GB **Sea Buckthorn**
F **Argousier**
NL **Duindoorn**
S **Havtorn**
SF **Tyrni**

Sanddorn

Hippophae rhamnoides

Ölweidengewächse

Vorkommen
Europa an Küsten und im Alpen(vorland).

Habitat
An und in Gebüschen, Kiefernwäldern, oft als Pioniergehölz auf Sand, an Dämmen, an der Küste bis 1000 m.

Oft assoziiert mit folgenden essbaren Pflanzen
Algen, Eberesche, Engelwurz, Gänseblümchen, Gänse-Fingerkraut, Himbeere, Hopfen, Klee, Löffelkraut, Löwenzahn, Meerkohl, Mehlbeere, Rose, Sauer-Ampfer, Sauerklee, Schachtelhalm, Stranddistel, Strand-Dreizack, Strand-Wegerich, Wacholder, Wald-Engelwurz, Wegerich.

Beschreibung
Strauch oder seltener Baum. Mai bis Juni, bis 11 m. Meist dornig, mit Wurzelausläufern. Blätter silberweiß, schuppig, lanzettlich. Blüten sehr klein, bräunlich, kronblattlos, männliche und weibliche auf getrennten Pflanzen.

Verwechslungsmöglichkeiten
Keine.

Essbare Teile
Die fleischig geschwollene, gelb-rote Kelchröhre, die sich um die Nuss schließt, wird als „Sanddornbeere" bezeichnet. Aus der darunter liegenden Nuss (dem „Kern") kann ein sehr fettes Öl gepresst werden, das gegen trockene Haut genauso wie gegen diverse Hautkrankheiten hilft.

Sammeln
Da man die Kelchröhre beim Pflücken leicht zerquetscht, schneidet man die Äste eher mit dem Taschenmesser ab. Diese Methode widerstrebt mir aber, da dadurch die Pflanze innerhalb weniger Jahre so geschädigt wird, dass sie eingeht. Besser funktioniert das „Auskämmen" der Nüsse mit einer Harke (Tuch unterlegen). Die beste Zeit dafür ist September/Oktober.

Inhaltsstoffe
Provitamin A, Vitamin B, C, E, F, P, organische Säuren, Flavonoide, Glykoside.

Vitaminmangel, Hautkrankheiten
Der Saft der Pflanze reicht aus.

Verwendung **5**

Kompott: Zucker oder Sirup in heißem Wasser auflösen, die Sanddornfrüchte dazugeben und etwa 1 h ziehen lassen. Die Nüsse abseihen. Fertig.
Marmelade: 800 g Zucker oder Sirup und ein Glas Wasser auf 1 kg frisch gepflückte Früchte. Einen Tag stehen lassen und dann 20 min aufkochen, erkalten lassen, abseihen. Fertig.
Saft: Die Früchte des Sanddorns zusammen mit Wasser aufkochen und durch ein Sieb schlagen, abseihen.
An das Öl kommt man folgendermaßen heran: 1 kg der Früchte mit einem Stampfer bearbeiten, so dass auch die Nüsse zerstampft werden. Den Saft ordentlich mit der Hand aus der restlichen Masse drücken und dann das Mus einen Tag stehen lassen. Auf der Oberfläche kann man am nächsten Tag etwa 75 ml Öl abseihen. Mit dem ausgepressten „Beerenmus" lässt sich am besten sofort unter Zugabe von Mehl ein Bannock backen, denn das schmeckt!
Man kann einen Bannock auch mit den roten Beeren backen, allerdings kaut man dann ständig auf den Nüssen herum. Daher sollte man vorher versuchen, die Nüsse aus den Kelchen zu bekommen. Das geht leider nur manuell zwischen den Fingern und ist eine Heidenarbeit. Die Belohnung ist allerdings ein fertiger Bannock, der einen für die Mühe mehr als ausreichend entschädigt.

Sanddorn (*Hippophae rhamnoides*)

GB **Bearberry**
F **Busserolle**
NL **Beredruif**
S **Mjölon**
SF **Sianpuolukka**

Bärentraube

Arctostaphylos uva-ursi

Heidekrautgewächse

Vorkommen
Nordhalbkugel, circumpolar.

Habitat
Oft gesellig in lichten Kiefernwäldchen, in Gebüschen, auf Heiden, auf steinigen Hängen, in Mooren, Ebene bis 2500 m.

Oft assoziiert mit folgenden essbaren Pflanzen
Åkerbeere, Birke, Blaubeere, Gänseblümchen, Labkraut, Löwenzahn, Moltebeere, Moosbeere, Nadelbäume, Preiselbeere, Thymian, Vogelbeere, Wacholder, Wald-Erdbeere, Wegerich, Zwerg-Birke.

Beschreibung
Immergrüner Strauch. März bis Juli, 20–60 cm. Niederliegend. Blätter verkehrt-eiförmig, derb, ganzrandig. Blüten weiß bis rosa gebüschelt, Kelchspitzen oft rot. Steinfrucht dunkelrot, glänzend.

Verwechslungsmöglichkeiten
Mit Moosbeere und Preiselbeere. Das ist allerdings völlig unproblematisch, da die Beeren dieser Arten noch wesentlich besser schmecken.

Essbare Teile
Die Steinfrüchte von Juni bis August. Die Blätter für einen Fruchttee.

Sammeln
Die Beeren werden einfach von den Sträuchern gepflückt, sobald sie reif sind. Die Blätter für den Tee kann man während des gesamten Jahres sammeln, da sie immergrün sind.

Inhaltsstoffe
Arbutin, Methylarbutin, Hydrochinon, Iridoide, Gerbstoffe, Flavonoide, ätherisches Öl.

desinfizierend für Niere und Blase
Zwei Teelöffel zerhackte, getrocknete (bei frischen vier) Blätter werden mit 1/4 l kaltem Wasser übergossen, 12–24 h einweichen lassen, zwei- bis dreimal täglich eine Tasse trinken.

Verwendung **3**

Die Beeren sind nicht gerade wohlschmeckend, sondern sauerer und herber als Preiselbeeren. Trotzdem können sie roh vom Strauch weg oder getrocknet als Notnahrung benutzt werden, denn Geschmäcker sind unterschiedlich. Selbstverständlich können sie auch getrocknet oder frisch als Zitronenersatz unter Salate „der Umgebung“ gemischt werden.
Marmelade: 800 g Zucker oder Sirup und ein Glas Wasser auf 1 kg frisch gepflückte Früchte, die zerstoßen werden. Einen Tag stehen lassen und dann 20 min aufkochen, erkalten lassen. Fertig und mit immer noch saurem „Unterton“.
Zerstoßene Bärentraubenbeeren als Bannockfüllung: Der Bannockteig wird alleine geknetet. Dann schließt man die Bärentraubenbeeren wie bei einer Apfeltasche in den Teig ein. Noch besser ist es, die Beeren schon vorher zu zerstoßen. Außerdem können die ziemlich harten Beeren auch zusammen mit dem Teig eingeknetet werden. Die eine oder andere Variante wird dann in einem Topf gebacken. Vorher den Topf leicht mit Öl ausreiben, damit der Teig nicht festklebt. Ein saures Vergnügen!
Saft: Die zerstoßene Bärentraubenbeeren zusammen mit Wasser aufkochen und durch ein Sieb schlagen. Mehr oder noch mehr süßen, ohne geht es gar nicht!
Mit den Beeren, die zusammen mit sieben Wachholderbeeren und einem Esslöffel Thymian oder Oregano zu einer Paste verarbeitet werden, lassen sich selbstverständlich wieder Geflügel oder Wild füllen.

Bärentraube (*Arctostaphylos uva-ursi*)

GB	**Cranberry**
F	**Canneberge**
NL	**Veensbes**
S	**Tranbär**
SF	**Isokarpalo**

Moosbeere

Vaccinium oxycoccos

Heidekrautgewächse

Verwendung **4**

Die Beeren schmecken nicht gerade doll, sondern sind ziemlich sauer und herb wie Bärentraubenbeeren. Trotzdem sind sie roh vom Strauch genießbar, denn Geschmäcker sind ja bekanntlich verschieden. Weiterhin eignen sie sich auch getrocknet als Notration.

Moosbeeren-Marmelade: 800 g Zucker oder Sirup auf 1 kg frisch gepflückte, zerstoßene Früchte und ein Glas Wasser. Einen Tag stehen lassen und dann 20 min aufkochen, erkalten lassen. Fertig und mit immer noch saurem „Unterton".

Saft: Die zerstoßenen Moosbeeren zusammen mit Wasser aufkochen und durch ein Sieb schlagen. Mehr oder noch mehr süßen, ohne geht wirklich gar nichts.

Zerstoßene Moosbeeren als Bannockfüllung: Der Bannockteig wird alleine geknetet. Danach schließt man die Moosbeeren wie bei einer Apfeltasche in den Teig ein. Noch besser ist es, die Beeren schon vorher zu zerstoßen. Außerdem können die ziemlich harten Beeren auch zusammen mit dem Teig eingeknetet werden. Die eine oder andere Variante wird dann in einem Topf gebacken. Den Topf vorher leicht mit Öl ausreiben. Dann klebt der Teig auch nicht fest. Ein doch recht saures Vergnügen!

Saft: Die zerstoßene Moosbeeren zusammen mit Wasser aufkochen und durch ein Sieb schlagen. Ansonsten hat man eben einen Bodensatz. Mehr oder noch mehr süßen, ohne geht es gar nicht!

Mit den Beeren, die zusammen mit sieben Wachholderbeeren und einem Esslöffel Thymian oder Oregano zu einer Paste verarbeitet werden, lassen sich selbstverständlich wieder Geflügel oder Wild füllen.

Vorkommen

Nordhalbkugel, circumpolar.

Habitat

Hochmoore, Torf, Moore, Ebene bis 1300 m.

Oft assoziiert mit folgenden essbaren Pflanzen

Åkerbeere, Bärentraube, Birke, Blaubeere, Blut-Weiderich, Brombeere, Himbeere, Labkraut, Löwenzahn, Moltebeere, Nadelbäume, Nelkenwurz, Preiselbeere, Thymian, Wacholder, Wald-Engelwurz, Wegerich.

Beschreibung

Immergrüner Strauch. Mai bis Juli, 10–30 cm. Weit kriechend. Blätter länglich-eiförmig, unterseits blaugrün, oberseits dunkelgrün. Blüten rosa, an den Seiten zurückgeschlagen, einzeln bis zu viert in den Blattwinkeln. Stiele behaart. Frucht tiefrot.

Verwechslungsmöglichkeiten

Mit Bärentraube und Preiselbeere. Das ist unproblematisch, da auch sie essbar sind. Außerdem mit der Kahlen Rosmarinheide (*Andromeda polifolia*), die man nicht essen kann. Als Identifikationsmerkmal dienen die Blätter, die bei der Rosmarinheide länglich-lanzettlich sind! Unreife Beeren der Rauschelbeere (*Empetrum nigrum*) sind ähnlich rot. Sie schmecken schrecklich sauer und sind erst reif genießbar. Dann werden sie in Schweden sogar zu Marmelade verarbeitet.

Essbare Teile

Die Steinfrüchte von Juni bis August.

Sammeln

Die Beeren werden einfach von den Sträuchern gepflückt, wenn sie reif sind.
Tipp: Einigermaßen erträglich sind die Beeren erst nach den ersten Frösten!

Inhaltsstoffe

Vitamin C und wahrscheinlich Provitamin A.

Moosbeere (*Vaccinium oxycoccos*)

GB **Bilberry**
F **Myrtille**
NL **Blauwe bosber**
S **Blåbär**
SF **Mustikka**

Blaubeere, Heidelbeere

Vaccinium myrtillus

Heidekrautgewächse

Vorkommen
Nordhalbkugel, circumpolar.

Habitat
Oft in Nadelwäldern, in Gebüschen, in Bergheiden, im Zwergstrauchgestrüpp, in Eichenwäldern, Küste bis 2300 m.

Oft assoziiert mit folgenden essbaren Pflanzen
Åkerbeere, Birke, Labkraut, Löwenzahn, Moltebeere, Moosbeere, Nadelbäume, Preiselbeere, Thymian, Wacholder.

Beschreibung
Sommergrüner Strauch. April bis Juni, 10–40 cm. Aufrecht. Zweige kantig. Blätter eiförmig-elliptisch, gezähnt, hellgrün. Blüten grün oder rot überlaufen, meist einzeln. Frucht tief dunkelblau bis schwarz.

Verwechslungsmöglichkeiten
Mit Moosbeere, Preiselbeere und Bärentraube (die sind zwar eher rot). Das ist aber unproblematisch, da sie zwar nicht ganz so gut schmecken, aber dennoch einen kulinarischen Genuss darstellen.

Essbare Teile
Die Früchte von August bis Oktober. Die Blätter von Mai bis August für einen Tee.

Sammeln
Beeren einfach von den Sträuchern pflücken, wenn sie reif sind. Blätter für Tee während gesamter Wachstumsperiode.

Inhaltsstoffe
Organische Säuren, Provitamin A, Vitamin B, PP, C, Gerbstoffe, Benzoesäure, Glykoside, Mineralstoffe.

desinfizierend, Blase
Einen Teelöffel zerhackte, getrocknete (bei frischen zwei) Blätter mit 1/4 l kaltem Wasser übergießen, 10 min aufkochen lassen, vier Tassen täglich.

Vorsicht
Alle Gerichte sind farbecht. Kein Fleck geht mehr raus. Zähne und Hände allerdings bleiben nicht blau!

Verwendung **5**

Die Beeren sind überaus lecker. Süß und lieblich, sie können auch getrocknet und als Notnahrung benutzt werden.
Kompott: Zucker oder Sirup in heißem Wasser auflösen, die Blaubeeren dazugeben und etwa 1 h ziehen lassen. Fertig. Geradezu die Erleuchtung, funktioniert auch ohne Süße!
Marmelade: 800 g Zucker oder Sirup auf 1 kg frisch gepflückte, zerstoßen Früchte und ein Glas Wasser. Einen Tag stehen lassen und dann 20 min aufkochen, erkalten lassen. Fertig.
Blaubeeren als Bannockfüllung: Der Bannockteig wird alleine geknetet. Dann schließt man die Blaubeeren wie bei einer Apfeltasche in den Teig ein. Noch besser ist es, die Beeren schon vorher zu zerstoßen. Außerdem können die Beeren auch zusammen mit dem Teig eingeknetet werden. Die eine oder andere Variante wird dann in einem Topf gebacken, den man vorher leicht mit Öl ausreibt, damit der Teig nicht festklebt. Diese Versuchung ist mit Sicherheit noch älter als die Versuchung selbst.
Der Tee für zwischendurch: Fünf Blätter 10 min in kochendem Wasser ziehen lassen. Fertig.
Saft: Die zerstoßene Blaubeeren zusammen mit Wasser aufkochen und durch ein Sieb schlagen. Fertig.
Das Getränk für zwischendurch (auch mit heißem Wasser): Etwa 100 g der Beeren, das bedeutet 10 min Arbeit, zerstampfen, mit 1 l Wasser auffüllen und gleich trinken.

Blaubeere (*Vaccinium myrtillus*)

GB **Cowberry**
F **Airelle rouge**
NL **Rode bosbes**
S **Lingon**
SF **Puolukka**

Preiselbeere

Vaccinium vitis-idaea

Heidekrautgewächse

Vorkommen
Nordhalbkugel, circumpolar.
Habitat
Oft gesellig in Nadelwäldern, in Gebüschen, in Bergheiden, im Zwergstrauchgestrüpp, in Eichenwäldern, Küste bis 2300 m.
Oft assoziiert mit folgenden essbaren Pflanzen
Åkerbeere, Birke, Blaubeere, Labkraut, Löwenzahn, Moltebeere, Moosbeere, Nadelbäume, Thymian, Wacholder, Zwerg-Birke.
Beschreibung
Immergrüner Strauch. Mai bis Juli, 10–20 cm. Niederliegend oder kriechend. Blätter verkehrt-eiförmig, derb, ganzrandig, an den Rändern meist eingerollt. Blüten rosaweiß in dichten Trauben. Frucht tiefrot, glänzend.
Verwechslungsmöglichkeiten
Mit Moosbeere, Blaubeere und Bärentraube. Das ist unproblematisch, aber nur die Blaubeere schmeckt besser.
Essbare Teile
Die Früchte von August bis November, die Blätter von Mai bis August für einen Tee.
Sammeln
Die Beeren werden einfach von den Sträuchern gepflückt, wenn sie reif sind. Die Blätter für den Tee zur Not während des gesamten Jahres, da sie immergrün sind.

Verwendung 4

Die Beeren schmecken nicht gerade gut – sauer und herb wie Bärentraubenbeeren. Sie können getrocknet und als Notnahrung benutzt werden, denn Geschmäcker sind unterschiedlich.
Marmelade: 1,5 kg Zucker oder Sirup auf 1 kg frisch gepflückte, zerstoßene Früchte und ein Glas Wasser. Einen Tag stehen lassen und dann 20 min aufkochen, erkalten lassen. Fertig und mit immer noch saurem „Unterton".
Zerstoßene Preiselbeeren als Bannockfüllung: Der Bannockteig wird alleine (oder zusammen mit den Früchten) geknetet. Dann die Früchte in den Teig einschließen und zusammen in einem Topf backen. Diesen vorher leicht mit Öl ausreiben, damit der Teig nicht festklebt. Ein saures Vergnügen.
Das Getränk für zwischendurch: Etwa 100 g der Beeren, das bedeutet 10 min Arbeit, zerstampfen und mit 1 l Wasser auffüllen und gleich trinken. Wenn man nicht gerade auf der Flucht vor einem Bären ist, der die Beeren auch mag, sollte man das Getränk 1–2 h ziehen lassen.
Einen Löffel Kaffeepulver (oder -Ersatz) zusammen mit zwei zerquetschten Esslöffeln Preiselbeeren aufbrühen. Schmeckt lecker.
Saft: Die zerstoßenen Preiselbeeren zusammen mit Wasser aufkochen und durch ein Sieb schlagen. 10 Tage (!) stehen lassen, fertig. Der große Anteil an Benzoesäure macht das möglich.
Preiselbeeren im eigenen Saft: Man nehme einen großen Steinkrug und schichte 10 cm Beeren hinein, zerstampfe sie, gebe darauf 10 cm unzerstampfte Preiselbeeren, dann wieder eine Schicht zerstampfte Beeren (das muss natürlich außerhalb des Gefäßes geschehen) usw., bis das Utensil voll ist. Verschließen. Eine bis drei Wochen stehen lassen. Fertig. Man kann natürlich hiermit auch wieder einen Vogel füllen oder anderes Wild.
Der Tee für zwischendurch: Fünf Blätter 10 min in kochendem Wasser ziehen lassen. Fertig.

Preiselbeere (*Vaccinium vitis-idaea*)

Inhaltsstoffe
Organische Säuren, Vitamin C, Provitamin A, Gerbstoffe, Benzoesäure, Glykoside.
desinfizierend für die Blase

Ein Teelöffel getrocknete (zwei frische) Blätter wird mit 1/4 l kaltem Wasser übergossen, 3 min aufgekocht und 10 min ziehen gelassen, vier Tassen täglich.

Schwarzer Holunder

Sambucus nigra

Geißblattgewächse

GB **Elder**
F **Sureau noir**
NL **Gewone vlier**
S **Fläder**
SF **Mus-taselja**

Vorkommen
Europa, außer im hohen Norden, nördlich der Grenze Stockholm.
Habitat
Wälder, Hecken, Gebüsch, Schuttplätze, Ebene bis 1600 m.

Verwendung 5

Die reifen, gekochten Beeren ergeben garantiert farbechten Saft, Gelee, Marmelade, Wein, Mus etc. Die Beeren schmecken säuerlich.
Frische Holunderbeersuppe mit Huflattichsirup gesüßt (oder Zucker) ist das ultimative Schwitz- und Hustenmittel oder heiß der Ersatz für den Grog im Winter.
Hervorragend fruchtig schmecken die Blütenstände in dünnflüssigen Strandhaferteig getaucht und anschließend gebraten. Man kann jede Art von Mehl benutzen. Es muss nicht Strandhafermehl sein. Ohne Mehl gebraten ist eine weitere Möglichkeit.
Aus den Blüten wird ein Saft gepresst, der etwas „parfümiert" schmeckt.
An den Blütenständen haftende Fruchthefen, die Zucker zu Alkohol verwandeln, können zur Weinherstellung benutzt werden. Die Blüten einfach unter die zu „gärende" Flüssigkeit tunken und drei bis vier Tage warten. Gärbläschen geben das Erkennungszeichen, die Blüten dann wieder zu entfernen.
Der zerbrechliche Stängel hat ein sehr weiches Mark, das leicht zu entfernen ist, so dass man sich einen „Strohhalm" oder ein „Rohr" basteln kann. Dabei wird entweder das Mark durchstoßen oder der Stängel wird geteilt, das Mark entfernt, und die beiden Hälften werden wieder zusammengesetzt, mit Harz versiegelt und mit Schilf umwickelt.
Der Blätterabsud tötet Insekten.

Oft assoziiert mit folgenden essbaren Pflanzen
Beifuß, Eibisch, Gänseblümchen, Giersch, Gundermann, Hopfen, Klee, Labkraut, Löwenzahn, Rauke, Sauer-Ampfer, Taubnessel, Vogelbeere, Wegerich, Weißdorn.
Beschreibung
Strauch bis Baum. Mai bis Juni, 2–10 m. Oft krummwüchsig. Am Stamm viele Korkwarzen. Stamm und Äste sind leicht zu brechen, mit weißem Mark. Fiederblätter bis zu 30 cm lang, unpaarig, mit drei bis sieben Blättchen, diese eiförmig, spitz zulaufend, etwa 10 cm, am Rand leicht gesägt. Rispendolden schirmförmig, gelblich bis reinweiß, sehr intensiv nach Honig (Nektar) riechend. Steinfrüchte beerenartig, schwarz.
Roter Holunder (*Sambucus racemosa*): Nur ca. 4 m hoch, hellbraunes Mark, Blüten grün-gelb, Früchte tiefrot.
Verwechslungsmöglichkeiten
Blühend mit der Eberesche, doch deren Blüten riechen übel und nicht nach Honig. Beim giftigen Zwerg-Holunder (*Sambucus ebulus*), der 0,6–1,5 m hoch wird, sind die Staubbeutel der Rispendolden rot und nicht gelb. Wer farbenblind ist, der rührt einfach nur nichts an, das kleiner als 2 m ist und nach Holunder aussieht!

Vorsicht

Die Früchte dürfen nicht roh gegessen werden, da der Genuss mindestens zum Erbrechen führt. Die Blätter sind giftig. Die Früchte des Zwerg-Holunders (*Sambucus ebulus*) auch.
Beim Verwerten des Roten Holunders (*Sambucus racemosa*) dürfen die kleinen gelben, orangen Kernchen in den Steinfrüchten nicht mit verwendet werden. Also den Saft durch ein Sieb o.Ä. schlagen, ansonsten die Früchte wie beim Schwarzen Holunder verwenden!

Blütenstand des Schwarzen Holunders (*Sambucus nigra*)

Essbare Teile
Die Blüten, die gekochten, reifen Beeren!

Sammeln
Die Blüten werden geerntet, indem man die ganzen Blütenstände abschneidet und zum Trocknen für den Tee im Schatten ausbreitet. Nach der Trocknung werden diese klein gerebelt. Ansonsten werden die gesamten Blütenstände frisch in der Pfanne angebraten. Die reifen Früchte sollten erst geerntet werden, wenn sie dunkelblauviolett oder schwarz sind. Sie dürfen nicht roh verzehrt werden.

Inhaltsstoffe
Rutin, Quercetin, Schleim, Gerbstoffe, organische Säuren. In den Früchten ist enthalten: Provitamin A, Vitamin B_1, B_2, C, Bitterstoffe, ätherische Öle, Zucker und Harz.

schweißtreibend, magenwirksam, harntreibend
Holunderblütentee wird mit zwei Teelöffeln getrockneter, gerebelter Blüten auf 1/4 l kochendes Wasser angesetzt und 10 min ziehen gelassen. Nach Bedarf verwenden.

GB **Seaweeds, Algae**
S **Algues**
N **Zeewier, Alge**
DK **Alger**
SF **Levä**

Algen

Meersalat, *Enteromorpha,* Purpuralge, Zuckertang

Grün-, Rot- und Braunalgen

Vorkommen
Schlickböden, Meeresküsten, (Muschel-) bänke.

Verwendung 5

In Japan kommen Unmengen von Algen zu jeder Art von Essen auf den Markt. *Ulva* ist in den meisten japanischen Suppen (Mizo-Suppe = Sojabohnenpastensuppe) vorhanden. Laminarien werden auch getrocknet als Süßigkeit verzehrt. *Enteromorpha* wird getrocknet als Gewürz für Reis benutzt (einfach draufstreuen). In *Porphyra*-„Blätter" wird Sushi eingerollt usw.
Alle hier aufgeführten Algen können frisch und klein geschnitten mit Öl, Salz und Pfeffer gewürzt als Salat des Meeres gereicht werden. Auch ohne Gewürze schmeckt man das Meer heraus.
Als Füllung im Fisch machen sie sich genauso gut wie in allen möglichen Suppen (Fischsuppe usw.).
Gesammelt und auf Steinen getrocknet ersetzen sie mit ihren reichhaltigen Mineralstoffen eine Menge Gewürze, wenn man sie zerreibt und einfach als Gewürz verwendet. *Laminaria saccharina* schmeckt getrocknet fast so süß wie Zuckerwatte.
Meersalat und Purpuralge schmecken auch als „Te-Maki-Sushi". Man kocht Reis, nimmt ein Blatt der jeweiligen Alge – frisch vom Strand natürlich – und füllt Reis aus dem Topf in das „Algenblatt". Darauf legt man ein Stückchen rohen Salzwasserfisch (filetiert, etwa so groß wie ein Daumen und je dünner, desto besser), beißt hinein und kaut das Ganze gut durch. Es gibt kein schöneres Gericht. Vorzugsweise nimmt man übrigens Plattfisch, da der keine Parasiten hat, die auch Säuger befallen.

Habitat
Sandböden auf Muscheln bzw. Muschelbänken sowie an felsigen oder steinigen Küsten, auch häufig im Angespül aufzufinden, nach Stürmen oder bei anlandigem Wind in der Brandungszone am Strand, auch frei im Wasser treibend (losgerissen).

Beschreibung
Hier sind nur die Algen aufgeführt, die eindeutig auch vom Laien identifizierbar sind.
Meersalat (*Ulva* sp.): Intensiv grünes „Salatblatt", nur aus zwei Zelllagen bestehend, daher auch fast durchsichtig.
Enteromorpha: Körper dünn, schlauchförmig, bis mehrere Zentimeter lang. Meist im Spülsaum zu finden, sonst haftend an Felsen direkt im Litoral oder am Grund. Meersalat und *Enteromorpha* kommen oft zusammen in großen Massen vor.
Purpuralge (*Porphyra* sp.): Sieht ähnlich wie *Ulva* sp. aus, nur rötlich und etwas zäher.
Zuckertang (*Laminaria* sp.): Fleischiger, dicker und ockerfarben bis hellbraun und meterlang, erinnert an einen abgerollten Autoreifen (*Laminaria saccharina*) oder an Besen, Forken (*Laminaria digitata, Laminaria hyperborea*). Beim Zerschneiden läuft ein klarer Schleim aus, aus dem leicht Zucker auskristallisiert.

Vorsicht
Algen aus Süßwassertümpeln, Brackwasserlachen sollten nicht gegessen werden, da es sich meist um Blaualgen (*Cyanophyceae*) handelt, die sehr giftig sein können.
Algen nehmen auch Schwermetalle und Gifte auf, deshalb nicht unbedingt in einer Schmutzwasserfahne sammeln.
Algen sind teilweise sehr jodhaltig, also nicht übertreiben!

Laminarien (*Laminaria* sp.)

Meersalat (*Ulva* sp.)

Trocknung von *Laminaria saccharina*

Verwechslungsmöglichkeiten
Sofern Zweifel bestehen, sollte man die Pflanzen nicht sammeln.
Essbare Teile
Jeweils die gesamte Pflanze.
Sammeln
Entweder am Strand sammeln oder durch Tauchen und Schnorcheln an entsprechenden Stellen unter Wasser. Im Tidebereich relativ einfach.

Inhaltsstoffe
Jod, Mineralstoffe, Provitamin A, Vitamin B, C, D, E, Zucker (Mannit in Laminarien), Alginate.
Vitamin- und Mineralstoffmangel
Dagegen hilft ein Algensalat.

GB **Island Moss**
F **Mousse d'Islande**
NL **Ijslands mos**
S **Island mossa**
SF **Isohirvenjäkälä**

Isländisches Moos

Centraria islandica

Brockenmoose

Vorkommen
In ganz Europa, im Süden nur in höheren Lagen, im Norden bis in die Arktis.

Habitat
Offene, nicht zu stark beschattete Standorte wie Heiden, Moore, Wälder.

Oft assoziiert mit folgenden essbaren Pflanzen
Åkerbeere, Birke, Blaubeere, Labkraut, Löwenzahn, Moltebeere, Moosbeere, Nadelbäume, Preiselbeere, Thymian, Wacholder, Zwerg-Birke.

Beschreibung
Flechte. 5–15 cm. Langsam wachsend, in Polsterform oder in Rasen. Körper unregelmäßig bäumchenartig verzweigt, starr, schuppig. Ältere Flechten bräunlich gefärbt, die jung gewachsenen hingegen hell moosgrün.

Verwechslungsmöglichkeiten
Mit sehr vielen anderen Flechten, daher nur sammeln, wenn man das Isländiche Moos eindeutig bestimmen kann.

Essbare Teile
Alte wie junge Flechten.

Sammeln
Die Flechten werden direkt vom Boden aufgesammelt und gereinigt. Die beste Zeit ist von April bis Oktober, sonst das ganze Jahr.

Inhaltsstoffe
Provitamin A, Vitamin B, Jod, Schleim, Cetrarin, Spurenelemente, Kohlenhydrate.

Verwendung **2**

Die frischen Flechten 1 h lang kochen, anschließend 5 min ausquellen und auf einem Sieb abtropfen lassen. Dann werden sie mit Öl, Essig, Salz und Pfeffer oder Wildkräutern oder sogar Preiselbeeren, Moosbeeren oder Bärentraubenbeeren angemacht.
Die getrockneten Flechten können durch Einlegen in Wasser wiederbelebt werden. Sie quellen sofort wieder auf.
Das mehr oder weniger gallertartige Kochwasser kann zum Sämigmachen von Soßen oder als Basis für eine Süßspeise dienen. Dazu müsste jedoch vorher etwas geplant werden, da man für das Sämigmachen etwa 20 g Flechten auf 1/4 l Wasser kochen sollte.
Entbittern der Flechte bei Benutzung von Flechtenmehl:
Der Bitterstoff der Flechte (Cetrarin) sollte vor dem Gebrauch entzogen werden, da das Mehl sonst kaum zu gebrauchen ist. Dazu nimmt man auf 1 l Kochwasser etwa einen Esslöffel kohlensaures Natron. Alternativ kann man auch die Asche des Kali-Salzkrauts (Seite 188) benutzen. Da die Konzentration jedoch nicht bekannt ist, müsste man dies ausprobieren. In dieser Lösung wird die Flechte 24 h eingeweicht, das sollte sie entbittern. Ist dies nach Trocknung noch nicht der Fall (bei frischen grünen Flechten), wird das Ganze noch einmal wiederholt, bis die Flechte nicht mehr bitter schmeckt. Das braune Wasser wird abgegossen und die Flechte noch zwei- bis dreimal mit frischem Wasser gewaschen. Nach Trocknung wird das Material dann zu einem Mehl vermahlen, welches sich gut backen lässt. Mischungen mit anderen Mehlen funktionieren genauso wie komplizierte Bannockfüllungen.
Grundlage zum Kochen mit Flechtenmehl:
100 g Mehl mit 1 l Wasser werden etwa 1 h gekocht. Es entsteht ein teigartiger Brei, bei 100 g Mehl auf 2 l eine schleimige Suppe.

Ältere braune Exemplare des Isländischen Mooses (*Centraria islandica*)

gegen Husten, Bronchialkatarrh, Entzündungen des Magen-Darm-Trakts

Vorsicht

Seitdem Reaktorunfall von Tschernobyl ist Isländisches Moos nur schwer strahlenfrei zu finden!

20 g der Flechte 3 h lang in 1 l kaltem Wasser ziehen lassen, dabei das Wasser jede Stunde wechseln, anschließend zum Kochen bringen, 5 min kochen lassen. Das Wasser weggießen, nochmals durch 1 l frisches Wasser ersetzen und 15 min kochen, abseihen, täglich drei Tassen.

GB **Common Reed**
F **Roseau commun**
NL **Riet**
S **Vass**
SF **Järviruoko**

Schilf

Phragmites australis

Süßgräser

Vorkommen
Weltweit.
Habitat
In und an Gräben, am Ufer, auf nassen Wiesen und Wäldern, in Mooren, auch Salz liebend an Küsten, Ebene bis 1200 m.
Oft assoziiert mit folgenden essbaren Pflanzen
Erz-Engelwurz, Gänseblümchen, Gänse-Fingerkraut, Kali-Salzkraut, Klee, Kümmel(kohl), Löffelkraut, Löwenzahn, Queller, Rohrkolben, Strand-Dreizack, Strand-Wegerich, Sumpfdotterblume, Wasserlinse. Eventuell (angespülte) Algen wie Meersalat (*Ulva* sp., *Enteromorpha* sp.), Rotalgen (*Porphyra* sp.), Zuckertang (*Laminaria* sp.).
Beschreibung
Staude. Juli bis September. Größe variiert sehr stark in Abhängigkeit vom Standort,

Verwendung 5

Die kleinen Samen werden von den mittlerweile trockenen, toten Halmen abgestreift und durch Reiben zwischen zwei Brettchen oder durch Dreschen von den Hüllblättern befreit. Aus den Samen wird eine Grütze gekocht, die mit Birkensirup gesüßt sehr gut schmeckt.
Die jungen Schösslinge im Frühjahr können als Gemüse hergerichtet werden. Dazu sticht man sie wie Spargel, zerkleinert sie und kocht sie etwa 10–20 min in Salzwasser. Das Kochwasser ist stärkehaltig und sollte getrunken werden. Roh können die Wurzeln ausgekaut werden, um an den Zucker heranzukommen.
Zur Herstellung von Mehl muss die Wurzel ausgegraben, gereinigt, zerkleinert, getrocknet und gemahlen werden. Eine Quälerei mit übelst zugerichteten Schuhen und Kleidern, da alles sehr schlammig ist. Das Resultat ist ein Mehl, das geröstet wieder den obligatorischen Kaffee ergibt.
Da pro Kubikmeter bis zu 1800 Wurzeln wachsen können, sollte man nur die frischen, zarten weißen nehmen und die älteren braunen weglassen.
Die gereinigten Wurzeln klein schneiden und etwa 15 min kochen und anschließend mit Sauer-Ampferblättern und etwas Öl, Pfeffer und Salz bestreuen. Das Kochwasser später trinken.
Ein Püree fertigt man aus den zuvor gekochten und zerkleinerten Wurzeln. Dazu püriert man (oder hebt sie nur klein gewiegt unter) Bärlauch(zwiebeln) und Brennnesseln.
Junge Stängel, ca. 10–20 cm lang, gegebenenfalls Hüllblätter entfernen, 1–2 h einweichen und dann rösten.
Das süße Mark der Stängel lässt sich auch auspressen und ergibt ein stärkehaltiges Getränk. Man kann sie auch zerkleinern, in ein großes Gefäß füllen, 1–2 h in einfachem Wasser liegen lassen und dann abseihen.
Tipp: Wenn mal wieder kaum Zeit oder Energie vorhanden ist, kann man im Frühling vor dem Schlafengehen einige (oder ganz viele) Stängel mit einem Messer oder Fingernagel verletzen. Morgens findet man dann an den Verletzungen eine klare, zuckerhaltige Substanz, die später gummiartig erstarrt – eines der ersten Bonbons der Welt.
Oder man schneidet die Stängel ganz ab und lässt sie leer laufen (genauso wie den Birkenstamm, Seite 202.). Die erhaltene Flüssigkeit kann man über dem Feuer bräunen oder wie Pudding essen – denn das allseits bekannte Zuckerrohr gehört zur gleichen Familie, so ist Zucker im Schilf auch nicht so verwunderlich.

Schilf (*Phragmites australis*)

Blütenstand

von 5 cm in stark salzhaltigem, festem Boden bis zu 12 m (dies ist var. *pseudodonax*) in der Lausitz, normalerweise zwischen 1,0–4,5 m. Wächst häufig in größeren Herden oder bestandsbildend. Blattspreite breit, am Grund mit Haaren. Blütenstände endständig in braunvioletter Rispe.

Verwechslungsmöglichkeiten
Keine.

Essbare Teile
Die kleinen Samen, die noch jungen Schösslinge, die Wurzel sowie der junge Stängel.

Sammeln
Die Samen können im Herbst bis in den Frühling gesammelt werden, die noch jungen Schösslinge im Frühling, der Wurzelstock das ganze Jahr über.

Inhaltsstoffe
50 % Stärke, 15 % Zucker, Zellulose.

GB **Common Clubrush**
F **Jonc des tonneliers**
NL **Ruwe bies**
S **Säv**
SF **Järvikaisla**

Teichsimse

Schoenoplectus lacustris

Sauergräser

Vorkommen
Eurasien, circumpolar.

Habitat
An und in Gräben, an Ufern, im Röhricht stehend, Küste bis 1000 m.

Oft assoziiert mit folgenden essbaren Pflanzen
Bachbungen-Ehrenpreis, Birke, Blut-Weiderich, Brunnenkresse, Gundermann, Günsel, Klee, Kümmelkohl, Löwenzahn, Pfeilkraut, Rohrkolben, Schafgarbe, Schilf, Schwanenblume, Strand-Dreizack, Strand-Wegerich, Sumpfdotterblume, Wasserlinse. In Meeresnähe oder im Brackwasserbereich von Küsten eventuell (angespülte) Algen wie Meersalat (*Ulva* sp., *Enteromorpha* sp.), Rotalgen (*Porphyra* sp.), Zuckertang (*Laminaria* sp.).

Beschreibung
Staude. Juni bis August, 1–4 m. Wächst meist in Herden. Stiel rund, dunkel bis blaugrün, am Grund Blattscheiden. An der Spitze mit rispenartigem, teilgeknäueltem, rotbraunem Blütenstand.

Verwechslungsmöglichkeiten
Keine.

Essbare Teile
Die Wurzeln.

Sammeln
Die Wurzelstöcke das ganze Jahr über, doch am besten sind sie im Frühling und im Herbst. Das Ausgraben, sofern sie sich nicht einfach herausreißen lassen (hängt vom Untergrund ab), artet in Arbeit aus, bei der man sich richtig dreckig machen kann, aber es lohnt sich! Die Wurzeln werden entweder mit einer harten Handbürste geschrubbt oder ältere Exemplare werden geschält.

Inhaltsstoffe
Sehr stärkehaltig, Zucker.

Verwendung 4

100 g Wurzeln werden mit einer harten Bürste gereinigt, zerkleinert, also in kurze Stückchen geschnitten oder gleich gehackt, und anschließend etwa 1 h in 200 ml Wasser gekocht, währenddessen weiter zerdrücken. Das Kochwasser wird abgegossen, aber nicht weggegossen. Anschließend übergießt man das fast zerkochte Mus noch einmal mit 200 ml Wasser und kocht es wiederum für 30 min aus. Das zweite Kochwasser wird zum ersten Kochwasser gegeben und kann dann zu einem Sirup eingekocht werden, da in ihm eine große Menge Stärke (= Zucker) enthalten ist. Der Geschmack ist süß und rübenartig wie brauner Zuckerrübensirup. Tipp: Nicht anbrennen lassen, sonst schmeckt es bitter.
Der übrig gebliebene Wurzelbrei kann mit Öl, Salz und Pfeffer oder Sauer-Ampfer gewürzt und als Püree zu Kartoffeln, anderen Wurzeln oder Reis gegessen werden.
Getrocknet lässt sich dieses Mus beliebig als Mehl beispielsweise für Bannocks weiterverarbeiten.
Die gereinigten Wurzeln werden sofort getrocknet und zu Mehl gemahlen. Die jungen (helleren) Wurzeln können aus dem Wasser (Schlamm) sofort in der Asche eines Feuers „gegrillt" und mit etwas Salz wie Pellkartoffeln gegessen werden. Schälen nicht vergessen. Sie schmecken tatsächlich entfernt wie Pellkartoffeln, jedoch hängt der Geschmack stark vom „Vergrillungsgrad" der Wurzeln ab. Er kann von köstlich bis zu bitter reichen.
Die jungen Wurzeln schmecken auch in einem Gemüseeintopf oder als „Schwarzwurzelbeilage" zu anderen Gerichten.

Teichsimse (*Schoenoplectus lacustris*)

Blühende Teichsimse

GB **Sea Arrowgrass**
F **Troscart maritime**
NL **Schorrenzoutgras**
S **Havssältning**
SF **Merisuolake**

Strand-Dreizack

Triglochin maritimum

Dreizackgewächse

Vorkommen
Küsten Nordeuropas, Eurasien, circumpolar, Nord- und Ostseeküste.

Habitat
An Küsten, seltener in Salzwiesen im Binnenland.

Oft assoziiert mit folgenden essbaren Pflanzen
Bachbungen-Ehrenpreis, Birke, Blut-Weiderich, Brunnenkresse, Erz-Engelwurz, Gänse-Fingerkraut, Gundermann, Günsel, Kali-Salzkraut, Klee, Kümmelkohl, Löffelkraut, Löwenzahn, Pfeilkraut, Rohrkolben, Schafgarbe, Schilf, Schwanenblume, Strand-Wegerich, Sumpfdotterblume, Wasserlinse. In Meeresnähe oder im Brackwasserbereich von Küsten eventuell (angespülte) Algen wie Meersalat (*Ulva* sp., *Enteromorpha* sp.), Rotalgen (*Porphyra* sp.), Zuckertang (*Laminaria* sp.).

Verwendung **4**
Diese Pflanze wurde in meinem Heimatdorf Oxstedt an der Nordseeküste als Nahrungsmittel verwendet. Noch vor etwa 37 Jahren zogen im Frühling Horden gieriger Menschen hinaus in das Deichvorland, um den so genannten „Röhrkohl" (*Triglochin maritimum*) und „Kümmelkohl" (*Carum carvi*, Seite 38) zu stechen. Der „Röhrkohl" wurde dann wie Grünkohl zubereitet und mit fettem Schweinebauch serviert.
Am besten schneidet man die röhrigen Blätter in ca. 1 cm lange Stückchen und kocht sie etwa 1 h wie Grünkohl ein.
Abgesehen davon schmeckt der Dreizack natürlich auch hervorragend zusammen mit Reis, Bratkartoffeln und gedünstet mit Fisch.
Carl von Linné erwähnte diese Pflanze als salzig schmeckendes „Gras", welches am Strand wuchs (Beskrifning på Sältingsgräset av Carl von Linné; Kongliga Svenska Wetenskapsacademiens Handlingar, 1742).
Die Früchte können mit oder ohne Öl (Fett) geröstet werden. Wenn man vorher einen Aal verzehrt hat, kann dafür die Pfanne zur Not mit der fettigen Haut eingerieben werden.

Beschreibung
Mehrjährige Staude. Juni bis August, 15–75 cm. Blättern lineal, fleischig, halbstielrund, fast grasartig. Blüten sehr klein, grünlich, in lockerer Traube wegerichähnlich am Ende eines kahlen, blattlosen Stängels stehend.

Verwechslungsmöglichkeiten
Diese Pflanze wird oft mit dem ebenfalls essbaren Strand-Wegerich (Seite 193) verwechselt. Beide Pflanzen sind allerdings leicht voneinander zu unterscheiden, Dazu reißt man am besten ein Blatt direkt über dem Boden ab. Hängen dann aus der Abrissstelle die „Rippen" (Blattnerven) heraus, handelt es sich um den Strand-Wegerich. Ansonsten ist es der Strand-Dreizack.

Essbare Teile
Die Blätter der Pflanze können gekocht, gebraten oder als Grünkohlersatz verwendet werden. Die Früchte lassen sich rösten.

Sammeln
Die Blätter der Pflanze sind am besten im Frühling. Man erntet sie, indem sie kurz über dem Boden abgeschnitten werden. Jedoch sind sie auch noch später im Jahr zu genießen.
Die Früchte werden nach der Reife vom Stängel abgestreift. Der Geschmack ist ziemlich charakteristisch leicht salzig und salmiakartig.

Inhaltsstoffe
Bislang nichts bekannt.

Strand-Dreizack (*Triglochin maritimum*)

GB **Eelgrass**
F **Zostère marine**
NL **Groot zeegras**
S **Bandtång**
SF **Meriajokas**

Seegras

Zostera marina

Seegrasgewächse

Vorkommen
Meeresküsten, Küsten der Nord- und Ostsee bis ca. 6 ‰ Salinität als unterseeische Rasen, Richtung Norden hören die Vorkommen so etwa bei den Åland-Inseln auf, da unter 6 ‰ „Meer"wassersalinität (Meere haben um die 35 ‰).

Habitat
Seegras wächst auf schlammigen Sandböden in flachen Küstengewässern bis in 10 m Tiefe, je nach Klarheit des Gewässers; *Zostera noltii* in der Regel nur bis 1 m Wassertiefe.

Verwendung 5

Mariniert und eingelegt schmeckt Seegras ausgezeichnet – ein süß-saueres „Kraut", das sich hervorragend als Beilage eignet.
Roh auf dem Wasser schwimmend oder direkt aus dem Sand flacher Küsten gezogen in den Mund ist es der saure (zitronenartig) Durstlöscher. Im Salat mit Algen oder strandnahen Pflanzen ergibt dies ein herrliches Gericht. Nicht salzen. Seegraswiesen sind sehr gute Angelgebiete für Hecht (Ostsee) und Aal! Sollte man etwas gefangen haben, so kann der (Schlacht)-Abfall in einem Kartoffelsack o.Ä. in den Seegraswiesen versenkt werden. Morgens holt man diesen dann ein und schaut nach, was drinnen ist – Aale, Krebse etc. Funktioniert immer!
Seegras kann an der Luft getrocknet werden, danach lässt es sich trocken naschen. Der Geschmack ist süßsauer. Man kann Seegras auch zerreiben und trocken aufbewahren, um es dann später in einer Suppe wiederzubeleben.
Tipp: Durch die zahlreichen Mineralstoffe ist ein Würzen kaum nötig, und gekochter Fisch macht sich in einem Sud hervorragend.

Oft assoziiert mit folgenden essbaren Pflanzen
Rohrkolben, Schilf. Eventuell (angespülte) Algen wie Blasentang (*Fucus vesiculosus*), Meersalat (*Ulva* sp., *Enteromorpha* sp.), Rotalgen (*Porphyra* sp), Zuckertang (*Laminaria* sp.).

Beschreibung
Staude. Juni bis Oktober, 30–100 cm. Unter Wasser wachsend, vielgestaltig. Blätter bis zu 1 m lang, lineal, grasähnlich, 1,5–9 mm breit, mit drei bis neun Nerven. Blüten unscheinbar, in einem flachen Kolben sitzend, winzig.

Verwechslungsmöglichkeiten
Keine.

Essbare Teile
Alle 17 Arten und alle Teile sind essbar.

Sammeln
Entweder beim Baden, Schnorcheln oder Tauchen. Da das Wasser in unseren Breiten so gut wie immer kalt ist, kann man sich in unserer Kulturlandschaft nach alten Zäunen o.Ä. umsehen und sich aus Draht einen Anker bauen und diesen an einem Band (Draht, Grasband usw.) auswerfen. Ein beschwerter Ast funktioniert natürlich auch. Seegras ist auch in großer Menge nach Starkwind an der Wasseroberfläche schwimmend und im Angespül zu finden. Dann würde ich es allerdings kochen, genauso bei Epiphyten (Bewuchs) auf den Blättern.

Inhaltsstoffe
Sehr mineralstoffreich, voller Vitamin C, Jod, phenolische Stoffwechselprodukte.

Vorsicht

Bei Seegraswurzel, wer auch immer das in der Literatur gefunden hat, ist nicht die Wurzel von *Zostera* gemeint, sondern die der Sand-Segge (*Carex arenaria*). Diese Pflanze ist nicht essbar!

Seegras (*Zostera marina*)

GB **Bulrush**
F **Massette**
NL **Lisdodde**
S **Bredkaveldun**
SF **Leveäosmankäämi**

Rohrkolben

Typha sp.

Rohrkolbengewächse

Vorkommen
Eurasien, Nordasien, Nordamerika.

Habitat
An und in Gräben, an Ufern, auf feuchten, nassen Wiesen und Wäldern, in Mooren, auch Salz liebend an Küsten, Ebene bis 1000 m.

Oft assoziiert mit folgenden essbaren Pflanzen
Bachbungen-Ehrenpreis, Birke, Blut-Weiderich, Brunnenkresse, Gundermann, Günsel, Klee, Löwenzahn, Pfeilkraut, Schafgarbe, Schilf, Schwanenblume, Sumpfdotterblume, Wasserlinse, Wegerich.

Beschreibung
Staude. Juli bis August, 1–2 m. In Trupps stehend. Blätter lang, lineal, 1–2,5 cm breit. Blütenstand ein Kolben, oben dünn (männlich), unten dick (weiblich), auf entständigem Halm. Kolben zunächst grün, dann dunkelbraun.

Verwechslungsmöglichkeiten
Pflanzen dieser Art können in juvenilem Stadium mit *Iris*-Arten wie z.B. der gelb blühenden Sumpf-Schwertlilie (*Iris pseudacorus*) verwechselt werden. Dies betrifft die Schösslinge und besonders den Wurzelstock. Die Iris ist giftig! Leider hat der Laie keine Chance, diese beiden Pflanzen auseinander zu halten. Im Zweifelsfall sollte man daher besser die Finger davon lassen!

Essbare Teile
Das Mark der Schösslinge, die Wurzeln und die Kolben (Blütenspitzen, Früchte und Samen). Alle Rohrkolbenarten sind essbar.

Sammeln
Die Wurzelstöcke im Herbst, Winter oder zeitig im Frühjahr, wenn sie besonders reich an Stärke sind. Die Blütenspitzen,

Verwendung **5**

Die grünen Blütenspitzen werden für 2–3 min gekocht und anschließend noch einmal so lange scharf in Öl angebraten. Wie Maiskölbchen abnagen. Roh schmecken sie auch prima.
Sind noch Pollen an der Blütenspitze, so sollten diese als Mehl benutzt werden. Es lohnt sich! Denn der an den Blütenspitzen „blühende“ Pollen ist naturgemäß ein feines Mehl und kann auch so verwendet werden. Das Abstreifen des „Mehls“ erfordert allerdings einige Erfahrung.
Der weibliche untere dunkelbraune Teil des Kolbens kann auch später im Jahr gekocht oder gedünstet werden. Er schmeckt dann allerdings nicht mehr so gut und erinnert entfernt an einen Teppich im Mund.
Die Schösslinge können gebraten oder geröstet werden, außerdem schmecken sie geschält und roh auch nicht übel. Der Geschmack ist süßlich, mehlig.
Aus dem Schössling und dem unteren Stängelmark kann ein stärkehaltiges Getränk zubereitet werden, indem die Schösslinge oder jungen Stängel nach der Reinigung klein geschnitten oder gehackt und mit Wasser übergossen werden. Etwa 1–2 h ziehen lassen und abseihen.
Aus dem Wurzelstock lässt sich nach Reinigung und Trocknung mit der üblichen Arbeit ein Mehl herstellen.
An den Wurzeln finden sich häufig die Sprosse des nächsten Jahres, diese sollten unbedingt gleich mit verwendet werden, da sie besser als Spargel schmecken. Am besten werden sie in Walnussöl geröstet. Sie können allerdings auch ungeschält gleich wie Spargel in Wasser gekocht werden.

Rohrkolben (*Typha* sp.)

bevor sie Pollen besitzen (das Gelbe an der Spitze des Kolbens) im Mai/Juni. Die Schösslinge im Frühling, indem man sie einfach aus dem Boden reißt oder wie Spargel schneidet. Die grünen Kolben während der Blüte. Die Pollen werden mit der Hand in ein Gefäß abgeklopft (üben!). Bei Wind sieht man hinterher wie „eingemehlt" aus. Der Geschmack variiert zwischen frischer Ananas (Kolben) bis hin zu mehliger Kartoffel (Wurzel).

Inhaltsstoffe
Stärke.

GB **Field Horsetail**
F **Prêle des champs**
NL **Heermoes**
S **Åkerfräken**
SF **Peltokorte**

Acker-Schachtelhalm

Equisetum arvense

Schachtelhalmgewächse

Vorkommen
Nordhalbkugel, Nordasien.

Habitat
Pionierpflanze in Unkrautgesellschaften, auf Äckern, an Wegen, Dämmen und Gräben, auch auf Wiesen und in Wäldern, Küste bis 1550 m.

Oft assoziiert mit folgenden essbaren Pflanzen
Augentrost, Bachbungen-Ehrenpreis, Birke, Blut-Weiderich, Buche, Gänseblümchen, Giersch, Glockenblume, Gundermann, Günsel, Klee, Knoblauchsrauke, Labkraut, Lauch, Löwenzahn, Minze, Nadelbäume, Pfeilkraut, Primel, Rohrkolben, Sauer-Ampfer, Schilf, Schwanenblume, Sumpfdotterblume, Taubnessel, Vogelbeere, Wiesen-Kerbel, Wiesen-Schaumkraut.

Beschreibung
Staude. März bis April, 10–45 cm. Segmentierte Stängel, erscheinen zuerst im Frühjahr in Form von dicken hellgelben oder weißlichen, Sporen tragenden Kolben. Diese sterben nach der Reife ab, an ihrer Stelle erscheinen dann verzweigte, grüne, fein gegliederte Stängel. An deren Knoten stehen quirlig angeordnet segmentierte Blätter.

Verwechslungsmöglichkeiten
Mit anderen Schachtelhalmen, auf das Habitat achten.

Essbare Teile
Die gelblichen Kolben und die gelblichen, saftigen Stängel unter den Kolben! Nicht die grünen Stängel benutzen!

Sammeln
Meist vor allen anderen Pflanzen im Jahr „quälen“ sich die Kolben aus dem Boden, teilweise noch durch den Schnee. Einfach über dem Boden aus dem untersten Segment ziehen.

Verwendung **5**

Die Kolben vorsichtig schälen und wie eine Apfeltaschenfüllung für einen Bannock benutzen, also nicht gleich mit in den Teig einkneten. Schmeckt einfach herrlich!
Ein Kolben-Omelett entsteht, wenn man die Kolben zusammen mit Eiern verquirlt und in einer Pfanne gut ausbrät.
Darüber hinaus schmecken sie einfach auch alleine in Öl scharf angebraten und mit Reis, Kartoffeln oder Schilfwurzeln serviert.
Sollten noch Pilze vom letzten Jahr (oder Maipilze) irgendwo im Rucksack verstaut sein, so können diese gewässert und kleinst geschnitten werden, dazu die gewaschenen und/oder geschälten Kolben mit Öl und reichlich Pfeffer 20 min dünsten – ein Hauch des kommenden Herbstes.
Haltbar gemacht werden die Schachtelhalmkölbchen, indem ein Glas schichtweise mit ihnen gefüllt und dazwischen reichlich gesalzen wird (100 g Salz/kg). Bei Wiederverwendung das Salz abwaschen, sonst ist das gesamte Mahl garantiert versalzen!
Tipp: Wenn der Abwaschschwamm einmal wieder zu Hause geblieben ist, dann kann das grüne Kraut als ein solcher herhalten. Sogar verrußte Töpfe bekommt man damit sauber, daher auch der volkstümliche Name Zinnkraut. Früher wurde das Zinngeschirr damit geputzt. Dazu wird die grüne Pflanze herausgerissen und in handgerechte Knäuel geformt.

Inhaltsstoffe
Provitamin A, Vitamin C, 2 % Fett, 14 % Kohlenhydrate, organische Säuren, Alkaloide, Flavonoide, Kieselsäure, Saponine, Flavonoide, Kaliumsalze, Kaffeesäureester.

Die grünen Stängel erscheinen erst, nachdem die essbaren Kolben abgestorben sind.

GB **Bracken**
F **Fougere impériale**
NL **Adelaarsvaren**
S **Örnbräken**
SF **Sananjalka**

Adlerfarn

Pteridium aquilium

Adlerfarngewächse

Vorkommen
Weltweit.

Habitat
In lichten Wälder und Waldrändern, Ebene bis 1300 m.

Oft assoziiert mit folgenden essbaren Pflanzen
Adlerfarn, Bärlauch, Birke, Blaubeere, Brennnessel, Buche, Eiche, Erz-Engelwurz, Giersch, Gundermann, Haselnuss, Himbeere, Holunder, Linde, Nadelbäume, Nelkenwurz, Primel, Salomonssiegel, Scharbockskraut, Schlehe, Vogelbeere, Wald-Erdbeere, Waldmeister, Weidenröschen.

Verwendung 2

In Japan wird sauer oder salzig eingelegter Farn ohne Ende zu den unterschiedlichsten Gerichten gereicht (*Osmunda* sp., Rispenfarn). Auf Reis ein frugales Mahl, das bestimmt auch nicht bitter schmeckt.
Die jungen Wedel können wie Spinat gekocht oder im Stück wie Spargel zubereitet werden. Vorher sollte man sie abbrühen und die hellbraunen Schuppen vom Trieb abreiben.
Oder die Stiele werden wie üblich mühsam wie beim Spargel geschält. Trotzdem kommt es dann manchmal richtig bitter durch.
Allerdings können sie auch selbstverständlich mariniert und wie in Japan mit Reis genossen werden. Klasse!
Wie oben vorbereitet können sie natürlich auch leicht in Öl geschmort werden. Delikat!
Die Wurzelstöcke werden gereinigt, getrocknet und gemahlen, was die übliche Arbeit ist. Aus diesem Mehl wird auf den Kanarischen Inseln immer noch Brot gebacken (Helecho-Mehl).

Beschreibung
Staude. Bis 200 cm. Schuppiges Rhizom. Wedel zwei- bis vierfach gefiedert, sehr groß, übergebogen, mit langen, gelblichen Stielen. Auf dem Stängelquerschnitt (durchschneiden!) eine adlerähnliche Figur, die manchmal sehr schwer zu erkennen ist.

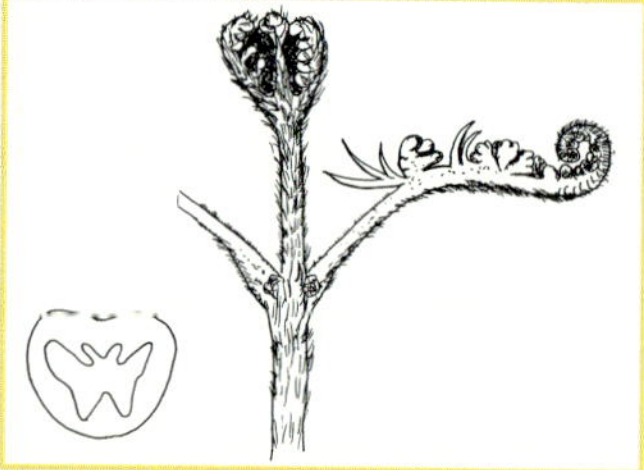

Stängelquerschnitt und aufgerollte junge Sprosse

Verwechslungsmöglichkeiten
Mit anderen Farnen, die auch nicht sonderlich gut schmecken. Für Laien heißt es leider ausprobieren! Wird der Stängel horizontal durchgeschnitten, ergibt sich auf der Schnittfläche das Abbild eines gerade losfliegenden Adlers – daher der Name. Als Identifikationsmerkmal benutzen!

Essbare Teile
Die zarten, handlangen, zusammengerollten Sprosse und Wurzeln.

Sammeln
Die jungen Wedel im Frühling (daneben sind oft die riesigen Wedel noch vom letzten Jahr erhalten), die Wurzelstöcke im Herbst oder Winter.

Inhaltsstoffe
Stärke.

Vorsicht
Die älteren Wedel sind giftig.

Adlerfarn (*Pteridium aquilium*)

Register

Der beste Sammelzeitpunkt

(Gilt für die jeweiligen essbaren Pflanzenteile und ist in geografischer Abhängigkeit sehr variabel.)

- (grün) beste Sammelzeit
- (gelb) sammeln möglich
- (orange) sammeln zur Not möglich

(Markierung in der Tabelle: B = grün, beste Sammelzeit; M = gelb, sammeln möglich; N = orange, sammeln zur Not möglich; ohne Zusatz = nicht markiert)

Seite	Pflanzenname	Monate											
68	Silberdistel	1	2	3	4	5	6	7 B	8 B	9 B	10 N	11	12
208	Stachelbeere	1	2	3	4	5 N	6 B	7 B	8	9	10	11	12
90	Steinklee	1	2	3	4	5 N	6 N	7 B	8 B	9 B	10 N	11	12
148	Stranddistel	1 B	2 B	3 B	4 B	5 B	6 B	7 B	8 B	9 B	10 B	11 B	12 B
242	Strand-Dreizack	1	2	3	4	5 M	6 B	7 B	8 B	9 M	10 N	11 N	12
82	Sumpfdotterblume	1	2 N	3 B	4 B	5 B	6 B	7	8	9	10	11	12
44	Süßdolde	1	2	3 B	4 B	5 B	6 B	7 B	8 B	9 B	10 B	11 N	12
62	Taubnessel, Weiße, Rote	1	2	3 M	4 B	5 B	6 B	7 B	8 B	9 B	10 B	11 M	12
194	Teichlinse	1	2	3	4	5	6 M	7 B	8 B	9 B	10 M	11	12
80	Teichrose, Mummel	1 N	2 N	3 N	4 N	5 M	6 M	7 M	8 B	9 B	10 B	11 M	12 N
240	Teichsimse	1 B	2 B	3 B	4 B	5 B	6 B	7 B	8 B	9 B	10 B	11 B	12 B
172	Teufelskralle	1	2	3	4 M	5 B	6 B	7 B	8 N	9 N	10	11	12
96	Tüpfel-Johanniskraut	1	2	3	4	5 M	6 B	7 B	8 B	9 M	10 N	11	12
56	Vogelmiere	1 B	2 B	3 B	4 B	5 B	6 B	7 B	8 B	9 B	10 B	11 B	12 B
198	Wacholder	1 M	2 M	3	4	5	6 B	7 B	8 B	9 B	10 B	11 B	12 B
26	Wald-Erdbeere	1 M	2 M	3 M	4 M	5 M	6 B	7 B	8 B	9 M	10 M	11 M	12 M
60	Waldmeister	1	2	3 M	4 B	5 N	6	7	8	9	10	11	12
32	Wald-Sauerklee	1	2	3	4 B	5 B	6	7	8	9	10	11	12
190	Wasserpfeffer-Knöterich	1	2	3	4	5	6 M	7 B	8 B	9 B	10 M	11	12
192	Wegerich	1 N	2 N	3 M	4 B	5 B	6 B	7 B	8 B	9 B	10 M	11 M	12 N
128	Weg-Malve	1	2	3	4	5	6 M	7 B	8 B	9 B	10 M	11	12
100	Weg-Rauke	1	2	3	4 N	5 B	6 B	7 B	8 B	9 B	10 B	11 N	12
174	Wegwarte	1	2 M	3 M	4 M	5 M	6 B	7 B	8 B	9 B	10 B	11 M	12
122	Weidenröschen	1 B	2 B	3 M	4 B	5 B	6 B	7 N	8 N	9 B	10 B	11 B	12 B
210	Weißdorn	1	2	3	4	5 B	6 B	7	8	9 B	10 B	11 B	12 N
24	Weiße Fetthenne	1	2	3	4	5 M	6 B	7 B	8 B	9 B	10 N	11	12
78	Weiße Seerose	1 N	2 N	3 N	4 N	5 B	6 B	7 B	8 B	9 B	10 B	11 M	12 N
42	Wiesen-Bärenklau	1	2	3	4	5 M	6 B	7 B	8 B	9 B	10 N	11	12
112	Wiesen-Bocksbart	1	2	3	4	5 B	6 B	7 B	8 B	9 B	10 B	11	12
36	Wiesen-Kerbel	1	2	3	4 M	5 B	6 B	7 B	8 B	9 M	10	11	12
118	Wiesenknopf	1	2	3 N	4 M	5 B	6 B	7 B	8 B	9	10	11	12
38	Wiesen-Kümmel	1	2	3	4 N	5 B	6 B	7 B	8 N	9 B	10 B	11	12
124	Wiesen-Schaumkraut	1	2	3 B	4 B	5 B	6 M	7	8	9	10	11	12
40	Wilde Möhre	1	2	3	4 B	5 B	6 B	7 B	8 B	9 B	10 M	11 N	12
98	Winterkresse, Barbarakraut	1 B	2 B	3 B	4 B	5 B	6 B	7 B	8 B	9 B	10 B	11 B	12 B